工业和信息化部"十四五"规划教材

Python 数据分析
与科学计算

王小银　等　编著

机械工业出版社

本书从 Python 基础编程语法入手，系统介绍了基于 Python 语言进行数据处理、分析、可视化展示等内容。本书共 11 章，主要内容包括数据分析基础、Python 数据分析环境、Python 数据类型、程序控制结构、函数与模块、文件、NumPy 数值计算、Pandas 数据分析处理、Matplotlib 数据可视化、SciPy 科学计算和机器学习。

本书除知识与理论讲解外，还用大量的实例来展示数据分析与科学计算的实现细节，适合作为高等学校计算机科学与技术、大数据、人工智能等相关专业 Python 课程的教材，也适合使用 Python 进行数据分析和科学计算的读者阅读。

图书在版编目（CIP）数据

Python 数据分析与科学计算 / 王小银等编著 . —北京：机械工业出版社，2023.11
工业和信息化部"十四五"规划教材
ISBN 978-7-111-74258-6

Ⅰ . ① P… Ⅱ . ① 王… Ⅲ . ① 软件工具 – 程序设计 – 高等学校 – 教材
Ⅳ . ① TP311.561

中国国家版本馆 CIP 数据核字（2023）第 210592 号

机械工业出版社（北京市百万庄大街 22 号 邮政编码 100037）
策划编辑：王雅新 责任编辑：王雅新 刘琴琴
责任校对：宋 安 薄萌钰 封面设计：张 静
责任印制：任维东
唐山三艺印务有限公司印刷
2024 年 1 月第 1 版第 1 次印刷
184mm×260mm · 18.5 印张 · 447 千字
标准书号：ISBN 978-7-111-74258-6
定价：58.00 元

电话服务 网络服务
客服电话：010-88361066 机 工 官 网：www.cmpbook.com
010-88379833 机 工 官 博：weibo.com/cmp1952
010-68326294 金 书 网：www.golden-book.com
封底无防伪标均为盗版 机工教育服务网：www.cmpedu.com

前　言

随着大数据、云计算和人工智能等新一代信息技术的快速发展，数据已成为数字时代的基础性战略资源和革命性关键要素。如何从这些数据中发现并挖掘有价值的信息成为热门的研究领域。基于这些需求，数据分析技术应运而生。数据分析是对收集来的大量数据进行分析，提取有用信息，对数据加以详细研究和概括总结的过程。

Python 语言是一种面向对象的解释型计算机程序设计语言，语法简洁清晰，由于其拥有丰富的第三方库，能够完成从数据采集、数据挖掘、数据分析到数据可视化展示等操作，已成为当前数据分析与科学计算、机器学习等领域的最流行的工具之一。

本书以案例为主线，从 Python 语言的基础语法入手，重点介绍如何使用 Python 语言进行数据分析和科学计算。

全书共有 11 章内容。

第 1 章：数据分析基础。讲解数据分析的相关概念及其应用场景，数据分析的流程和常用数据分析工具。

第 2 章：Python 数据分析环境。讲解 Python 语言的发展及特点，Python 开发环境 IDLE 和集成开发环境 PyCharm 的搭建，数据分析环境 Anaconda 和开发工具 Jupyter Notebook 的安装。

第 3 章：Python 数据类型。讲解 Python 基本数据类型和组合数据类型以及数据的输入与输出。

第 4 章：程序控制结构。讲解程序设计的三种基本结构：顺序结构、选择结构和循环结构。

第 5 章：函数与模块。讲解函数的定义和调用方式、函数的参数传递、匿名函数、变量的作用域、模块。

第 6 章：文件。讲解文件的打开与关闭、文本文件和二进制文件的读写、文件的定位、os 模块和 os.path 模块。

第 7 章：NumPy 数值计算。讲解数组对象、数组的基本操作、数组的索引和切片、数组和线性代数的相关运算、NumPy 数据文件的读写。

第 8 章：Pandas 数据分析处理。讲解 Pandas 的数据结构 Series 和 DataFrame、索引、数据运算、缺失值处理、数据的读写。

第 9 章：Matplotlib 数据可视化。讲解 Pyplot 子模块绘制图形，折线图、柱形图、直方图、饼形图、散点图、箱线图、雷达图、流线图、热力图、极坐标图和 3D 曲线图的绘制。

第 10 章：SciPy 科学计算。讲解 SciPy 中的科学计算工具、SciPy 中的优化、SciPy 中的稀疏矩阵存储和运算。

IV

第 11 章：机器学习。讲解 Scikit–Learn 库的功能及数据集，机器学习中的分类算法、回归算法和聚类算法。

本书由王小银、王曙燕和贾冀婷共同编著。第 1、5、7、8、9、10、11 章由王小银编写，第 2、3 章由贾冀婷编写，第 4、6 章由王曙燕编写，全书由王小银统稿。本书的编写得到了孙家泽老师和舒新峰老师的大力支持，在此一并向他们表示衷心的感谢。

在本书的编写过程中，编者参考了大量的专业书籍和网络资料，在此向这些作者表示感谢。

本书既适合作为高等学校 Python 课程的教材，也适合使用 Python 进行数据分析和科学计算的读者阅读。

由于编写时间仓促，编者水平有限，书中可能会存在不足之处，恳请广大读者批评指正。

编　者

目　　录

第 1 章

数据分析基础

随着网络信息技术和计算机技术的快速发展，人们在日常生产和生活中每天都会产生大量数据。这些数据具有体量大、种类多、速度快、高数据价值和低价值密度等特性，如何对这些海量数据信息进行分析处理成为现代信息技术领域急需解决的问题，因此数据分析技术应运而生。

数据分析是数学与计算机科学相结合的产物，通过恰当的统计分析方法对收集的数据进行分析，提取数据中的有用信息形成结论并对数据再进行深入研究总结。数据分析是为了提取有用信息和形成结论而对数据加以详细研究和概括总结的过程。

1.1 数据分析概述

1.1.1 数据分析

随着互联网的快速发展，越来越多的企业认识到数据的重要性，开始有意识地累积数据资源，或者通过各种手段进行数据的搜集，大数据逐渐成为企业认识自身现状以及决定未来发展方向的一个重要参考。例如，使用问卷调查法获取用户对产品的评价或改善意见；通过多次实验获得产品性能的改良状况；基于各种设备记录空气质量状况、人体健康状态、机器运行状态等；通过网页或 APP 记录用户的登录、浏览、交易、评论等操作；基于数据接口、网络爬虫等手段获取互联网中的公开数据等。

企业获取的各种数据需要通过数据分析技术，把隐藏在一大批看似杂乱无章的数据背后的信息集中和提炼出来，从而找出所研究对象的内在规律。在实际应用中，数据分析可帮助人们做出判断，以便采取适当行动。数据分析是有组织、有目的地收集数据、分析数据，使之成为信息的过程。这一过程是质量管理体系的支持过程。在产品的整个生命周期，包括从市场调研到售后服务和最终处置的各个过程都需要适当运用数据分析过程，以提升数据的有效性。例如，设计人员在开始一个新的设计以前，要通过广泛的设计调查，分析所得数据以判定设计方向，因此数据分析在工业设计中具有极其重要的地位。

数据分析是指用适当的统计分析方法对收集来的大量数据进行分析，将它们加以汇总、理解并消化，把隐藏在数据背后的信息提炼出来，以求最大化地开发数据的功能，发挥数据的作用。数据分析是为了提取有用信息和形成结论而对数据加以详细研究和概括总结的过程。数据分析的本质是通过总结数据规律，解决业务问题，协助他人做出判断和决策。数据分析在不断成长，通过大数据、数据可视化等形式不断延伸，展现出强大的生命力。

1.1.2　数据分析的应用场景

近年来，数据分析已经逐步被应用到生活的各个领域，数据分析将成为指导企业科学决策运营的关键指标。

1. 客户分析

客户分析主要是根据客户的基本数据信息进行商业行为分析。根据客户的需求、目标客户的性质、所处行业的特征以及客户的经济状况等基本信息，使用统计分析方法和预测验证法分析目标客户，提高销售效率。了解客户的采购过程，根据客户采购类型、采购性质进行分类分析，制定不同的营销策略。根据已有的客户特征进行客户特征分析、客户忠诚度分析、客户注意力分析、客户营销分析和客户收益分析。通过有效的客户分析能够掌握客户的具体行为特征，将客户细分，使得运营策略达到最优，提升企业整体效益。

2. 营销分析

营销分析包括产品分析、价格分析、渠道分析、广告与促销分析4类。产品分析主要是竞争产品的分析，通过对竞争产品的分析制定自身产品策略。价格分析又可以分为成本分析和售价分析：成本分析的目的是降低不必要的成本；售价分析的目的是制定符合市场的价格。渠道分析是指对产品的销售渠道进行分析，确定最优的渠道配比。广告与促销分析可以结合客户分析，实现销量的提升、利润的增加。

3. 社交媒体分析

社交媒体分析是以不同的社交媒体渠道生成的内容为基础，实现不同社交媒体的用户分析、访问分析和互动分析等。用户分析主要根据用户注册信息、登录平台的时间点和平时发表的内容等用户数据，分析用户个人画像和行为特征。访问分析则是通过用户平时访问的内容分析用户的兴趣爱好，进而分析潜在的商业价值。互动分析根据互相关注对象的行为预测该对象未来的某些行为特征。同时，社交媒体分析还能为情感和舆情监督提供丰富的资料。

4. 网络安全

大规模网络安全事件的发生，让企业意识到网络攻击发生时预先快速识别的重要性。传统的网络安全主要依靠静态防御及处理病毒发现威胁、分析威胁和处理威胁。这种情况下，往往在威胁发生以后才能做出反应。新型的病毒防御系统可以使用数据分析技术，建立潜在攻击识别分析模型，监测大量网络活动数据和相应的访问行为，识别可能进行入侵的可疑模式，做到未雨绸缪。

5. 医疗行业

在医疗行业中数据分析应用的计算能力能够在几分钟内解码整个 DNA，从而制定出更科学的治疗方案，甚至对疾病进行预测，达到预防疾病的目的。临床试验与医疗设备数据流的分析能够识别出异常或者预料之外的行为及表现，从而辅助做出更准确的诊断意见。疫情预警系统中，实时传感器数据分析有助于检测传染病的暴发可能性，并通过早期预警系统发出预防提示。

6. 物流领域

物流是指物品从供应地流向接收地的活动，包括运输、搬运、存储、保管、包装、装卸、流通加工和物流信息处理等基本功能，以满足社会的需求。用户可以通过业务系统和 GPS 获得数据，使用数据构建交流状况预测分析模型，有效预测实时路况、物流状况、车流量、客流量和货物吞吐量，进而提前补货，制定库存管理策略，提高运营效率。

7. 设备管理

通过物联网技术能够收集和分析设备上的数据流，包括连续用电、零部件温度、环境湿度和污染物颗粒等无数潜在特征，建立设备管理模型，从而预测设备故障，合理安排预防性的维护，以确保设备正常作业，降低因设备故障带来的安全风险。

1.2　数据分析的流程

明确数据分析的基本流程是开展有效数据分析的保证，数据分析的过程主要包括以下 6 个既相对独立又相互联系的阶段。

1. 需求分析

在进行数据分析之前，挖掘数据分析的需求，了解数据分析的目的，提供数据分析的方向，是开展有效数据分析的首要条件，决定了后续分析的方向和方法。明确的数据分析目标可使分析结果更加科学、更具有说服力。

2. 数据收集

根据数据分析目标和需求分析的结果，提取、收集数据，是数据分析的基础。数据收集主要有本地数据和外部数据两种形式。本地数据指存储在本地数据库中的数据，可以通过数据库导出为 Excel 或 TXT 等格式的文件。按照数据获取的时间，本地数据又可分为历史数据和实时数据：历史数据是指系统在运行过程中遗存下来的数据，其数据量随系统运行时间的增加而增长；实时数据是指最近一个单位时间周期（月、周、日、小时等）内产生的数据。外部数据一般指互联网中的数据，常见的如网页表格数据、调查问卷、评论区留言和电商数据等，可通过网络爬虫等方式获取。

3. 数据预处理

数据分析工作中收集的原始数据往往是杂乱无章、残缺不全的，而数据质量直接影响数据分析的效果，因此数据预处理是数据分析前必不可少的一步。预处理是指对数据进行数据合并、数据清洗、数据变换和数据标准化，经过预处理后的数据可以直接用于分析建模。数据合并可以将来自不同工作表的数据合并到一个主工作表中；数据清洗通过丢弃、填充、替换、去重等操作，达到去除异常、纠正错误、补足缺失的目的；数据变换可以通过一定规则把原始数据转换为适合分析的形式；数据标准化是将不同规模和量纲的数据经过处理，缩放到相同的数据区间，以减少规模、单位、分布差异等对模型的影响。

4. 数据分析与建模

数据分析与建模是指通过对比分析、分组分析、交叉分析、回归分析等分析方法和聚类、分类、关联规则、智能推荐等模型与算法等方法，对已处理的数据进行分析，提取有价值的信息，形成有效结论的过程。

数据分析与建模的目标不同，使用的方法一般也不同。如果分析目标是描述客户行为模式的，可以采用描述型数据分析方法，同时还可以考虑关联规则、序列规则和聚类模型等。如果分析目标是量化未来一段时间内某个事件发生的概率，则可以使用两大预测分析模型，即分类预测模型和回归预测模型。在常见的分类预测模型中，目标特征通常都是二元数据，如欺诈与否、流失与否、信用好坏等。在回归预测模型中，目标特征通常都是连续型数据，常见的有股票价格预测和违约损失率预测等。

5. 数据可视化

数据可视化是将数据分析与预测结果以计算机图形或图像的方式展示给用户，并可与用户进行交互式处理。数据可视化既是一门技术，又是一门艺术，其基本思想是将庞大的数据构建为可视化对象，从多个维度观察数据的属性，深入分析数据表达的意义，从而更加高效、精准地传达信息。数据可视化技术有利于发现数据中隐含的规律性信息，以支持管理决策，也是数据可用性和易于理解性的关键因素。

6. 撰写分析报告

数据分析报告是对整个数据分析过程的总结和呈现，是沟通交流的一种形式，将分析的原因、过程、结论、可行性建议以及一系列有价值信息传递给受众，供决策者参考。数据分析报告需要有明确的结论、建议和解决方案，而且图文并茂、层次清晰，不仅仅是找出问题，更重要的是解决问题。

1.3　常用数据分析工具

目前有很多专用于实验性数据分析领域的特定语言及工具。

1. Excel

Excel（Microsoft Office Excel）是 Microsoft 公司开发的一款电子表格制作及数据分析软件，它以"表格"方式处理数据，操作方便、直观，在办公领域扮演着重要的角色。Excel 专门提供了一组数据分析工具，只需提供必要的数据和参数，该工具就会输出相应的结果。这一特性使 Excel 具备了专业统计分析软件的某些功能。

2. R 语言

R 语言是用于统计分析、绘图的语言和操作环境，由新西兰奥克兰大学统计系的

Ross Ihaka 和 Robert Gentleman 共同开发，于 1993 年首次亮相。R 语言是属于 GNU 系统的一个自由、免费、源代码开放的软件，是一个用于统计计算和统计制图的优秀工具。R 语言主要功能包括数据处理、数据存储、数组运算、统计分析、统计制图等，同时，它也是一款优秀的数据挖掘工具，用户可以借助强大的第三方扩展包，实现数据挖掘功能。

3. Python 语言

Python 由荷兰国家数学和计算机科学研究学会的 Guido van Rossum 设计开发，1991 年发布第一个正式版本，Python 是一门跨平台、开源、免费的解释型高级动态编程语言，支持命令式、函数式和面向对象编程，并且可以作为把多种不同语言编写的程序无缝衔接在一起的"胶水"语言，发挥出不同语言和工具的优势。Python 提供了强大的第三方扩展库用于科学计算和数据分析，如 SciPy、NumPy、Matplotlib、Pandas、Scikit-Learn 等，同时由于其语法简洁、简单易学、可读性强，已广泛应用于数据处理和分析领域。

4. MATLAB

MATLAB（Matrix Laboratory）是由美国 Mathworks 公司发布的主要面对科学计算、可视化以及交互式程序设计的高科技计算环境。它将数值分析、矩阵计算、科学数据可视化以及非线性动态系统的建模和仿真等诸多强大功能集成在一个易于使用的视窗环境中，主要用于数据分析、无线通信、深度学习、图像处理与计算机视觉、信号处理、量化金融与风险管理、机器人、控制系统等领域。MATLAB 和 Mathematica、Maple 并称为三大数学软件。

5. WEKA

WEKA（Waikato Environment for Knowledge Analysis）是一款免费、非商业化、基于 Java 环境的开源机器学习与数据挖掘软件，并提供了 Maven 依赖，拥有丰富的 Java API。它是一款公开的数据挖掘工作平台，集合了大量能承担数据挖掘任务的机器学习算法，包括对数据进行预处理、分类、回归、聚类、关联规则以及在新的交互式界面上的可视化等功能。

6. SAS

SAS（Statistical Analysis System）是由美国北卡罗来纳州州立大学 1966 年开发的统计分析软件，经过多年的完善和发展，SAS 在国际上已被誉为统计分析的标准软件，在各个领域得到广泛应用。它由数十个专用模块构成，功能包括数据访问、数据存储及管理、应用开发、图形处理、数据分析、报告编制、运筹学方法、计量经济学与预测等。

7. SPSS

SPSS（Statistical Product and Service Solutions）用于统计学分析运算、数据挖掘、预测分析和决策支持任务等相关数据统计分析。20 世纪 60 年代末，美国斯坦福大学的三位研究生研制开发了最早的统计分析软件 SPSS，并于 1975 年在芝加哥成立了专门研发和经营 SPSS 软件的公司。SPSS 是世界上最早采用图形菜单驱动界面的统计软件，它最突出的特点就是操作界面友好，输出结果美观。SPSS 的基本统计分析功能有频数分析、描述统计量分析、相关分析、回归分析、因子分析、聚类分析、判别分析、各种统计图形等。

　　Python 语言具有丰富的类库，能够简便地调用 C、C++、Java 等其他语言，是数据分析的首选语言。随着 NumPy、Scipy、Matplotlib、ETS 等第三方库的开发，Python 越来越适合做科学计算，适用于 Windows、Linux 等多种平台。本书基于开源的 Python 工具来讲解数据分析与科学计算的应用。

1.4　本章小结

　　随着企业数字化转型的加速，数据分析已经成为企业决策的重要依据。本章介绍了数据分析的背景、应用场景以及数据分析的流程，并对数据分析常用的工具进行了列举说明，最后介绍了使用 Python 进行数据分析的原因。

习　　题

1. 什么是数据分析？进行数据分析的目的是什么？
2. 简述数据分析的流程。
3. 常用的数据分析工具有哪些？各有什么特点？

第 2 章

Python 数据分析环境

Python 是一种解释型、面向对象的程序设计语言，是开源项目的优秀代表，其解释器的全部代码都是开源的，源代码遵循 GPL（GNU General Public License）协议。Python 语言语法简洁，功能强大，支持命令式编程、面向对象程序设计和函数式编程，拥有大量功能丰富且易于理解的标准库和扩展库。Python 语言能够与多种程序设计语言完美融合，被称为"胶水语言"，能够实现多种编程语言的无缝拼接，充分发挥各种语言的编程优势。

2.1　Python 概述

Python 语言由荷兰人 Guido van Rossum 创建。Guido 在荷兰国家数学和计算机科学研究学会工作时，曾参加开发过一种专门为非专业程序员设计的语言——ABC。ABC 语言以教学为目的，其主要设计理念是让语言变得容易阅读、容易使用、容易记忆、容易学习，并以此来激发人们学习编程的兴趣。就 Guido 本人看来，ABC 这种语言非常优美和强大，但是 ABC 语言并没有成功，究其原因，Guido 认为是其非开放性造成的。1989 年圣诞节期间，Guido 决定开发一种新的脚本解释程序，作为 ABC 语言的一种继承，因此 Python 语言诞生了。可以说，Python 是从 ABC 语言发展起来的，主要受到了 Modula-3 的影响，并且结合了 Unix Shell 和 C 语言的习惯。Python 这个名字来自 Guido 当时所钟爱的电视剧 *Monty Python's Flying Circus*。

最初的 Python 完全由 Guido 开发，1991 年发布了第一个正式版本，因广受好评，不同领域的开发者加入到 Python 语言的开发中，将各个领域的优点带给 Python，并陆续于 1994 年发布 Python 1.0 版本，于 2000 年发布 Python 2.0 版本，于 2008 年发布 Python 3.0 版本。

Python 语言已经成为最受欢迎的程序设计语言之一，2022 年 1 月，它被 TIOBE 编程语言排行榜评为 2021 年度语言。移动互联网、云计算、大数据的快速发展，使 Python 为开发者带来巨大机会，Python 的使用率呈线性增长。Python 作为一门设计优秀的程序设计语言，其开放、简洁和黏合特性，符合现发展阶段对大数据分析、可视化、各种平台程序协作具有快速促进作用的要求，大数据的火热和运维自动化必会带动 Python 的发展。Python 能够帮助程序员完成各种开发任务，作为编制其他组件、实现独立程序的工具，已经在很多领域被广泛使用。例如：

1）科学计算和数据分析：Python 提供了一些支持科学计算和数据分析的模块，如 SciPy、NumPy、Matplotlib、Pandas 等。

2）Web 开发：Python 语言跨平台和开源的特性，使得其在 Web 应用程序开发中有很大优势。Python 提供了一些优秀的 Web 框架，如 Flask、Django 等。

3）人工智能：Python 在人工智能领域的数据挖掘、机器学习、神经网络、深度学习等方面，得到广泛支持和应用。Python 提供了大量的人工智能第三方库，如 SimpleAI、pyDatalog、EasyAI、PyBrain、PyML、Scikit-Learn 和 MDP-Toolkit 等。

4）云计算：Python 可以广泛地在科学计算领域发挥独特的作用，通过强大的支持模块可以在计算大型数据、矢量分析、神经网络等方面高效率地完成工作，如使用 Python 语言开发的 OpenStack。

5）自动化运维：自动化运维工具如新生代 Ansible、SaltStack，以及轻量级的自动化运维工具 Fabric，均是基于 Python 开发的。

6）网络编程：Python 提供了丰富的模块支持 Sockets 编程，能方便、快速地开发分布式应用程序。

2.2 Python 语言的特点

Python 语言语法清晰、结构简单、可读性强，其设计理念是"优雅、明确、简单"。Python 开发者的哲学是"用一种方法，最好是只有一种方法来做一件事"。Python 代码通常被认为具备更好的可读性，并且能够支撑大规模的软件开发。

Python 已成为最受欢迎的程序设计语言之一，具有以下特点：

1. 语法简洁

Python 语言语法简洁、风格清晰、严谨易学，可以让用户编写易读、易维护的代码。

2. 开源

Python 是纯粹的自由软件，源代码和解释器 CPython 遵循 GPL 协议。

3. 面向对象

Python 既支持面向过程，又支持面向对象编程。面向对象编程将特定的功能与所要处理的数据相结合，即程序围绕着对象构建。如函数、模块、数字、字符串都是对象，并且完全支持继承、重载、派生、多继承，有益于增强代码的复用性。Python 借鉴了多种语言的特性，支持重载运算符和动态类型。

4. 可移植性

由于 Python 的开源特性，它已经被移植在许多平台上。如果在编程时多加留意系统特性，小心地避免使用依赖于系统的特性，那么所有 Python 程序无须修改就可以在各种平台上面运行。这些平台包括 Linux、Windows、FreeBSD、Macintosh、Solaris、OS/2、Amiga、AROS、AS/400、BeOS、OS/390、z/OS、Palm OS、QNX、VMS、Psion、Acorn RISC OS、VxWorks、PlayStation、Sharp Zaurus、Windows CE、Pocket PC、Symbian 等。

5. 解释性

Python 是一种解释性语言，在开发过程中没有编译环节。用 Python 语言编写的程序不需要编译成二进制代码，可直接从源代码运行程序。在计算机内部，Python 解释器把源代码转换成近似机器语言的中间形式字节码，然后再把它翻译成计算机使用的机器语言并运行，使 Python 程序更简单、更加易于移植，从而改善了 Python 的性能。

6. 可扩展性

如果需要一段关键代码运行得更快或者希望某些算法不公开，可以部分程序用 C 或 C++ 语言编写，然后在 Python 程序中使用它们。Python 本身被设计为可扩充的，提供了丰富的 API 和工具，其标准实现是使用 C 语言完成的（CPython），程序员能够轻松地使用 C 语言、C++ 来编写 Python 扩充模块，缩短开发周期。Python 编译器本身也可以被集成到其他需要脚本语言的程序内，因此很多人还把 Python 作为一种"胶水语言"（glue language）使用，可以用 Python 将其他语言编写的程序进行集成和封装。

7. 丰富的库

Python 语言提供了丰富的标准库和扩展库。Python 标准库功能齐全，提供了系统管理、网络通信、文本处理、数据库接口、图形系统、XML 处理等功能。除了标准库，Python 还提供了大量高质量第三方库，可以在 Python 包索引找到它们，Python 的第三方库使用方式与标准库类似，功能强大，提供了数据挖掘、大数据分析、图像处理等功能。

8. 健壮性

Python 提供了安全合理的异常退出机制，能捕获程序的异常情况，允许程序员在错误发生时根据出错条件提供处理机制。一旦异常发生，Python 解释器会转出一个包含使程序发生异常的全部可用信息到堆栈并进行跟踪，此时程序员可以通过 Python 监控这些异常并采取相应措施。

2.3　搭建 Python 开发环境

Python 是跨平台编程语言，可以兼容很多平台。这里以 Windows 平台为例，介绍如何下载和安装 Python 开发环境。

2.3.1　Windows 环境下安装 Python 开发环境

1）在 Python 官网 https://www.python.org/ 下载安装包，选择 Windows 平台下的安装包，如图 2.1 所示。

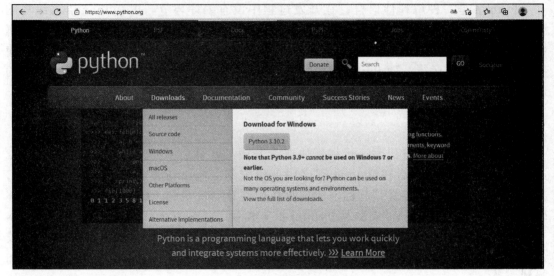

图 2.1　Python 安装包下载

2）单击图 2.1 中的 Python 3.10.2 下载，下载的文件名为 python-3.10.2-amd64.exe，双击该文件，进入 Python 安装界面，如图 2.2 所示。

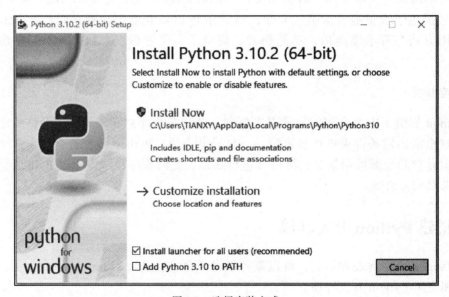

图 2.2　选择安装方式

在图 2.2 中，提示有两种安装方式。第一种是采用默认的安装方式，第二种是自定义方式，可以选择软件的安装路径及安装包，这两种安装方式任选其一。

3）Python 安装过程如图 2.3 所示。

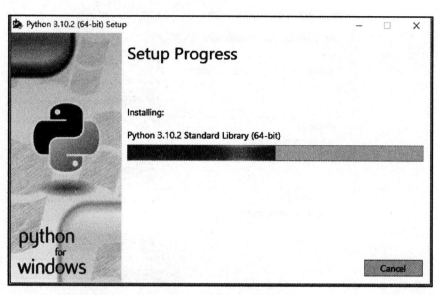

图 2.3　Python 安装过程

4）安装成功后，提示信息如图 2.4 所示。

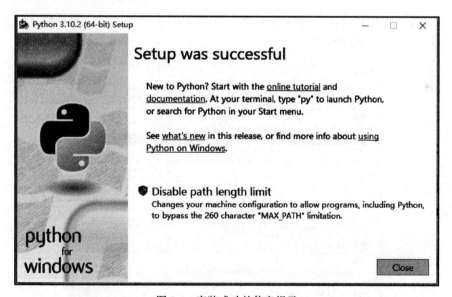

图 2.4　安装成功的信息提示

注意： 在图 2.2 中选择安装方式时，如果勾选了【Add Python 3.10 to PATH】复选框，那么后续配置环境的步骤可以省略。如果没有勾选，安装完 Python 之后就需要手动配置环境变量。

5）手动添加环境变量。右击【计算机】→【属性】→【高级系统设置】，弹出如图 2.5 所示的【系统属性】对话框。

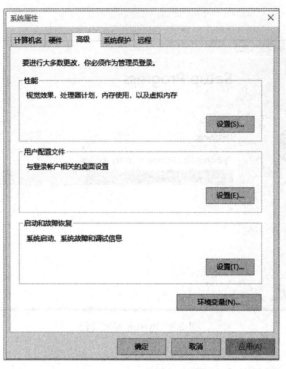

图 2.5　系统属性设置图

6）单击图 2.5 中的【环境变量】按钮，在弹出的【环境变量】对话框中，选择环境变量中的【Path】，如图 2.6 所示。

图 2.6　设置环境变量

7）单击图 2.6 中【编辑】按钮，弹出【编辑环境变量】对话框，如图 2.7 所示。单击图 2.7 中【新建】按钮，在增加的一行编辑框中输入 Python 的安装路径，如图 2.8 所示。单击【确定】按钮，完成环境变量的配置。

图 2.7　编辑环境变量　　　　　　　　　　图 2.8　新建环境变量

8）此时，在控制台输入 python 命令，会打印出 Python 的版本信息，如图 2.9 所示。

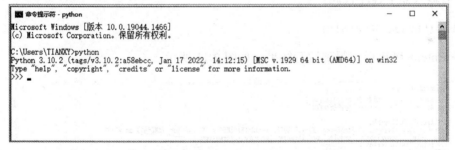

图 2.9　环境变量配置成功后 Python 版本信息输出

9）安装 Python 包管理工具 pip，pip 提供了 Python 包的查找、下载、安装、卸载的功能。在 Python 官网 https://pypi.python.org/pypi/pip#downloads 下载 pip 安装包，下载完成后，解压 pip 安装包到一个文件夹，从控制台进入解压目录，输入下列命令安装 pip：python setup.py install。

10）安装完成之后，依照配置 Python 环境变量的方法，对 pip 环境变量进行设置。

11）设置环境变量之后，打开控制台，输入 pip list，控制台输出结果如图 2.10 所示，此时 pip 安装完成。

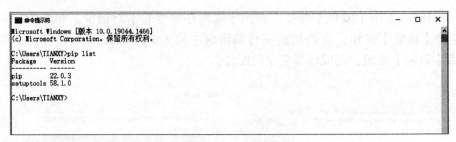

图 2.10　pip 安装及配置成功

2.3.2　运行第一个 Python 程序

完成 Python 的安装之后，就可以开始编写 Python 代码。Python 程序主要的运行方式有两种：交互式和文件式。交互式是指 Python 解释器即时响应用户输入的每条代码，给出运行结果。文件式是指用户将 Python 程序写入一个或多个文件中，然后启动 Python 解释器批量执行文件中的代码。下面以输出"Hello World!"为例说明两种方法的启动和执行过程。

1. 交互式

有两种方式可以进入 Python 交互式环境。

第一种方法是启动 Windows 操作系统打开【开始】菜单，输入 cmd 之后，进入命令行窗口，在控制台中输入 python，按 <Enter> 键进入交互式环境中，在命令提示符 ">>>"后输入如下程序代码：

```
print("Hello World!")
```

按 <Enter> 键执行，得到运行结果，如图 2.11 所示。

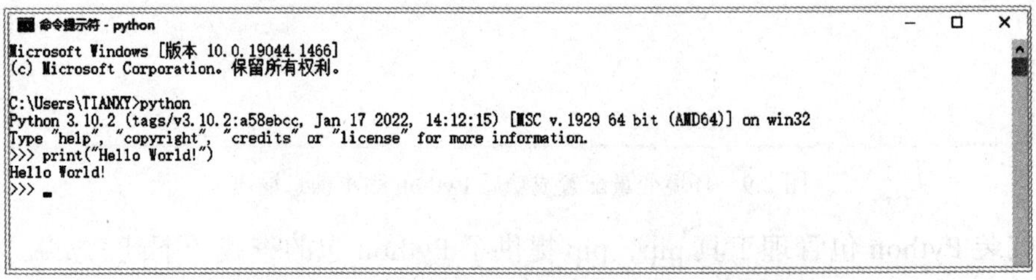

图 2.11　通过命令行启动 Python 交互式环境

第二种方法是调用安装的 Python 自带的 IDLE 启动交互式窗口。启动之后在命令提示符 ">>>"后输入代码，再按 <Enter> 键执行，得到的运行结果如图 2.12 所示。

在交互式环境中，输入的代码不会被保存下来，当关闭 Python 得到的运行窗口之后，之前输入的代码将不会被保存。在交互式环境中按下键盘中的 < ↑ >< ↓ > 键，可以寻找历史命令，这仅是短暂性的记忆，当退出程序之后，这些命令将不复存在。

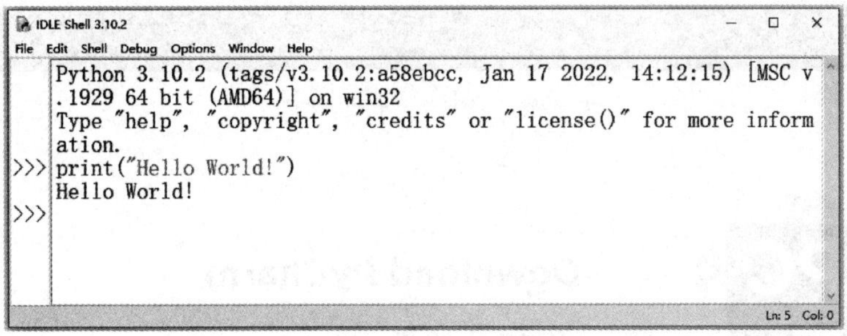

图 2.12 通过 IDLE 启动 Python 交互式环境

2. 文件式

Python 的交互式执行方式又称为命令式执行方式，如果需要执行多个语句，使用交互式就显得不方便了。通常的做法是将语句写到一个文件中，然后再批量执行文件中的全部语句，这种方式称为文件式执行方式。在 Python 程序编辑窗口执行 Python 程序过程如下。

1）打开 IDLE，选择【 File 】→【 New File 】命令或按 <Ctrl+N> 快捷键，打开 Python 程序编辑窗口。

2）在 Python 程序编辑窗口输入如下程序代码：

```
print("Hello World!")                    # 输出 Hello World!
```

3）语句输入完成后，在 Python 程序编辑窗口选择【 File 】→【 Save 】命令，确定文件保存位置和文件名，如 "d:\Pycode\hello.py"。

4）在 Python 程序编辑窗口选择【 Run 】→【 Run Module 】命令或按 <F5> 快捷键，运行程序并在 Python IDLE 中输出运行结果。

注意：对于单行代码或通过观察输出结果讲解少量代码的情况，采用 IDLE 交互式（以 ">>>" 开头）方式进行描述；对于讲解整段代码的情况，采用 IDLE 文件式方式。

2.4 集成开发环境——PyCharm

PyCharm 是一款跨平台的 Python IDE（Integrated Development Environment，集成开发环境），具有一般 IDE 具备的功能，如调试、语法高亮、Project 管理、代码跳转、智能提示、自动完成、单元测试、版本控制等。此外，PyCharm 还提供了一些良好的用于 Django 开发的功能，同时支持 Google App Engine 和 IronPython。

2.4.1 PyCharm 安装

访问 PyCharm 官网 https://www.jetbrains.com/pycharm/download/，进入 PyCharm 下载页面，如图 2.13 所示。

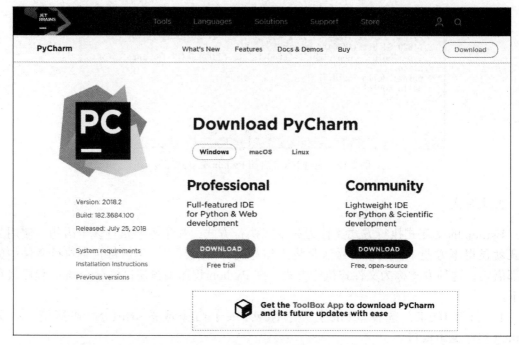

图 2.13　PyCharm 下载页面

在图 2.13 中，可以根据不同的平台下载 PyCharm，每个平台都可以选择下载 Professional 和 Community 两个版本。

建议选择下载 Professional 版本。这里以 Windows 平台为例，介绍安装 PyCharm 步骤。

1）双击下载的 "pycharm-professional-2018.2.exe" 文件，进入 PyCharm 安装界面，如图 2.14 所示。

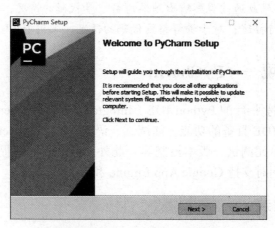

图 2.14　进入 PyCharm 安装界面

2）单击图 2.14 中的【Next】按钮，进入选择安装路径界面，如图 2.15 所示。

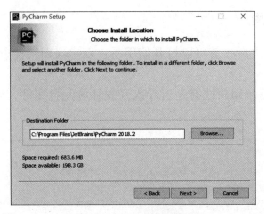

图 2.15　选择安装路径

3）单击图 2.15 中的【Next】按钮，进入文件配置界面，如图 2.16 所示。

4）单击图 2.16 中的【Next】按钮，进入选择启动界面，如图 2.17 所示。

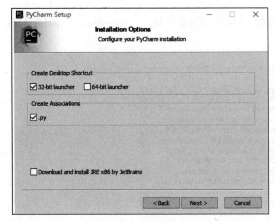

图 2.16　文件配置

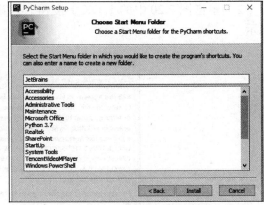

图 2.17　选择启动菜单

5）单击图 2.17 中的【Install】按钮，开始安装 PyCharm，如图 2.18 所示。

6）安装完成界面如图 2.19 所示，单击【Finish】按钮即可完成安装。

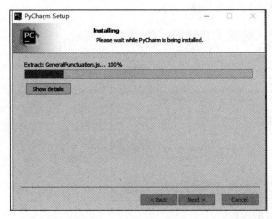

图 2.18　开始安装 PyCharm

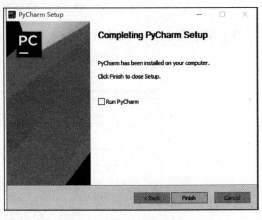

图 2.19　PyCharm 安装完成

2.4.2 PyCharm 使用

PyCharm 安装完成之后，就可以打开使用了。双击桌面快捷方式 PC 图标，开始使用PyCharm。

1）首次使用，会提示用户选择是否导入开发环境配置文件，如图 2.20 所示，这里选择不导入。

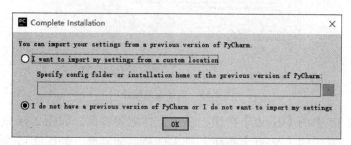

图 2.20　选择是否导入环境配置文件

2）单击图 2.20 中的【OK】按钮，弹出提示用户阅读并接受协议界面，如图 2.21所示。

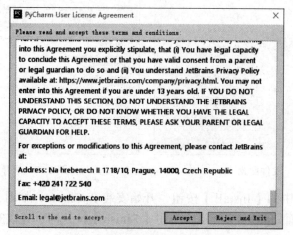

图 2.21　提示用户阅读并接受协议

3）单击图 2.21 中的【Accept】按钮，进入数据共享界面，如图 2.22 所示。

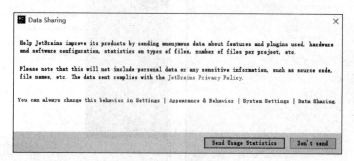

图 2.22　数据共享

4）单击图 2.22 中的【Don't send】按钮，提示用户激活软件，如图 2.23 所示。

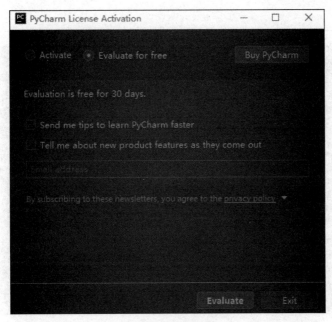

图 2.23　激活软件

5）在图 2.23 中选中【Evaluate for free】选项，单击【Evaluate】按钮，启动
PyCharm，进入创建项目界面，如图 2.24 所示。

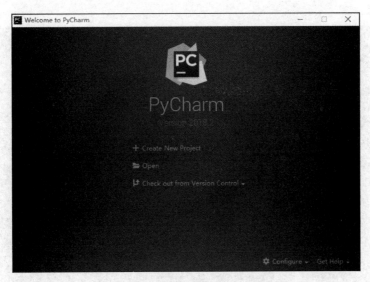

图 2.24　启动 PyCharm

图 2.24 中有 3 个选项，分别是：

- 【Create New Project】：创建一个新项目。
- 【Open】：打开已经存在的项目。
- 【Check out from Version Control】：从控制版本中检出项目。

6）这里选择创建一个新项目，单击【Create New Project】，进入项目设置界面，如图 2.25 所示。

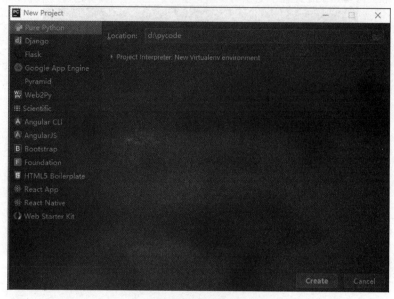

图 2.25　设置项目保存路径

7）在图 2.25 中的【Location】中填写项目保存的路径之后，单击【Create】按钮，进入项目欢迎界面，如图 2.26 所示。

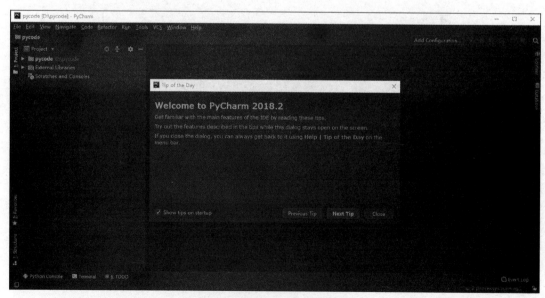

图 2.26　项目创建成功欢迎界面

8）在图 2.26 中单击【Close】按钮，进入项目开发界面，此时，需要在项目中创建 Python 文件。选择项目名称，右击，在弹出的快捷菜单中选择【New】→【Python File】命令，如图 2.27 所示。

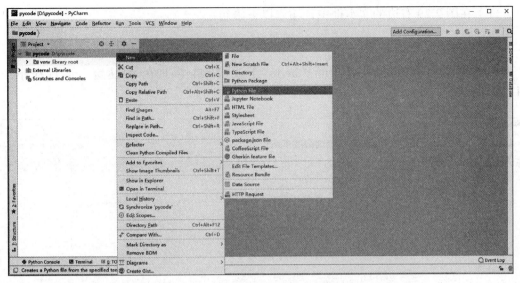

图 2.27　新建 Python 文件

9）为新建的 Python 文件命名，如图 2.28 所示。

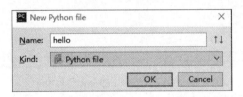

图 2.28　为新建的 Python 文件命名

10）在图 2.28 的【Name】文本框中输入文件名，比如"hello"，单击【OK】按钮，创建的文件如图 2.29 所示。

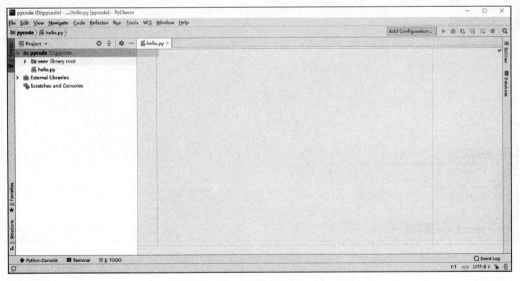

图 2.29　Python 新文件"hello.py"

11）在图 2.29 右边的文本框中，输入以下语句：

```
print("Hello World!")
```

单击菜单栏【Run】→【Run 'hello'】或按 <Shift+F10> 快捷键，运行程序，如图 2.30 所示。

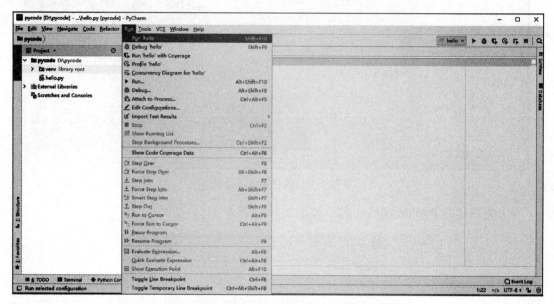

图 2.30 运行"hello.py"程序

12）程序的运行结果如图 2.31 所示。

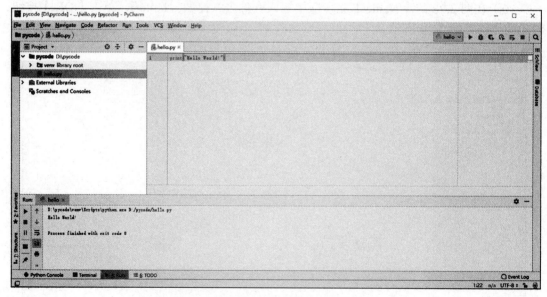

图 2.31 程序"hello.py"运行结果

2.5　数据分析环境 Anaconda

Anaconda 集成了大量常用扩展包的环境，对环境进行统一管理，包含 conda、Python 等 180 多个科学包及其依赖项，涉及数据可视化、机器学习、深度学习等多方面。

Anaconda 发行版本具有以下特点：

1）开源，免费的社区支持。

2）包含了众多的数据分析、科学计算的 Python 库。

3）全平台支持 Windows、Linux、Mac OS X，支持 Python2.x 和 Python3.x，可以自由切换。

2.5.1　安装 Anaconda

1）访问 Anaconda 官网 https://www.anaconda.com/download/，进入 Anaconda 下载页面，如图 2.32 所示。

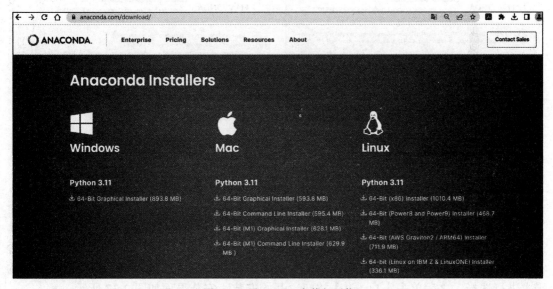

图 2.32　Anaconda 安装包下载

在图 2.32 中，可以根据不同的平台下载 Anaconda，这里以 Windows 平台为例，介绍 Anaconda 安装步骤。选择下载 Windows 平台安装包到本地机。

2）下载完成后，双击下载的安装包，开始安装。在弹出的 Anaconda 欢迎页面，单击【Next】按钮，进入安装许可协议界面，如图 2.33 所示。

3）在图 2.33 中，单击【I Agree】按钮，进入选择安装用户类型界面，如图 2.34 所示。

4）在选择安装用户类型窗口，提供了【Just Me】和【All Users】两种选择，选择默认设置即可，单击【Next】按钮，进入选择安装路径界面，如图 2.35 所示。

5）在选择安装路径窗口中，可以通过【Browse】按钮选择 Anaconda 安装的位置（建议选择默认安装路径），选择目标位置之后，单击【Next】按钮，进入安装选项，如图 2.36 所示。

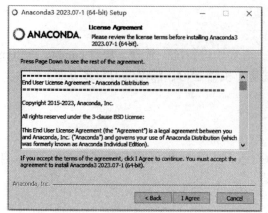

图 2.33　Anaconda 安装许可协议

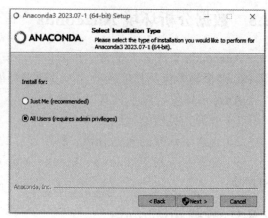

图 2.34　选择安装用户类型

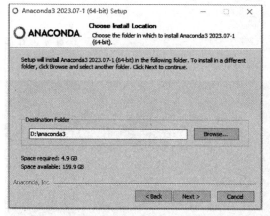

图 2.35　选择安装路径

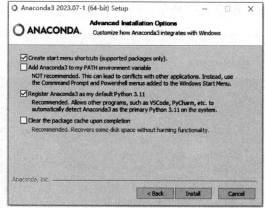

图 2.36　Anaconda 安装选项

6）在安装选项窗口，有 4 个选项，第 1 个选项表示是否在开始菜单创建快捷方式，第 2 个选项表示是否允许将 Anaconda 添加到系统路径环境变量中，第 3 个选项表示是否注册 Anaconda3 为 Python 3.11 系统，第 4 个选项表示安装完成清除包缓存。根据自己的需求进行选择，之后单击【Install】按钮，开始安装，安装界面如图 2.37 所示。

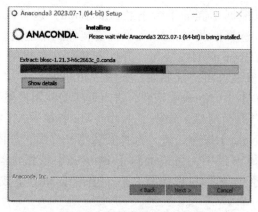

图 2.37　开始安装 Anaconda

7）安装完成后，提示【Installation Complete】，如图 2.38 所示。

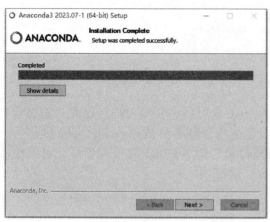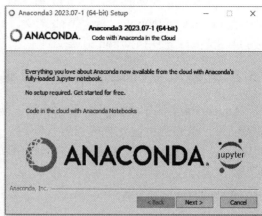

图 2.38　安装完成

8）单击图 2.38 中的【Next】按钮，进入带有 Anaconda3 版本号的安装完成界面，如图 2.39 所示。

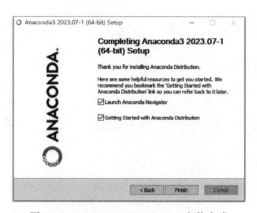

图 2.39　Anaconda3 2023.07-1 安装完成

安装完成后，在操作系统的【开始】菜单就可以看到 Anaconda3 菜单，该目录下包含了多个组件，如图 2.40 所示。

图 2.40　Anaconda3 目录结构

① Anaconda Navigator：用于管理工具包和环境的图形用户界面。

② Anaconda PowerShell Prompt 和 Anaconda Prompt：Anaconda 自带的命令行界面。

③ Jupyter Notebook：基于 Web 的交互式计算环境。

④ Spyder：使用 Python 语言、跨平台的科学运算集成开发环境。

2.5.2　通过 Anaconda 管理 Python 包

Anaconda 集成了常用的扩展包环境，能够方便地对这些扩展包进行管理，如安装和卸载包等，能够避免包配置或兼容等问题。对包进行管理需要依赖 conda，conda 是一个在 Windows、Mac OS 和 Linux 上运行的开源软件包管理系统和环境管理系统，可以快速地安装、运行和更新软件包及其依赖项。

常见的 conda 命令操作如下：

1. 检测 conda 是否被安装

在 Windows 系统下，用户可以打开 Anaconda Prompt 工具，然后在 Anaconda Prompt 中通过命令检测 conda 是否被安装，命令格式为：

```
(base) C:\Users\admin>conda --version
conda 23.5.2
```

以上命令返回当前的版本号。

2. 查看当前环境下的包信息

使用 list 命令可以获取当前环境中已经安装的包信息，命令格式为：

```
conda list
```

执行该命令后，终端会显示当前环境下已安装的包及其版本号。

3. 查找包

使用 search 命令可以查找可供安装的包，命令格式为：

```
conda search --full-name 包的全名
```

上述命令中，--full-name 为精确查找的参数，后面紧跟的是包的全名。例如，查找全名为"python"的包有哪些版本可供安装，命令格式为：

```
conda search --full-name python
```

4. 安装包

使用 install 命令可以安装包。如果要实现在指定环境中进行安装，则可以在 install 命令后面指定环境名称，命令格式为：

```
conda install --name env_name package_name
```

上述命令中，env_name 参数表示包安装的环境名称，package_name 表示将要安装的包名称。例如，在 Python3 环境中安装 pandas 包，命令格式为：

```
conda install --name python3 pandas
```

如果要在当前的环境中安装包，则可以直接使用 install 命令进行安装，命令格式为：

```
conda install package_name
```

执行上述命令，会在当前的环境下安装 package_name 包。

5. 卸载包

使用 remove 命令可以卸载包。如果要在指定的环境中卸载包，则可以在指定环境下使用 remove 命令进行移除，命令格式为：

```
conda remove --name env_name package_name
```

例如，卸载 Python3 环境下的 pandas 包，命令格式为：

```
conda remove --name python3 pandas
```

6. 更新包

使用 update 命令可以更新包。更新当前环境下所有的包，命令格式为：

```
conda update --all
```

如果只想更新某个包或某些包，则直接在 update 命令的后面加上包名即可，多个包之间使用空格隔开，例如：

```
conda update numpy              # 更新 numpy 包
conda update numpy matplotlib Scikit-learn
                                # 更新 numpy、matplotlib 和 Scikit-learn 包
```

2.6　开发工具 Jupyter Notebook

Jupyter Notebook 是 IPython Notebook 的继承者，是一个基于网页的交互式计算环境，支持 40 多种编程语言。其优点是交互式强，易于可视化。对于数据分析，Jupyter Notebook 可以重现整个分析过程，并将说明文字、代码、图表、公式和结论等都整合到一个文档中，用户可以通过电子邮件、Dropbox、GitHub、Jupyter Notebook Viewer 将分析结果分享给他人。

2.6.1　启动 Anaconda 自带的 Jupyter Notebook

在当前系统中安装了 Anaconda 环境，则默认就已经拥有了 Jupyter Notebook，无须再另行下载和安装。在 Windows 系统的【开始】菜单中，打开 Anaconda3 目录，找到并

单击【Jupyter Notebook】，会弹出启动窗口，如图 2.41 所示。

图 2.41　启动 Jupyter Notebook

同时，系统默认的浏览器会弹出 Jupyter Notebook 的主界面，如图 2.42 所示。该界面默认打开和保存的目录为 C:\Users\ 当前用户名。

图 2.42　Jupyter Notebook 主界面

2.6.2　使用 Jupyter Notebook 编写程序

在 Jupyter Notebook 主界面右上角单击【New】→【Python3（ipykernel）】，如图 2.43 所示，创建一个基于 Python3 的笔记本，如图 2.44 所示。

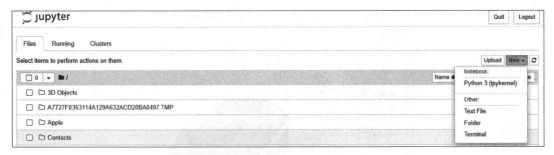

图 2.43　Jupyter Notebook 中新建文件

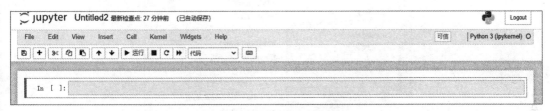

图 2.44　新建的 Python3 笔记本

在新建文件中编写代码，然后运行，如图 2.45 所示。

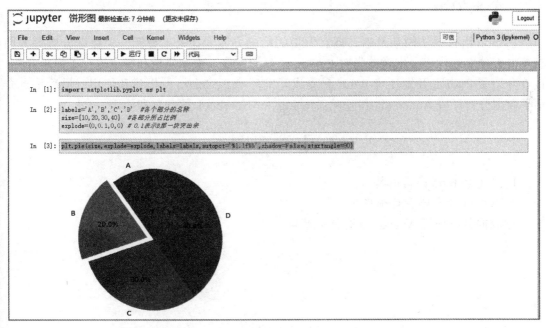

图 2.45　Jupyter Notebook 中编写代码并运行程序

程序编写完成后，可以利用 Jupyter Notebook 的导出功能，将笔记本导出到本地机上。导出功能通过【File】菜单的【Download as】级联菜单实现，如图 2.46 所示。在打开的详细列表中选择想要的格式即可。

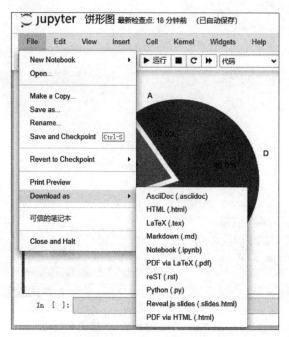

图 2.46 Jupyter Notebook 导出文件

2.7 本章小结

Python 语言语法简洁清晰，拥有大量的第三方库，在人工智能、大数据分析等方面有着得天独厚的优势。本章首先对 Python 语言的发展、应用领域和特点进行了简单介绍，接着介绍了 Python 开发环境 IDLE 和集成开发环境 PyCharm 的搭建和使用，最后重点介绍了数据分析环境 Anaconda 和开发工具 Jupyter Notebook 的安装和使用。

习　　题

1. 简述 Python 语言的特点。
2. Python 开发环境有哪些？
3. 数据分析环境 Anaconda 有什么特点？

第 3 章

Python 数据类型

　　程序设计的目的是通过对信息的获取、操作、处理来解决实际问题。程序处理的对象是数据，编写程序也就是描述对数据的处理过程。数据是程序加工、处理的对象，也是加工的结果，因此数据是程序设计中所要涉及和描述的主要内容。学习程序设计，必须掌握的内容有：数据类型、数据的输入/输出、数据处理；在对程序处理的过程中，必须掌握的方法有：程序的顺序执行、条件执行、循环执行和函数等。数据类型是程序设计语言学习的基础，数据是程序处理的基本对象，如何编写出最好的 Python 语言程序和在程序中描述数据，是学好 Python 语言程序设计的关键。

3.1　Python 基本数据类型

　　数据是人们用来描述事物及它们相关特性的符号记录。程序所能处理的基本数据对象被划分成一些组，或者说是一些集合。属于同一集合的数据对象具有相同的性质，比如对它们能够做同样的操作，它们都采用同样的编码方式等，把程序设计语言中具有这样性质的数据集合称为数据类型。

　　计算机硬件也把被处理的数据分成一些类型，如整型、浮点型等。CPU 对不同的数据类型提供了不同的操作指令，程序设计语言中把数据划分成不同的类型也与此有着密切的关系。在程序设计语言中，采用数据类型来描述程序中的数据结构、数据的表示范围和数据在内存中的存储分配等，可以说数据类型是计算机中一个非常重要的概念。

　　Python 的数据类型包括整型、浮点型、字符型、布尔型、复数类型等基本数据类型，列表、元组、字符串、字典、集合等组合数据类型。本节主要介绍 Python 中整型、浮点型、字符型、布尔型和复数类型等基本数据类型。

3.1.1　整型数据

　　整型数据即整数，不带小数点，可以有正号或者负号。在 Python3.x 中，整型数据在计算机内的表示没有长度限制，其值可以任意大。例如：

```
>>> a=12345678900123456789
>>> a*a
152415787504953525750053345778750190521
```

Python 中整型常量可用十进制、二进制、八进制和十六进制 4 种形式表示。

（1）十进制整数　　由 0～9 的数字组成，如 -123，0，10，但不能以 0 开始。

以下各数是合法的十进制整常数：

237,-568,1627

以下各数是不合法的十进制整常数：

023（不能有前缀 0），35D（不能有非十进制数码 D）

（2）二进制整数　以 0b 为前缀，其后由 0 和 1 组成，如 0b1001 表示二进制数 1001，即（1001）$_2$，其值为 $1 \times 2^3 + 0 \times 2^2 + 0 \times 2^1 + 1 \times 2^0$，即十进制数 9。

以下各数是合法的二进制数：

0b11（十进制为 3），0b111001（十进制为 57）

以下各数是不合法的二进制数：

101（无前缀 0b），0b2011（不能有非二进制数码 2）

（3）八进制整数　以 0o 为前缀，其后由 0～7 的数字组成，如 0o456 表示八进制数 456，即（456）$_8$，其值为 $4 \times 8^2 + 5 \times 8^1 + 6 \times 8^0$，即十进制数 302；–0o11 表示八进制数 –11，即十进制数 –9。

以下各数是合法的八进制数：

0o15（十进制为 13），0o101（十进制为 65），0o 0177777（十进制为 65535）

以下各数是不合法的八进制数：

256（无前缀 0o），0o 283（不能有非八进制数码 8）

（4）十六进制整数　以 0x 或 0X 开头，其后由 0～9 的数字和 a～f 字母或 A～F 字母组成，如 0x7A 表示十六进制数 7A，即（7A）$_{16}$ = $7 \times 16^1 + A \times 16^0$ = 122；–0x12 即十进制数 –18。

以下各数是合法的十六进制数：

0x1f（十进制为 31），0xFF（十进制为 255），0x201（十进制为 513）

以下各数是不合法的十六进制数：

8C（无前缀 0x 或 0X），0x3H（含有非十六进制数码 H）

注意： 在 Python 中是根据前缀来区分各种进制数的，因此在书写常数时不要把前缀弄错，避免造成结果不正确。

【例 3.1】整型常量示例。

```
>>> 0xff
255
>>> 2017
2017
>>> 0b10011001
153
```

```
>>> 0b012
SyntaxError: invalid syntax
>>> -0o11
-9
>>> 0xfe
254
```

3.1.2　浮点型数据

浮点型数据与数学中实数的概念一致，表示带有小数的数值。Python 语言要求所有浮点数必须带有小数部分，这种设计可以便于区分浮点数和整数类型。浮点数有两种表示形式：

（1）十进制小数形式　由数字和小数点组成（必须有小数点），如 1.2、.24、0.0 等，浮点型数据允许小数点后没有任何数字，表示小数部分为 0，如 2. 表示 2.0。

（2）指数形式　用科学计数法表示的浮点数，用字母 e（或 E）表示以 10 为底的指数，e 之前为数字部分，之后为指数部分。例如，123.4e3 和 123.4E3 均表示 123.4×10^3。用指数形式表示实型常量时要注意，e（或 E）前面必须有数字，后面必须是整数。15e2.3、e3 和 .e3 都是错误的指数形式。

一个实数可以有多种指数表示形式，例如，123.456 可以表示为 123.456e0、12.3456e1、1.23456e2、0.123456e3 和 0.0123456e4 等多种形式。把其中 1.23456e2 称为规范化的指数形式（也称为科学计数法），即在字母 e 或 E 之前的小数部分中，小数点左边的部分应有且只有一位非零的数字。一个实数在用指数形式输出时，是按规范化的指数形式输出的。

Python 浮点数的数值范围和小数精度不受计算机系统的限制。可以在使用 import 语句导入 sys 模块之后，使用 sys.float_info 语句查看 Python 解释器所运行系统的浮点数各项参数。语句如下：

```
>>> import sys
>>> sys.float_info
sys.float_info(max=1.7976931348623157e+308, max_exp=1024, max_10_
exp=308, min=2.2250738585072014e-308, min_exp=-1021, min_10_exp=-307,
dig=15, mant_dig=53, epsilon=2.220446049250313e-16, radix=2, rounds=1)
```

以上语句的运行结果给出了浮点数类型能表示的最大值（max）、最小值（min），基数（radix）为 2 时最大值的幂（max_exp）、最小值的幂（min_exp），科学计数法表示时最大值的幂（max_10_exp）、最小值的幂（min_10_exp），能准确计算的浮点数最大个数（dig），科学计算法表示中系数的最大精度（mant_dig），计算机能分辨的相邻两个浮点数的最小差值（epsilon）。

对于实型常量，Python 3.x 默认提供 17 位有效数字的精度，相当于 C 语言中双精度浮点数。例如：

```
>>> 1234567890012345.0
1234567890012345.0
```

```
>>> 12345678900123456789.0
1.2345678900123458e+19
>>> 15e2
1500.0
>>> 15e2.3
SyntaxError: invalid syntax
```

3.1.3 字符型数据

在 Python 中定义一个字符串可以用一对单引号、双引号或者三引号进行界定，且单引号、双引号和三引号还可以相互嵌套，用于表示复杂的字符串。例如：

```
>>> "Let's go"
"Let's go"
>>> s="'Python' Program"
>>> s
"'Python' Program"
```

使用单引号或双引号括起来的字符串必须在一行内表示，使用三引号括起来的字符串可以是多行的。例如：

```
>>> s='''
'Python' Program
'''
>>> s
"\n'Python' Program\n"
```

除了以上形式的字符数据外，对于常用的但却难以用一般形式表示的不可显示字符，Python 语言提供了一种特殊形式的字符常量，即用一个转义标识符"\"（反斜线）开头的字符序列，见表 3.1。

表 3.1　Python 常用的转义字符及其含义

字符形式	含义
\n	回车换行，将当前位置移到下一行开头
\t	横向跳到下一制表位置（Tab）
\b	退格，将当前位置退回到前一列
\r	回车，将当前位置移到当前行开头
\f	走纸换页，将当前位置移到下页开头
\\	反斜线符 "\"
\'	单引号符
\"	双引号符
\ddd	1～3 位 8 进制数所代表的字符
\xhh	1～2 位 16 进制数所代表的字符

使用转义字符时要注意：

1）转义字符多用于 print() 函数中。

2）转义字符常量，如 '\n'、'\x86' 等只能代表一个字符。

3）反斜线后的八进制数可以不用 0 开头。如 '\101' 代表字符常量 'A'，'\141' 代表字符常量 'a'。

4）反斜线后的十六进制数只能以小写字母 x 开头，不允许用大写字母 X 或 0x 开头。

【例 3.2】转义字符的应用。

```
a=1
b=2
c='\101'
print("\t%d\n%d%s\n%d%d\t%s"%(a,b,c,a,b,c))
```

程序的运行结果为：

```
□□□□□□□□1
2A
12□□□□□□□A
```

在 print() 函数中，首先遇到第一个"\t"，它的作用是让光标到下一个"制表位置"，即光标往后移动 8 个单元，到第 9 列，然后在第 9 列输出变量 a 的值 1。接着遇到"\n"，表示回车换行，光标到下行首列的位置，连续输出变量 b 和 c 的值 2 和 A，其中使用了转义字符常量 '\101' 给变量 c 赋值。遇到"\n"，光标到第三行的首列，输出变量 a 和 b 的值 1 和 2，再遇到"\t"光标到下一个制表位即第 9 列，然后输出变量 c 的值 A。

3.1.4　布尔型数据

布尔类型数据用于描述逻辑判断的结果，只有真和假两种值，即 True 和 False（注意要区分大小写），分别表示逻辑真和逻辑假。

值为真或假的表达式为布尔表达式，Python 的布尔表达式包括关系表达式和逻辑表达式，它们通常用来在程序中表示条件，条件满足时结果为 True，不满足时结果为 False。

【例 3.3】布尔型数据示例。

```
>>> type(True)
<class 'bool'>
>>> True==1
True
>>> True==2
False
>>> False==0
True
>>> 1>2
False
>>> False>-1
True
```

布尔类型还可以与其他数据类型进行逻辑运算，Python 规定：0、空字符串、None 为 False，其他数值和非空字符串为 True。例如：

```
>>> 0 and False
0
>>> None or True
True
>>> "" or 1
1
```

3.1.5 复数类型数据

Python 支持相对复杂的复数类型，与数学中的复数形式完全一致。

复数由实数部分和虚数部分组成，其一般形式为 x+yj，其中 x 是复数的实数部分，y 是复数的虚数部分。需要注意的是，虚数部分的后缀字母 j 大小写都可以，如 5+3.5j 和 5+3.5J 是等价的。

复数类型中实数部分和虚数部分的数值都是浮点类型。对于复数 z，可以分别用 z.real 和 z.imag 获得它的实数部分和虚数部分。例如：

```
>>> x=3+5j              #x 为复数
>>> x                   # 输出 x 的值
(3+5j)
>>> x.real              # 获取复数实部并输出
3.0                     # 输出结果为浮点型数据
>>> x.imag              # 获取复数虚部并输出
5.0                     # 输出结果为浮点型数据
```

复数类型的数据也可以进行加、减、乘、除运算。例如：

```
>>> x=3+5j              #x 为复数
>>> y=6-10j             #y 为复数
>>> x+y                 # 复数相加
(9-5j)
>>> x-y                 # 复数相减
(-3+15j)
>>> x*y                 # 复数相乘
(68+0j)
>>> x/y                 # 复数相除
(-0.23529411764705885+0.4411764705882353j)
```

3.2 Python 组合数据类型

组合数据类型将多个相同类型或不同类型的数据组织起来。根据数据组织方式的不同，Python 中的组合数据类型可分为 3 类，分别是序列类型、集合类型和映射类型。序列类型包括列表、元组和字符串等；集合类型包括集合；映射类型包括字典。

对于序列类型、集合类型以及映射类型，Python 都提供了大量的可直接调用的方法。本章后续将对这些方法进行详细介绍。

（1）序列类型

序列是程序设计中最基本的数据结构，几乎每一种程序设计语言都提供了类似的数据结构，如 C 语言和 Visual Basic 中的数组等。序列是一系列连续值，这些值通常是相关的，并且按照一定顺序排序。Python 提供的序列类型使用灵活、功能强大。

序列中的每一个元素都有自己的位置编号，可以通过偏移量索引来读取数据。图 3.1 是一个包含 11 个元素的序列。最开始的第一个元素，索引为 0，第二个元素，索引为 1，以此类推；也可以从最后一个元素开始计数，最后一个元素的索引是 -1，倒数第二个元素的索引就是 -2，以此类推。可以通过索引获取序列中的元素，其一般形式为：

字符	H	e	l	l	o		W	o	r	l	d
索引	0	1	2	3	4	5	6	7	8	9	10
索引	−11	−10	−9	−8	−7	−6	−5	−4	−3	−2	−1

图 3.1　序列元素与索引对应图

序列名 [索引]

其中，索引又称为"下标"或"位置编号"，必须是整数或整型表达式。在包含了 n 个元素的序列中，索引的取值为 $0,1,2,\cdots,n-1$ 和 $-1,-2,-3,\cdots,-n$，即范围为 $-n \sim n-1$。

（2）集合类型

集合类型与数学中的集合概念一致。集合类型中的元素是无序的，无法通过下标索引的方法访问集合类型中的每一个数值，且集合中的元素不能重复。

集合中的元素类型只能是固定的数据类型，即其中不能存在可变数据类型。列表、字典和集合类型本身都是可变类型，不能作为集合的元素。

（3）映射类型

映射类型是"键 – 值"对的集合，元素之间是无序的，通过键可以找出该键对应的值，即键代表着一个属性，值则代表着这个属性代表的内容，键值对将映射关系结构化。

映射类型的典型代表是字典。

3.2.1　列表

列表（list）是 Python 中重要的内置数据类型，列表是一个元素的有序集合，一个列表中元素的数据类型可以各不相同，所有元素放在一对方括号"["和"]"中，相邻元素之间用逗号分隔开。例如：

```
[1,2,3,4,5]
['Python', 'C','HTML','Java','Perl ']
['wade',3.0,81,[ 'bosh','haslem']]                    # 列表中嵌套了列表类型
```

1. 列表的基本操作

（1）列表的创建

使用赋值运算符"="将一个列表赋值给变量即可创建列表对象。例如：

```
>>>a_list= ['physics', 'chemistry',2017, 2.5]
>>>b_list=['wade',3.0,81,[ 'bosh','haslem']]
                                    # 列表中嵌套了列表类型
>>>c_list=[1,2,(3.0,'hello world!')] # 列表中嵌套了元组类型
>>>d_list=[]                         # 创建一个空列表
```

（2）列表元素读取

使用索引可以直接访问列表元素，方法为：列表名 [索引]。如果指定索引不存在，则提示下标越界。例如：

```
>>>a_list= ['physics', 'chemistry',2017, 2.5,[0.5,3]]
>>>a_list[1]
'chemistry'
>>> a_list[-1]
[0.5, 3]
>>> a_list[5]
Traceback (most recent call last):
  File "<pyshell#9>", line 1, in <module>
    a_list[5]
IndexError: list index out of range
```

（3）列表切片

可以使用"列表序号对"的方法来截取列表中的任意部分，得到一个新列表，称为列表的切片操作。切片操作的方法是：

列表名 [开始索引：结束索引：步长]。

开始索引：表示第一个元素对象，正索引位置默认为 0；负索引位置默认为 –len（consequence）。

结束索引：表示最后一个元素对象，正索引位置默认为 len（consequence）–1；负索引位置默认为 –1。

步长：表示取值的步长，默认为 1，步长值不能为 0。

例如：

```
>>> a_list[1:3]              # 开始为1，结束为2，不包括3，步长缺省为1
['chemistry', 2017]
>>> a_list[1:-1]
['chemistry', 2017, 2.5]
>>> a_list[:3]               # 左索引缺省为0
['physics', 'chemistry', 2017]
>>> a_list[1:]               # 从第一个元素开始截取列表
['chemistry', 2017, 2.5, [0.5, 3]]
>>> a_list[:]                # 左右索引均缺省
['physics', 'chemistry', 2017, 2.5, [0.5, 3]]
>>> a_list[::2]              # 左右索引均缺省，步长为2
['physics', 2017, [0.5, 3]]
```

（4）添加元素

在实际应用中，列表元素的添加和删除也是经常遇到的操作，Python 提供了多种方法来实现这一功能。

1）使用 "+" 运算符将一个新列表添加在原列表的尾部。例如：

```
>>> id(a_list)                    # 获取列表 a_list 的地址
49411096
>>> a_list=a_list+[5]
>>> a_list
['physics', 'chemistry', 2017, 2.5, [0.5, 3], 5]
>>> id(a_list)                    # 获取添加元素之后 a_list 的地址
49844992
```

从上面的例子可以看出，"+" 运算符在形式上实现了列表元素的增加，但从增加前后列表的地址看，这种方法并不是真的为原列表添加元素，而是创建了一个新列表，并将原列表和增加列表依次复制到新创建列表的内存空间。由于需要进行大量元素的复制，因此该方法操作速度较慢，大量元素添加时不建议使用该方法。

2）使用列表对象的 append() 方法向列表尾部添加一个新的元素。这种方法在原地址上进行操作，速度较快。例如：

```
>>> a_list.append('Python')
>>> a_list
['physics', 'chemistry', 2017, 2.5, [0.5, 3], 5, 'Python']
```

3）使用列表对象的 extend() 方法将一个新列表添加在原列表的尾部。与 "+" 的方法不同，这种方法在原列表地址上操作。例如：

```
>>> a_list.extend([2017,'C'])
>>> a_list
['physics', 'chemistry', 2017, 2.5, [0.5, 3], 5, 'Python', 2017, 'C']
```

4）使用列表对象的 insert() 方法将一个元素插入到列表的指定位置。该方法有两个参数：第一个参数为插入位置；第二个参数为插入元素。例如：

```
>>> a_list.insert(1,3.5)          # 插入位置为位置编号
>>> a_list
['physics', 3.5, 'chemistry', 2017, 2.5, [0.5, 3], 5, 'Python', 2017,
'C']
```

（5）检索元素

1）使用列表对象的 index() 方法可以获取指定元素首次出现的下标，语法为：index（value[，start，[，end]]），其中 start 和 end 分别用来指定检索的开始和结束位置，start 默认为 0，end 默认为列表长度。例如：

```
>>> a_list.index(2017)            # 在 a_list 列表中检索
3
```

```
>>> a_list.index(2017,4)                    # 从 a_list 列表第 4 个元素开始进行检索
8
>>> a_list.index(2017,5,7)                  # 在 a_list 列表第 5 ~ 7 个元素中检索
Traceback (most recent call last):
  File "<pyshell#10>", line 1, in <module>
    a_list.index(2017,5,7)
ValueError: 2017 is not in list          # 在指定范围中没有检索到元素，提示错误信息
```

2）使用列表对象的 count() 方法统计列表中指定元素出现的次数。例如：

```
>>> a_list.count(2017)
2
>>> a_list.count([0.5,3])
1
>>> a_list.count(0.5)
0
```

3）使用 in 运算符检索某个元素是否在该列表中。如果元素在列表中，返回 True，否则返回 False。例如：

```
>>> 5 in a_list
True
>>> 0.5 in a_list
False
```

（6）删除元素

1）使用 del 命令删除列表中指定位置的元素。例如：

```
>>> del a_list[2]
>>> a_list
['physics', 3.5, 2017, 2.5, [0.5, 3], 5, 'Python', 2017, 'C']
```

执行 del a_list[2] 后，a_list 中位置编号为 2 的元素被删除，该元素后面的元素自动前移一个位置。

del 命令也可以直接删除整个列表。例如：

```
>>> b_list=[10,7,1.5]
>>> b_list
[10, 7, 1.5]
>>> del b_list
>>> b_list
Traceback (most recent call last):
  File "<pyshell#42>", line 1, in <module>
    b_list
NameError: name 'b_list' is not defined
```

删除对象 b_list 之后，该对象就不存在了，再次访问就会提示出错。

2）使用列表对象的 remove() 方法删除首次出现的指定元素，如果列表中不存在要删除的元素，提示出错信息。例如：

```
>>>a_list.remove(2017)
>>> a_list
['physics', 3.5, 2.5, [0.5, 3], 5, 'Python', 2017, 'C']
>>> a_list.remove(2017)
>>> a_list
['physics', 3.5, 2.5, [0.5, 3], 5, 'Python', 'C']
>>> a_list.remove(2017)
Traceback (most recent call last):
  File "<pyshell#30>", line 1, in <module>
    a_list.remove(2017)
ValueError: list.remove(x): x not in list
```

执行第一个 a_list.remove（2017），删除了第一个 2017，a_list 内容变为 ['physics', 3.5, 2.5, [0.5, 3], 5, 'Python', 2017, 'C']；执行第二个 a_list.remove（2017），删除了第二个 2017，a_list 内容变为 ['physics', 3.5, 2.5, [0.5, 3], 5, 'Python', 'C']；执行第三个 a_list.remove（2017），系统提示出错。

3）使用列表的 pop() 方法删除并返回指定位置上的元素，缺省参数时删除最后一个位置上的元素，如果给定的索引超出了列表的范围，则提示出错。例如：

```
>>> a_list.pop()
'C'
>>> a_list
['physics', 3.5, 2.5, [0.5, 3], 5, 'Python']
>>> a_list.pop(1)
3.5
>>> a_list
['physics', 2.5, [0.5, 3], 5, 'Python']
>>> a_list.pop(5)
Traceback (most recent call last):
  File "<pyshell#35>", line 1, in <module>
    a_list.pop(5)
IndexError: pop index out of range
```

2. 列表的常用函数

（1）cmp() 函数

格式：cmp（列表 1，列表 2）

功能：对两个列表逐项进行比较，先比较列表的第一个元素，若相同则分别取两个列表的下一个元素进行比较，若不同则终止比较。如果第一个列表最后比较的元素大于第二个列表，则结果为 1，相反则为 -1，元素完全相同则结果为 0，类似于 >、<、== 等关系运算符。

例如：

```
>>>cmp([1,2,5],[1,2,3])
1
>>> cmp([1,2,3],[1,2,3])
0
>>>cmp([123, 'Bsaic'],[ 123, 'Python'])
-1
```

在 Python 3.x 中，不再支持 cmp() 函数，可以直接使用关系运算符来比较数值或列表，比较结果为 True 或 False。

例如：

```
>>> [123,'Bsaic']>[ 123,'Python']
False
>>> [1,2,3]==[1,2,3]
True
```

（2）len()

格式：len（列表）

功能：返回列表中的元素个数。

例如：

```
>>> a_list= ['physics', 'chemistry',2017, 2.5,[0.5,3]]
>>> len(a_list)
5
>>> len([1,2.0,'hello'])
3
```

（3）max() 和 min()

格式：max（列表），min（列表）

功能：返回列表中的最大或最小元素。要求所有元素之间可以进行大小比较。

例如：

```
>>> a_list=['123', 'xyz', 'zara', 'abc']
>>> max(a_list)
'zara'
>>> min(a_list)
'123'
```

（4）sum()

格式：sum（列表）

功能：对数值型列表的元素进行求和运算，对非数值型列表运算则出错。

例如：

```
>>> a_list=[23,59,-1,2.5,39]
>>> sum(a_list)
122.5
>>> b_list=['123', 'xyz', 'zara', 'abc']
```

```
>>> sum(b_list)
Traceback (most recent call last):
  File "<pyshell#11>", line 1, in <module>
    sum(b_list)
TypeError: unsupported operand type(s) for +: 'int' and 'str'
```

（5）sorted()

格式：sorted（列表）

功能：对列表进行排序，默认是按照升序排序。该方法不会改变原列表的顺序。

例如：

```
>>> a_list=[80, 48, 35, 95, 98, 65, 99, 95, 18, 71]
>>> sorted(a_list)
[18, 35, 48, 65, 71, 80, 95, 95, 98, 99]
>>>a_list                    # 输出 a_list 列表，该列表原来的顺序并没有改变
[80, 48, 35, 95, 98, 65, 99, 95, 18, 71]
```

如果需要进行降序排序，在 sorted() 函数的列表参数后面增加一个 reverse 参数，让其值等于 True 则表示降序排序，等于 False 表示升序排序。例如：

```
>>> a_list=[80, 48, 35, 95, 98, 65, 99, 95, 18, 71]
>>> sorted(a_list,reverse=True)
[99, 98, 95, 95, 80, 71, 65, 48, 35, 18]
>>> sorted(a_list,reverse=False)
[18, 35, 48, 65, 71, 80, 95, 95, 98, 99]
```

（6）sort()

格式：list.sort()

功能：对列表进行排序，排序后的新列表会覆盖原列表，默认为升序排序。

例如：

```
>>> a_list=[80, 48, 35, 95, 98, 65, 99, 95, 18, 71]
>>> a_list.sort()
>>> a_list                    # 输出 a_list 列表，该列表原来的顺序被改变了
[18, 35, 48, 65, 71, 80, 95, 95, 98, 99]
```

如果需要进行降序排序，在 sort() 方法中增加一个 reverse 参数，让其值等于 True 则表示降序排序，等于 False 表示升序排序。例如：

```
>>> a_list=[80, 48, 35, 95, 98, 65, 99, 95, 18, 71]
>>> a_list.sort(reverse=True)
>>> a_list
[99, 98, 95, 95, 80, 71, 65, 48, 35, 18]
>>> a_list.sort(reverse=False)
>>> a_list
[18, 35, 48, 65, 71, 80, 95, 95, 98, 99]
```

（7）reverse()

格式：list.reverse()

功能：对 list 列表中的元素进行翻转存放，不会对原列表进行排序。

例如：

```
>>> a_list=[80, 48, 35, 95, 98, 65, 99, 95, 18, 71]
>>> a_list.reverse()
>>> a_list
[71, 18, 95, 99, 65, 98, 95, 35, 48, 80]
```

列表基本操作及常用函数见表 3.2。

表 3.2　列表基本操作及常用函数

方法	功能
list.append（obj）	在列表末尾添加新的对象
list.extend（seq）	在列表末尾一次性追加另一个序列中的多个值
list.insert（index，obj）	将对象插入列表
list.index（obj）	从列表中找出某个值第一个匹配项的索引位置
list.count（obj）	统计某个元素在列表中出现的次数
list.remove（obj）	移除列表中某个值的第一个匹配项
list.pop（obj=list[−1]）	移除列表中的一个元素（默认最后一个元素），并且返回该元素的值
sort()	对原列表进行排序
reverse()	反向存放列表元素
cmp（list1，list2）	比较两个列表的元素
len（list）	求列表元素个数
max（list）	返回列表元素的最大值
min（list）	返回列表元素的最小值
list（seq）	将元组转换为列表
sum（list）	对数值型列表元素求和

【例 3.4】从键盘上输入一批数据，对这些数据进行逆置，最后按照逆置后的结果输出。

分析：将输入的数据存放在列表中，将列表的所有元素镜像对调，即第一个与最后一个对调，第二个与倒数第二个对调，…。

程序如下：

```
b_list=input("请输入数据:")
a_list=[]
for i in b_list.split(','):
        a_list.append(i)
print("逆置前数据为:",a_list)
n=len(a_list)
for i in range(n//2):
        a_list[i],a_list[n-i-1]=a_list[n-i-1],a_list[i]
```

```
print("逆置后数据为:",a_list)
```

程序运行结果:

```
请输入数据:"Python",2017,98.5,7102,'program'
逆置前数据为: ['"Python"', '2017', '98.5', '7102', "'program'"]
逆置后数据为: ["'program'", '7102', '98.5', '2017', '"Python"']
```

【例 3.5】编写程序，求出 1000 以内的所有完数，并按下面的格式输出其因子：

$$6 \text{ its factors are } 1,2,3。$$

分析：一个数如果恰好等于它的因子之和，这个数就称为"完数"。例如，6 就是一个完数，因为 6 的因子有 1、2、3，且 6=1+2+3。

题目的关键是求因子。对于从 2 ～ 100 之间的数，对于任意的数 a，采用循环从 1 ～ a–1 进行检查，如果检测到某个数是 a 的因数，则将该因数存放在列表中，并将其累加起来，如果因数之和正好和该数相等，则数 a 是完数。

程序如下：

```
m=1000
for a in range(2,m+1):
        s=0
        L1=[]
        for i in range(1,a):
          if a%i==0:
              s+=i
              L1.append(i)
        if s==a:
                print("%d  its factors are: "%a,L1)
```

程序运行结果:

```
6  its factors are: [1, 2, 3]
28  its factors are: [1, 2, 4, 7, 14]
496  its factors are: [1, 2, 4, 8, 16, 31, 62, 124, 248]
```

3.2.2　元组

与列表类似，元组（tuple）也是 Python 的重要序列结构，但元组属于不可变序列，其元素不可改变，即元组一旦创建，用任何方法都不能修改元素的值，如果确实需要修改，只能再创建一个新元组。

元组的定义形式与列表类似，区别在于定义元组时所有元素放在一对圆括号"（"和"）"中。例如：

```
(1,2,3,4,5)
('Python', 'C','HTML','Java','Perl ')
```

1. 元组的基本操作

（1）元组的创建

使用赋值运算符 "=" 将一个元组赋值给变量即可创建元组对象。例如：

```
>>>a_tuple= ('physics', 'chemistry',2017, 2.5)
>>>b_tuple=(1,2,(3.0,'hello world!'))        # 元组中嵌套了元组类型
>>>c_tuple=('wade',3.0,81,[ 'bosh','haslem'])
                                             # 元组中嵌套了列表类型
>>>d_tuple=()                                # 创建一个空元组
```

如果要创建只包含一个元素的元组，只把元素放在圆括号里并不能创建元素，这是因为圆括号既可以表示元组，又可以表示数学公式中的小括号，产生了歧义。在这种情况下，Python 规定按小括号进行计算。因此要创建只包含一个元素的元组，需要在元素后面加一个逗号 "，"，而创建多个元素的元组时则没有这个规定。

例如：

```
>>> x=(1)
>>> x
1
>>> y=(1,)
>>> y
(1,)
>>> z=(1,2)
>>> z
(1, 2)
```

注意： Python 在显示只有一个元素的元组时，也会加一个逗号 "，"，以免将元组的界定符误解成数学计算意义上的括号。

（2）读取元素

与列表相同，使用索引可以直接访问元组的元素，方法为：元组名 [索引]。

例如：

```
>>> a_tuple= ('physics', 'chemistry',2017, 2.5)
>>> a_tuple[1]
'chemistry'
>>> a_tuple[-1]
2.5
>>> a_tuple[5]
Traceback (most recent call last):
  File "<pyshell#14>", line 1, in <module>
    a_tuple[5]
IndexError: tuple index out of range
```

（3）元组切片

元组也可以进行切片操作，方法与列表类似。对元组切片可以得到一个新元组。

例如：

```
>>> a_tuple[1:3]
('chemistry', 2017)
>>> a_tuple[::3]
('physics', 2.5)
```

（4）检索元素

1）使用元组对象的 index() 方法可以获取指定元素首次出现的下标。

例如：

```
>>> a_tuple.index(2017)
2
>>> a_tuple.index('physics',-3)
Traceback (most recent call last):    # 在指定范围中没有检索到元素，提示错误信息
  File "<pyshell#24>", line 1, in <module>
    a_tuple.index('physics',-3)
ValueError: tuple.index(x): x not in tuple
```

2) 使用元组对象的 count() 方法统计元组中指定元素出现的次数。例如：

```
>>> a_tuple.count(2017)
1
>>> a_tuple.count(1)
0
```

3）使用 in 运算符检索某个元素是否在该元组中。如果元素在元组中，返回 True，否则返回 False。

例如：

```
>>> 'chemistry' in a_tuple
True
>>> 0.5 in a_tuple
False
```

（5）删除元组

使用 del 语句删除元组，删除之后对象就不存在了，再次访问会出错。

例如：

```
>>> del a_tuple
>>> a_tuple
Traceback (most recent call last):
  File "<pyshell#30>", line 1, in <module>
    a_tuple
NameError: name 'a_tuple' is not defined
```

2. 列表与元组的区别及转换

（1）列表与元组的区别

列表和元组在定义和操作上有很多相似的地方，不同点在于列表是可变序列，可以修改列表中元素的值，也可以增加和删除列表元素，而元组是不可变序列，元组中的数据一旦定义就不允许通过任何方式改变。因此元组没有 append()、insert() 和 extend() 方法，不能给元组添加元素，也没有 remove() 和 pop() 方法，也不支持对元组元素进行 del 操作，即不能从元组中删除元素。

与列表相比，元组具有以下优点：

1）元组的处理速度和访问速度比列表快。如果定义了一系列常量值，需要对其进行遍历或者类似用途，而不需要对其元素进行修改，这种情况一般使用元组。可以认为元组对不需要修改的数据进行了"写保护"，可以使代码更安全。

2）作为不可变序列，元组（包含数值、字符串和其他元组的不可变数据）可用作字典的键，而列表不可以充当字典的键，因为列表是可变的。

（2）列表与元组的转换

列表可以转换成元组，元组也可以转换成列表。内置函数 tuple() 可以接收一个列表作为参数，返回包含同样元素的元组，list() 可以接收一个元组作为参数，返回包含同样元素的列表。例如：

```
>>> a_list= ['physics', 'chemistry',2017, 2.5,[0.5,3]]
>>> tuple(a_list)
('physics', 'chemistry', 2017, 2.5, [0.5, 3])
>>> type(a_list)              # 查看调用 tuple() 函数之后 a_list 的类型
<class 'list'>               #a_list 类型并没有改变
>>> b_tuple=(1,2,(3.0,'hello world!'))
>>> list(b_tuple)
[1, 2, (3.0, 'hello world!')]
>>> type(b_tuple)            # 查看调用 list() 函数之后 b_tuple 的类型
<class 'tuple'>             #b_tuple 类型并没有改变
```

从效果看，tuple() 函数可以看作是在冻结列表使其不可变，而 list() 函数是在融化元组使其可变。

元组中元素的值不可改变，但元组中可变序列的元素的值可以改变。

利用元组可以一次性给多个变量赋值。例如：

```
>>> v = ('a', 2, True)
>>> (x,y,z)=v
>>> v = ('Python', 2, True)
>>> (x,y,z)=v
>>> x
'Python'
>>> y
2
```

```
>>> z
True
```

3.2.3　字符串

Python 中的字符串是一个有序的字符集合，用于存储或表示基于文本的信息。它不仅能保存文本，而且能保存"非打印字符"或二进制数据。

Python 中的字符串用一对单引号（'）或双引号（"）括起来。例如：

```
>>> 'Python'
'Python'
>>>"Python Program"
'Python Program'
```

1. 三重引号字符串

Python 中有一种特殊的字符串，用三重引号表示。如果字符串占据了几行，但却想让 Python 保留输入时使用的准确格式，如行与行之间的回车符、引号、制表符或者其他信息都保存下来，则可以使用三重引号——字符串以三个单引号或三个双引号开头，并且以三个同类型的引号结束。采用这种方式，可以将整个段落作为单个字符串进行处理。例如：

```
>>> '''Python is an "object-oriented"
open-source programming language'''
'Python is an "object-oriented"\n open-source programming language'
```

2. 字符串基本操作

（1）字符串创建

使用赋值运算符"="将一个字符串赋值给变量即可创建字符串对象。例如：

```
>>> str1="Hello"
>>> str1
'Hello'
>>> str2='Program \n\'Python\''          # 将包含有转义字符的字符串赋给变量
>>> str2
"Program \n'Python'"
```

（2）字符串元素读取

与列表相同，使用索引可以直接访问字符串中的元素，方法为：字符名 [索引]。例如：

```
>>> str1[0]
'H'
>>> str1[-1]
'o'
```

（3）字符串切片

字符串的切片就是从字符串中分离出部分字符，操作方法与列表相同，即采取"字符名 [开始索引 : 结束索引 : 步长] "的方法。例如：

```
>>> str="Python Program"
>>> str[0:5:2]           # 从第 0 个字符开始到第 4 个字符结束，每隔一个取一个字符
'Pto'
>>> str[:]               # 取出 str 字符本身
'Python Program'
>>> str[-1:-20]          # 从 -1 开始，到 -20 结束，步长为 1
''                       # 结果为空串
>>> str[-1:-20:-1]       # 将字符串由后向前逆向读取
'margorP nohtyP'
```

（4）连接

字符串连接运算可使用运算符"+"，将两个字符串对象连接起来，得到一个新的字符串对象。例如：

```
>>> "Hello"+"World"
'HelloWorld'
>>> "P"+"y"+"t"+"h"+"o"+"n"+"Program"
'PythonProgram'
```

将字符串和数值类型数据进行连接时，需要使用 str() 函数将数值数据转换成字符串，然后再进行连接运算。例如：

```
>>> "Python"+str(3)
'Python3'
```

（5）重复

字符串重复操作使用运算符"*"，构建一个由字符串自身重复连接而成的字符串对象。例如：

```
>>> "Hello"*3
'HelloHelloHello'
>>> 3*"Hello World!"
'Hello World!Hello World!Hello World!'
```

（6）关系运算

与数值类型数据一样，字符串也能进行关系运算，但关系运算的意义和在整型数据上使用时略有不同。

1）单个字符字符串的比较。单个字符字符串的比较是按照字符的 ASCII 码值大小进行比较的。例如：

```
>>> "a"=="a"
True
>>> "a"=="A"
```

```
False
>>> "0">"1"
False
```

2）多字符字符串的比较。当字符串中的字符多于一个时，比较的过程仍是基于字符的 ASCII 码值的概念进行的。比较的过程是并行地检查两个字符串中位于同一位置的字符，然后向前推进，直到找到两个不同的字符为止。

① 从两个字符串中索引为 0 的位置开始比较。

② 比较位于当前位置的两个单字符。

如果两个字符相等，则两个字符串的当前索引加 1，回到步骤②。

如果两个字符不相等，返回这两个字符的比较结果，作为字符串比较的结果。

③ 如果两个字符串比较到一个字符串结束时，对应位置的字符都相等，则较长的字符串更大。

例如：

```
>>> "abc"<"abd"
True
>>> "abc">"abcd"
False
>>> "abc"<"cde"
True
>>> ""<"0"
True
```

注意：空字符串（""）比其他字符串都小，因为它的长度为 0。

（7）成员运算

字符串使用 in 或 not in 运算符判断一个字符串是否属于另一个字符串。其一般形式为：

```
字符串 1 [not] in 字符串 2
```

其返回值为 True 或 False。例如：

```
>>> "ab" in "aabb"
True
>>> "abc" in "aabbcc"
False
>>> "a" not in "abc"
False
```

3. 字符串的常用方法

（1）子串查找

子串查找就是在主串中查找子串，如果找到则返回子串在主串中的位置，找不到则返回 −1。Python 提供了 find() 方法进行查找，一般形式为：

```
str.find(substr,[start,[,end]])
```

其中，substr 是要查找的子串，start 和 end 是可选项，分别表示查找的开始位置和结束位置。例如：

```
>>> s1="beijing xi'an tianjin beijing chongqing"
>>> s1.find("beijing")
0
>>> s1.find("beijing",3)
22
>>> s1.find("beijing",3,20)
-1
```

（2）字符串替换

字符串替换 replace() 方法的一般形式为：

```
str.replace(old,new[,max])
```

其中，old 是要进行更换的旧字符串，new 是用于替换 old 字符串的新字符串，max 是可选项。该方法的功能是把字符串中的 old（旧字符串）替换成 new（新字符串），如果指定了第三个参数 max，则替换不超过 max 次。例如：

```
>>> s2 = "this is string example. this is string example."
>>> s2.replace("is", "was")            #s2 中所有的 is 都替换成 was
'thwas was string example. thwas was string example.'
>>> s2 = "this is string example. this is string example."
>>> s2.replace("is", "was",2)          #s2 中前面两个 is 替换成 was
'thwas was string example. this is string example.'
```

（3）字符串分离

字符串分离是将一个字符串分离成多个子串组成的列表。Python 提供了 split() 实现字符串的分离，其一般形式为：

```
str.split([sep])
```

其中，sep 表示分隔符，默认以空格作为分隔符。若参数中没有分隔符，则把整个字符串作为列表的一个元素，当有参数时，以该参数进行分隔。

```
>>> s3="beijing,xi'an,tianjin,beijing,chongqing"
>>> s3.split(',')                    # 以逗号作为分隔符
['beijing', "xi'an", 'tianjin', 'beijing', 'chongqing']
>>> s3.split('a')                    # 以字符 a 作为分隔符
["beijing,xi'", 'n,ti', 'njin,beijing,chongqing']
>>> s3.split()                       # 没有分隔符，整个字符串作为列表的一个元素
["beijing,xi'an,tianjin,beijing,chongqing"]
```

（4）字符串连接

字符串连接是将列表、元组中的元素以指定的字符（分隔符）连接起来生成一个新的

字符串，使用 join() 方法实现，其一般形式是：

```
sep.join(sequence)
```

其中 sep 表示分隔符，可以为空，sequence 是要连接的元素序列。功能是以 sep 作为分隔符，将 sequence 所有的元素合并成一个新的字符串并返回该字符串。例如：

```
>>> s4=["beijing","xi'an","tianjin", "chongqing"]
>>> sep="-->"
>>> str=sep.join(s4)              # 连接列表元素
>>> str                          # 输出连接结果
"beijing-->xi'an-->tianjin-->chongqing"
>>>s5=("Hello","World")
>>>sep=""
>>> sep.join(s5)                 # 连接元组元素
'HelloWorld'
```

字符串常用方法见表 3.3。

表 3.3　字符串常用方法

方法	功能
str.find（substr，[start，[，end]]）	定位子串 substr 在 str 中第一次出现的位置
str.replace（old，new[，max]）	用字符串 new 替代 str 中的 old
str.split（[sep]）	以 sep 为分隔符，把 str 分隔成一个列表
sep.join（sequence）	把 sequence 的元素用连接符 sep 连接起来
str.count（substr，[start，[，end]]）	统计 str 中有多少个 substr
str.strip()	去掉 str 中两端空格
str.lstrip()	去掉 str 中左边空格
str.rstrip()	去掉 str 中右边空格
str.strip（[chars]）	去掉 str 中两端字符串 chars
str.isalpha()	判断 str 是否全是字母
str.isdigit()	判断 str 是否全是数字
str.isupper()	判断 str 是否全是大写字母
str.islower()	判断 str 是否全是小写字母
str.lower()	转换 str 中所有大写字母为小写
str.upper()	转换 str 中所有小写字母为大写
str.swapcase()	将 str 中的大小写字母互换
str.capitalize()	将 str 中第一个字母变成大写，其他字母变小写

【例 3.6】从键盘输入 5 个英文单词，输出其中以元音字母开头的单词。

分析：首先将所有的元音字母存放在字符串 str 中，然后循环地输入 10 个英文单词，并将这些单词存放在列表中。再从列表中一一取出这些单词，采用分片的方法提取出单词的首字母，遍历存放元音的字符串 str，判断单词的首字母是否在 str 中。

程序如下：

```
str="AEIOUaeiou"
a_list=[]
for i in range(0,5):
    word=input("请输入一个英文单词：")
    a_list.append(word)
print("输入的5个英文单词是：",a_list)
print("首字母是元音的英文单词有：")
for i in range(0,5):
    for ch in str:
        if a_list[i][0]==ch:
            print(a_list[i])
            break
```

程序运行结果：

```
请输入一个英文单词：china
请输入一个英文单词：program
请输入一个英文单词：Egg
请输入一个英文单词：apple
请输入一个英文单词：software
输入的5个英文单词是：['china', 'program', 'Egg', 'apple', 'software']
首字母是元音的英文单词有：
Egg
apple
```

【例3.7】输入一段字符，统计其中单词的个数，单词之间用空格分隔。

分析：按照题意，连续的一段不含空格类字符的字符串就是单词。将连续的若干个空格作为一次空格，那么单词的个数可以由空格出现的次数（连续的若干个空格看作一次空格，一行开头的空格不统计）来决定。如果当前字符是非空格类字符，而它的前一个字符是空格，则可看作是新单词开始，累积单词个数的变量加1；如果当前字符是非空格类字符，而它的前一个字符也是非空格类字符，则可看作是旧单词的继续，累积单词个数的变量保持不变。

程序如下：

```
str=input("请输入一串字符：")
flag=0
count=0

for c in str:
    if c==" ":
        flag=0
    else:
        if flag==0:
            flag=1
            count=count+1
print("共有%d个单词"%count)
```

程序运行结果：

请输入一串字符：Python is an object-oriented programming language often used for rapid application development
共有 12 个单词

【例 3.8】输入一行字符，分别统计出其中英文字母、空格、数字和其他字符的个数。

分析：首先输入一个字符串，根据字符串中每个字符的 ASCII 码值判断其类型。数字 0～9 对应的码值为 48～57，大写字母 A～Z 对应 65～90，小写字母 a～z 对应 97～122。使用 ord() 函数将字符转换为 ASCII 码表上对应的数值。可以采用先找出各类型的字符，放到不同列表中，再分别计算列表的长度。

程序如下：

```
a_list = list(input('请输入一行字符：'))
letter = []
space = []
number = []
other = []

for i in range(len(a_list)):
    if ord(a_list[i]) in range(65, 91) or ord(a_list[i]) in range(97,123):
        letter.append(a_list[i])
    elif a_list[i] == ' ':
        space.append(' ')
    elif ord(a_list[i]) in range(48, 58):
        number.append(a_list[i])
    else:
        other.append(a_list[i])

print('英文字母个数：%s' % len(letter))
print('空格个数：%s' % len(apace))
print('数字个数：%s' % len(number))
print('其他字符个数：%s' % len(other))
```

程序运行结果：

请输入一行字符：Python 3.5.2 中文版
英文字母个数：6
空格个数：1
数字个数：3
其他字符个数：5

3.2.4 集合

集合（set）是一组对象的集合，是一个无序排列的、不重复的数据集合体。类似于数学中的集合概念，可对其进行交、并、差等运算。

1. 集合的常用操作

（1）创建集合

1）用一对大括号将多个用逗号分隔的数据括起来。例如：

```
>>> a_set={0,1,2,3,4,5,6,7,8,9}
>>> a_set
{0, 1, 2, 3, 4, 5, 6, 7, 8, 9}
```

2）使用集合对象的 set() 方法创建集合，该方法可以将列表、元组、字符串等类型的数据转换成集合类型的数据。例如：

- 将列表类型的数据转换成集合类型

```
>>> b_set=set(['physics', 'chemistry',2017, 2.5])
>>> b_set
{2017, 2.5, 'chemistry', 'physics'}
```

- 将元组类型的数据转换成集合类型

```
>>> c_set=set(('Python', 'C','HTML','Java','Perl '))
>>> c_set
{'Java', 'HTML', 'C', 'Python', 'Perl '}
>>> d_set=set('Python')                 # 将字符串类型的数据转换成集合类型
>>> d_set
{'y', 'o', 't', 'h', 'n', 'P'}
```

3）使用集合对象的 frozenset() 方法创建一个冻结的集合，即该集合不能再添加或删除任何集合里的元素。它与 set() 方法创建的集合区别是：set() 方法创建的集合可以添加或删除元素，而 frozenset() 方法不可以；frozenset() 方法可以作为字典的 key，也可以作为其他集合的元素，而 set() 方法不可以。例如：

```
>>> e_set=frozenset('a')                # 正确
>>> e_set
frozenset({'a'})
>>> a_dict={e_set:1,'b':2}
>>> a_dict
{frozenset({'a'}): 1, 'b': 2}
>>> f_set=set('a')
>>> f_set
{'a'}
>>> b_dict={f_set:1,'b':2}              # 错误
Traceback (most recent call last):
  File "<pyshell#9>", line 1, in <module>
    b_dict={f_set:1,'b':2}
TypeError: unhashable type: 'set'
```

注意：在集合中不允许有相同元素，如果在创建集合时有重复元素，Python 会自动删除重复的元素。例如：

```
>>> g_set={0,0,0,0,1,1,1,3,4,5,5,5}
>>> g_set
{0, 1, 3, 4, 5}
```

（2）访问集合

由于集合本身是无序的，所以不能为集合创建索引或切片操作，只能使用 in、not in 或者循环遍历来访问或判断集合元素。例如：

```
>>> b_set=set(['physics', 'chemistry',2017, 2.5])
>>> b_set
{'chemistry', 2017, 2.5, 'physics'}
>>> 2.5 in b_set
True
>>> 2 in b_set
False
>>> for i in b_set:print(i,end=' ')
chemistry 2017 2.5 physics
```

（3）删除集合

使用 del 语句删除集合。例如：

```
>>> a_set={0,1,2,3,4,5,6,7,8,9}
>>> a_set
{0, 1, 2, 3, 4, 5, 6, 7, 8, 9}
>>> del a_set
>>> a_set
Traceback (most recent call last):
  File "<pyshell#66>", line 1, in <module>
    a_set
NameError: name 'a_set' is not defined
```

（4）更新集合

使用以下内建方法来更新可变集合：

1）使用集合对象的 add() 方法给集合添加元素，一般形式为：s.add（x），功能是在集合 s 中添加元素 x。例如：

```
>>> b_set.add('math')
>>> b_set
{'chemistry', 2017, 2.5, 'math', 'physics'}
```

2）使用集合对象的 update() 方法修改集合。一般形式为：s.update（s1, s2, …, sn），功能是用集合 s1, s2, …, sn 中的成员修改集合 s，s=s∪s1∪s2∪…∪sn。例如：

```
>>> s={'Phthon','C','C++'}
>>> s.update({1,2,3},{'Wade','Nash'},{0,1,2})
```

```
>>> s
{0, 1, 2, 3, 'Phthon', 'Wade', 'C++', 'Nash', 'C'}     # 去除了重复的元素
```

（5）删除集合中的元素

1）使用集合对象的 remove() 方法删除集合元素。一般形式为：s.remove（x），功能是从集合 s 中删除元素 x，若 x 不存在，则提示错误信息。例如：

```
>>> s={0, 1, 2, 3, 'Phthon', 'Wade', 'C++', 'Nash', 'C'}
>>> s.remove(0)
>>> s
{1, 2, 3, 'Phthon', 'Wade', 'C++', 'Nash', 'C'}
>>> s.remove('Hello')
Traceback (most recent call last):
  File "<pyshell#45>", line 1, in <module>
    s.remove('Hello')
KeyError: 'Hello'
```

2）使用集合对象的 discard() 方法删除集合元素。一般形式为：s.discard（x），功能是从集合 s 中删除元素 x，若 x 不存在，不提示错误。例如：

```
>>> s.discard('C')
>>> s
{1, 2, 3, 'Phthon', 'Wade', 'C++', 'Nash'}
>>> s.discard('abc')
>>> s
{1, 2, 3, 'Phthon', 'Wade', 'C++', 'Nash'}
```

3）使用集合对象的 pop() 方法删除集合中任意一个元素并返回该元素。例如：

```
>>> s.pop()
1
>>> s
{2, 3, 'Phthon', 'Wade', 'C++', 'Nash'}
```

4）使用集合对象的 clear() 方法删除集合的所有元素。例如：

```
>>> s.clear()
>>> s
set()                          # 空集合
```

2. 集合常用运算

Python 提供的方法实现了典型的数学集合运算，支持一系列标准操作。

（1）交集

方法：s1&s2&…&sn，计算 s1，s2，…，sn 这 n 个集合的交集。例如：

```
>>> {0,1,2,3,4,5,7,8,9}&{0,2,4,6,8}
{8, 0, 2, 4}
```

```
>>> {0,1,2,3,4,5,7,8,9}&{0,2,4,6,8}&{1,3,5,7,9}
set()                                        # 交集为空集合
```

（2）并集

方法：s1|s2|···|sn，计算 s1，s2，···，sn 这 n 个集合并集。例如：

```
>>> {0,1,2,3,4,5,7,8,9}|{0,2,4,6,8}
{0, 1, 2, 3, 4, 5, 6, 7, 8, 9}
>>> {0,1,2,3,4,5}|{0,2,4,6,8}
{0, 1, 2, 3, 4, 5, 6, 8}
```

（3）差集

方法：s1-s2-···-sn，计算 s1，s2，···，sn 这 n 个集合差集。例如：

```
>>> {0,1,2,3,4,5,6,7,8,9}-{0,2,4,6,8}
{1, 3, 5, 9, 7}
>>> {0,1,2,3,4,5,6,7,8,9}-{0,2,4,6,8}-{2,3,4}
{1, 5, 9, 7}
```

（4）对称差集

方法：s1^s2^···^sn，计算 s1，s2，···，sn 这 n 个集合对称差集，即求所有集合的相异元素。例如：

```
>>> {0,1,2,3,4,5,6,7,8,9}^{0,2,4,6,8}
{1, 3, 5, 7, 9}
>>> {0,1,2,3,4,5,6,7,8,9}^{0,2,4,6,8}^{1,3,5,7,9}
set()
```

（5）集合的比较

1）s1==s2：判断 s1 和 s2 集合是否相等，如果 s1 和 s2 集合具有相同的元素，则返回 True，否则返回 False。例如：

```
>>> {1,2,3,4}=={4,3,2,1}
True
```

注意：判断两个集合是否相等，只需要判断其中的元素是否一致，与顺序无关。

2）s1 ！=s2：判断 s1 和 s2 集合是否不相等，如果 s1 和 s2 集合具有不同的元素，则返回 True，否则返回 False。例如：

```
>>> {1,2,3,4}!={4,3,2,1}
False
>>> {1,2,3,4}!={2,4,6,8}
True
```

3）s1<s2：判断集合 s1 是否是集合 s2 的真子集，如果 s1 不等于 s2，且 s1 中所有元素都是 s2 的元素，则返回 True，否则返回 False。例如：

```
>>> {1,2,3,4}<{4,3,2,1}
```

```
False
>>> {1,2,3,4}<{1,2,3,4,5}
True
```

4）s1<=s2：判断集合 s1 是否是集合 s2 的子集，如果 s1 中所有元素都是 s2 的元素，则返回 True，否则返回 False。例如：

```
>>> {1,2,3,4}<={1,2,3,4}
True
>>> {1,2,3,4}<={1,2,3,4,5}
True
```

5）s1>s2：判断集合 s1 是否是集合 s2 的真超集，如果 s1 不等于 s2，且 s2 中所有元素都是 s1 的元素，则返回 True，否则返回 False。例如：

```
>>> {1,2,3,4}>{4,3,2,1}
False
>>> {1,2,3,4}>{3,2,1}
True
```

6）s1>=s2：判断集合 s1 是否是集合 s2 的超集，如果 s2 中所有元素都是 s1 的元素，则返回 True，否则返回 False。例如：

```
>>> {1,2,3,4}>={4,3,2,1}
True
>>> {1,2,3,4}>={3,2,1}
True
```

适合于可变集合的方法见表 3.4。

表 3.4　可变集合方法

方法	功能
s.update（t）	用 t 中的元素修改 s，即修改之后 s 中包含 s 和 t 的成员
s.add（obj）	在 s 集合中添加对象 obj
s.remove（obj）	从集合 s 中删除对象 obj，如果 obj 不是 s 中的元素，将触发 KeyError 错误
s.discard（obj）	如果 obj 是集合 s 中的元素，从集合 s 中删除对象 obj
s.pop()	删除集合 s 中的任意一个对象，并返回该对象
s.clear()	删除集合 s 中的所有元素

【例 3.9】在一个列表中只要有一个元素出现两次，那么该列表即被判定为包含重复元素。编写函数判定列表中是否包含重复元素，如果包含返回 True，否则返回 False。使用该函数对 n 行字符串进行处理，统计包含重复元素的行数与不包含重复元素的行数。

分析：该题目可利用集合中不允许有重复元素这一特性，去判断一个列表中是否包含重复元素。

使用集合对象的 set() 方法创建集合，将列表类型的数据转换成集合类型的数据，在转换过程中，会去掉列表的重复元素。然后去比较列表的长度和集合长度是否相等，如果相等，则列表中没有重复元素，否则列表中有重复元素。在判断的过程中，分别设定两个变量 flag1 和 flag2 去存储没有重复元素和有重复元素列表的个数。

程序如下：

```
list1=[]
list2=[]
flag1=0
flag2=0
x=int(input(" 请输入字符串行数 n: "))
j=1
for i in range(x):
    print(" 请输入第 %d 行数字符串（空格分隔）: "%j)
    list1.append((input().split(' ')))
    j+=1
for i in range(x):
    list2=list(set(list1[i]))
    if len(list1[i])!=len(list2):
        flag2+=1
    else:
        flag1+=1
print(" 重复元素有 {} 行，不重复元素有 {} 行 ".format(flag2,flag1))
```

程序运行结果：

```
请输入字符串行数 n: 5
请输入第 1 行数字符串（空格分隔）:
August
请输入第 2 行数字符串（空格分隔）:
September
请输入第 3 行数字符串（空格分隔）:
October
请输入第 4 行数字符串（空格分隔）:
November
请输入第 5 行数字符串（空格分隔）:
December
重复元素有 4 行，不重复元素有 1 行
```

3.2.5　字典

字典（dictionary）是 Python 语言中唯一的映射类型。这种映射类型由键（key）和值（value）组成，是"键值对"的无序可变序列。

定义字典时，每个元组的键和值用冒号分隔，相邻元素之间用逗号分隔，所有的元组放在一对大括号 "｛" 和 "｝" 中。字典中的键可以是 Python 中任意不可变类型，如整

数、实数、复数、字符串、元组等。键不能重复，而值可以重复。一个键只能对应一个值，但多个键可以对应相同的值。例如：

```
{1001: 'Alice',1002: 'Tom',1003: 'Emily'}
{(1,2,3): 'A',65.5, 'B'}
{'Alice':95,'Beth':82,'Tom':65.5,'Emily':95}
```

1. 字典常用操作

（1）字典的创建

1）使用 "=" 将一个字典赋给一个变量即可创建一个字典变量。例如：

```
>>> a_dict={'Alice':95,'Beth':82,'Tom':65.5,'Emily':95}
>>> a_dict
{'Emily': 95, 'Tom': 65.5, 'Alice': 95, 'Beth': 82}
```
也可创建一个空字典，例如：
```
>>> b_dict={}
>>> b_dict
{}
```

2）使用内建 dict() 函数，通过其他映射（如其他字典）或者（键，值）这样的序列对建立字典。例如：

• 以映射函数的方式建立字典，zip 函数返回 tuple 列表。

```
>>>c_dict=dict(zip(['one', 'two', 'three'], [1, 2, 3]))
>>>c_dict
{'three': 3, 'one': 1, 'two': 2}
```

• 以键值对方式建立字典。

```
>>>d_dict = dict(one = 1, two = 2, three = 3)
>>>d_dict
{'three': 3, 'one': 1, 'two': 2}
```

• 以键值对形式的列表建立字典。

```
>>>e_dict= dict([('one', 1),('two',2),('three',3)])
>>>e_dict
{'three': 3, 'one': 1, 'two': 2}
```

• 以键值对形式的元组建立字典。

```
>>>f_dict= dict((('one', 1),('two',2),('three',3)))
>>>f_dict
{'three': 3, 'one': 1, 'two': 2}
```

• 创建空字典。

```
>>> g_dict=dict()
```

```
>>> g_dict
{}
```

3）通过内建函数 fromkeys() 来创建字典。

fromkeys() 的一般形式为：

```
dict.fromkeys(seq[, value]))
```

其中，seq 表示字典键值列表；value 为可选参数，用于设置键序列（seq）的值。例如：

```
>>> h_dict={}.fromkeys((1,2,3),'student')
# 指定 value 值为 student
>>> h_dict
{1: 'student', 2: 'student', 3: 'student'}
# 以给定参数 (1,2,3) 为键，不指定 value 值，创建 value 值为空的字典
>>> i_dict={}.fromkeys((1,2,3))
>>> i_dict
{1: None, 2: None, 3: None}
>>> j_dict={}.fromkeys(()) # 创建空字典
>>> j_dict
{}
```

（2）字典元素的读取

1）与列表和元组类似，可以使用下标的方式来访问字典中的元素，字典的下标是键，若使用的键不存在，则提示异常错误。例如：

```
>>> a_dict={'Alice':95,'Beth':82,'Tom':65.5,'Emily':95}
>>> a_dict['Tom']
65.5
>>> a_dict[95]
Traceback (most recent call last):
  File "<pyshell#32>", line 1, in <module>
    a_dict[95]
KeyError: 95
```

2）使用字典对象的 get() 方法获取指定 "键" 对应的 "值"，get() 方法的一般形式为：

```
dict.get(key, default=None)
```

其中：key 是指在字典中要查找的 "键"，default 是指指定的 "键" 值不存在时返回的值。该方法相当于一条 if...else... 语句，如果参数 key 在字典中，则返回 key 对应的 value 值，字典将返回 dict[key]；如果参数 key 不在字典中，则返回参数 default，如果没有指定 default，默认值为 None。例如：

```
>>> a_dict.get('Alice')
95
>>> a_dict.get('a','address')    # 键 'a' 在字典中不存在，返回指定的值 'address'
```

63

```
'address'
>>> a_dict.get('a')
>>> print(a_dict.get('a'))        # 键 'a' 在字典中不存在，没有指定值，返回
None                              # 默认的 'None'
```

（3）字典元素的添加与修改

1）字典没有预定义大小的限制，可以随时向字典添加新的键值对，或者修改现有键所关联的值。添加和修改的方法相同，都是使用"字典变量名 [键名]= 键值"的形式。区分究竟是添加还是修改，需要看键名与字典中的键名是否有重复，若该"键"存在，则表示修改该"键"的值，若不存在，则表示添加一个新的"键值对"，也就是添加一个新的元素。例如：

```
>>> a_dict['Beth']=79              # 修改"键"为 'Beth' 的值
>>> a_dict
{'Alice': 95, 'Beth': 79, 'Emily': 95, 'Tom': 65.5}
>>> a_dict['Eric']=98              # 增加元素，"键"为 'Eric'，值为 98
>>> a_dict
{'Alice': 95, 'Eric': 98, 'Beth': 79, 'Emily': 95, 'Tom': 65.5}
```

2）使用字典对象的 update() 方法将另一个字典的"键值对"一次性全部添加到当前字典对象，如果当前字典中存在相同的"键"，则以另一个字典中的"值"为准对当前字典进行更新。例如：

```
>>> a_dict={'Alice': 95, 'Beth': 79, 'Emily': 95, 'Tom': 65.5}
>>> b_dict={'Eric':98,'Tom':82}
>>> a_dict.update(b_dict)          # 使用 update() 方法修改 a_dict 字典
>>> a_dict
{'Alice': 95, 'Beth': 79, 'Emily': 95, 'Tom': 82, 'Eric': 98}
```

（4）删除字典中的元素

1）使用 del 命令删除字典中指定"键"对应的元素。

```
>>> del a_dict['Beth']             # 删除"键"为 'Beth' 的元素
>>> a_dict
{'Alice': 95, 'Emily': 95, 'Tom': 82, 'Eric': 98}
>>> del a_dict[82]                 # 删除"键"为 82 的元素，不存在，提示出错
Traceback (most recent call last):
  File "<pyshell#56>", line 1, in <module>
    del a_dict[82]
KeyError: 82
```

2）使用字典对象的 pop() 方法删除并返回指定"键"的元素。

```
>>> a_dict.pop('Alice')
95
>>>a_dict
{Emily': 95, 'Tom': 82, 'Eric': 98}
```

3）使用字典对象的 popitem() 方法删除字典元素，由于字典是无序的，popitem() 实际删除的是一个随机的元素。

```
>>> a_dict.popitem()
('Emily', 95)
>>> a_dict
{'Tom': 82, 'Eric': 98}
```

4）使用字典对象的 clear() 方法删除字典的所有元素。

```
>>> a_dict.clear()
>>> a_dict
{}
```

（5）删除字典

使用 del 命令删除字典。

```
>>> del a_dict
>>> a_dict
Traceback (most recent call last):
  File "<pyshell#68>", line 1, in <module>
    a_dict
NameError: name 'a_dict' is not defined
```

注意：使用 clear() 方法删除了所有字典的元素后，字典为空，使用 del 删除了字典，该对象被删除，再次访问就会出错。

2. 字典的遍历

结合 for 循环语句，字典的遍历有很多方式。

（1）遍历字典的关键字

使用字典的 keys() 方法，以列表的方式返回字典的所有"键"。keys() 方法的语法为：dict.keys()。例如：

```
>>> a_dict={'Alice': 95, 'Beth': 79, 'Emily': 95, 'Tom': 65.5}
>>> a_dict.keys()
dict_keys(['Tom', 'Emily', 'Beth', 'Alice'])
```

（2）遍历字典的值

使用字典的 values() 方法，以列表的方式返回字典的所有"值"。values() 方法的语法为：dict. values()。例如：

```
>>> a_dict.values()
dict_values([65.5, 95, 79, 95])
```

（3）遍历字典元素

使用字典的 items() 方法，以列表的方式返回字典的所有元素（键，值）。items() 方法的语法为：dict. items()。例如：

```
>>> a_dict.items()
dict_items([('Tom', 65.5), ('Emily', 95), ('Beth', 79), ('Alice',
95)])
```

字典方法总结见表 3.5。

表 3.5　字典方法

方法	功能
dict（seq）	用（键，值）对（或者映射和关键字参数）建立字典
get（key [，returnvalue] ）	返回 key 的值，若无 key 而指定了 returnvalue，则返回 returnvalue 值，若无此值则返回 None
has_key（key）	如果 key 存在于字典中，就返回 1（真），否则返回 0（假）
items()	返回一个由元组构成的列表，每个元组包含一对键值对
keys()	返回一个由字典所有键构成的列表
popitem()	删除任意键值对，并作为两个元素的元组返回。如字典为空，则返回 KeyError 异常
update（newDictionary）	将来自 newDictionary 的所有键值对添加到当前字典，并覆盖同名键的值
values()	以列表的方式返回字典的所有 "值"
clear()	从字典删除所有项

【例 3.10】将一个字典的键和值对调。

分析：对调就是将字典的键变为值，值变为键。遍历字典，得到原字典的键和值，将原来的键作为值，原来的值作为键名，采用"字典变量名 [键名]= 值"方式，逐个添加字典元素。

程序如下：

```
a_dict={'a':1,'b':2,'c':3}
b_dict={}
for key in a_dict:
    b_dict[a_dict[key]]=key
print(b_dict)
```

程序运行结果：

```
{1: 'a', 2: 'b', 3: 'c'}
```

【例 3.11】输入一串字符，统计其中单词出现的次数，单词之间用空格分隔开。

分析：采用字典数据结构来实现。如果某个单词出现在字典中，可以将单词（键）作为索引来访问它的值，并将它的关联值加 1；如果某个单词（键）不存在于字典中，使用赋值的方式创建键，并将它的关联值置为 1。

程序如下：

```
string=input("input string:")
string_list=string.split()
```

```
word_dict={}
for word in string_list:
    if word in word_dict:
        word_dict[word] += 1
    else:
        word_dict[word] = 1
print(word_dict)
```

程序运行结果：

```
input string:to be or not to be
{'or': 1, 'not': 1, 'to': 2, 'be': 2}
```

3.3　数据的输入与输出

通常，一个程序可以分成三步进行：输入原始数据、进行计算处理和输出运行结果。其中，数据的输入与输出是用户通过程序与计算机进行交互的操作，是程序的重要组成部分。本节详细介绍 Python 的输入与输出。

3.3.1　标准输入 / 输出

1. 标准输入

Python 提供了内置函数 input() 从标准输入设备读入一行文本，默认的标准输入设备是键盘。input() 函数的基本格式为：

```
input([ 提示字符串 ])
```

说明：方括号中的提示字符串是可选项，如果有"提示字符串"，运行时原样显示，给用户进行提示。

在 Python 2.x 和 Python 3.x 中，该函数的使用方法略有不同。

在 Python 2.x 中，该函数返回结果的类型由输入时所使用的界定符来决定。例如：

```
>>>x=input("Please enter your input: ")
Please enter your input: 5              # 没有界定符 , x 为整数
>>>x=input("Please enter your input: ")
Please enter your input: '5'            # 单引号界定符 , x 为字符串
>>>x=input("Please enter your input: ")
Please enter your input: [1,2,3]        # 方括号界定符 , x 为列表
>>>x=input("Please enter your input: ")
Please enter your input: (1,2,3)        # 圆括号界定符 , x 为元组
```

在 Python 2.x 中还提供一个内置函数 raw_input() 函数用来接收用户输入的值，该函数将用户的输入都作为字符串看待，返回字符串类型。例如：

```
>>>x=raw_input ("Please enter your input: ")
```

```
Please enter your input: 5
>>>x
'5'
>>>x=raw_input ("Please enter your input: ")
Please enter your input: (1,2,3)
>>>x
'(1,2,3)'
```

在 Python 3.x 中，将 raw_input() 和 input() 进行了整合，去除了 raw_input() 函数，仅保留了 input() 函数。input() 函数接收任意输入，将所有输入默认为字符串处理，并返回字符串类型。相当于 Python 2.x 中的 raw_input() 函数。例如：

```
>>>x=input("Please enter your input: ")
Please enter your input: 5
>>>print(type(x))
<class 'str'>
```

说明：内置函数 type 用来返回变量类型。上例中当输入数值 5 赋值给变量 x 之后，x 的类型为字符串类型。

```
>>>x=input ("Please enter your input:")
Please enter your input: (1,2,3)
>>>print(type(x))
<class 'str'>
```

如果要输入数值类型数据，可以使用类型转换函数将字符串转换为数值。例如：

```
>>>x=int(input ("Please enter your input:"))
"Please enter your input:5
>>> print(type(x))
<class 'int'>
```

说明：x 接收的是字符串 5，通过 int() 函数将字符串转换为整型类型。

input() 函数也可给多个变量赋值。例如：

```
>>>x,y=eval(input())
3,4
>>>x
3
>>>y
5
```

2. 标准输出

在 Python 2.x 和 Python 3.x 中输出方法也不完全一致。在 Python 2.x 中使用 print 语句进行输出，Python 3.x 中使用 print() 函数进行输出。

本书给出的例子大部分在 Python 3.10.2 环境下编写运行，因此这里重点介绍 print()

函数的用法。

print() 函数一般形式为：

print([输出项 1, 输出项 2, ……, 输出项 n][,sep= 分隔符][,end= 结束符])

说明：输出项之间用逗号分隔，没有输出项时输出一个空行。sep 表示输出时各输出项之间的分隔符（缺省时以空格分隔），end 表示输出时的结束符（缺省时以回车换行结束）。print() 函数从左求出至右各输出项的值，并将各输出项的值依次显示在屏幕的同一行上。例如：

```
>>>x,y=2,3
>>>print(x,y)
2 3
>>>print(x,y,sep=':')
2:3
>>>print(x,y,sep=':',end='%')
2:3%
```

3.3.2　格式化输出

在很多实际应用中需要将数据按照一定格式输出。

Python 中 print() 函数可以按照指定的输出格式在屏幕上输出相应的数据信息。其基本做法是：将输出项格式化，然后利用 print() 函数输出。

在 Python 中格式化输出时，采用 % 分隔格式控制字符串与输出项，一般格式为：

格式控制字符串 %(输出项 1, 输出项 2, …, 输出项 n)

功能是按照"格式控制字符串"的要求，将输出项 1，输出项 2，…，输出项 n 的值输出到输出设备上。

其中格式控制字符串用于指定输出格式，它包含如下两类字符：

1）常规字符：包括可显示的字符和用转义字符表示的字符。

2）格式控制符：以 % 开头的一个或多个字符，以说明输出数据的类型、形式、长度、小数位数等，如 "%d" 表示按十进制整型输出，"%c" 表示按字符型输出等。格式控制符与输出项应一一对应。

对应不同类型数据的输出，Python 采用不同的格式说明符描述。print() 的格式说明见表 3.6。

表 3.6　print() 的格式说明

格式符	格式说明
d 或 i	以带符号的十进制整数形式输出整数（正数省略符号）
o	以八进制无符号整数形式输出整数（不输出前导 0）
x 或 X	以十六进制无符号整数形式输出整数（不输出前导符 0x）。用 x 时，以小写形式输出包含 a、b、c、d、e、f 的十六进制数；用 X 时，以大写形式输出包含 A、B、C、D、E、F 的十六进制数

（续）

格式符	格式说明
c	以字符形式输出，输出一个字符
s	以字符串形式输出
f	以小数形式输出实数，默认输出 6 位小数
e 或 E	以标准指数形式输出实数，数字部分隐含 1 位整数，6 位小数。使用 e 时，指数以小写 e 表示；使用 E 时，指数以大写 E 表示
g 或 G	根据给定的值和精度，自动选择 f 与 e 中较紧凑的一种格式，不输出无意义的 0

例如：

```
print("sum=%d"%x)
```

若 x=300，则输出为

```
sum=300
```

格式控制字符串中"sum ="照原样输出，"%d"表示以十进制整数形式输出。

对输出格式，Python 语言同样提供附加格式字符，用以对输出格式作进一步描述。在使用表 3.6 的格式控制字符时，在 % 和格式字符之间可以根据需要使用下面的几种附加字符，使得输出格式的控制更加准确。附加格式说明符见表 3.7。

表 3.7 附加格式说明符

附加格式说明符	格式说明
m	域宽，十进制整数，用以描述输出数据所占宽度。如果 m 大于数据实际位数，输出时前面补足空格；如果 m 小于数据的实际位数，按实际位数输出。当为小数时，小数点或占 1 位
n	附加域宽，十进制整数，用于指定实型数据小数部分的输出位数。如果 n 大于小数部分的实际位数，输出时小数部分用 0 补足；如果 n 小于小数部分的实际位数，输出时将小数部分多余的位四舍五入。如果用于字符串数据，表示从字符串中截取的字符数
-	输出数据左对齐，默认为右对齐
+	输出正数时，以 + 号开头
#	作为 o、x 的前缀时，输出结果前面加上前导符号 0、0x

这样，格式控制字符的形式为：

```
% [附加格式说明符] 格式符
```

注意： 书中语句格式描述时用方括号表示可选项，其余出现在格式中的非汉字字符均为定义符，应原样照写。

例如，可在 % 和格式字符之间加入形如"m.n"（m，n 均为整数，含义见表 3.7）的修饰。其中，m 为宽度修饰，n 为精度修饰。如 %7.2f，表示用实型格式输出，附加格式说明符"7.2"表示输出宽度为 7，输出 2 位小数。

以下是一些格式化输出的实例：

```
>>>year = 2017
>>>month = 1
>>>day = 28
# 格式化日期，将 %02d 数字转换成 2 位整型，缺位补 0
>>>print('%04d-%02d-%02d'%(year,month,day))
2017-01-28
>>>value = 8.123
>>>print('%06.2f'%value)      # 保留宽度为 6，小数点后 2 位小数的数据
008.12
>>>print('%d'%10)             # 输出十进制数 10
>>>print('%o'%10)             # 输出八进制数
12
>>>print('%02x'%10)          # 输出两位十六进制数，字母小写，空缺位补 0
0a
>>>print('%04X'%10)          # 输出四位十六进制数，字母大写，空缺位补 0
 000A
>>>print('%.2e'%1.2888)      # 以科学计数法输出浮点型数，保留 2 位小数
1.29e+00
```

3.3.3　字符串的 format 方法

在 Python 中，字符串有一种 format() 方法。这个方法会将格式字符串当作一个模板，通过传入的参数对输出项进行格式化。

字符串 format() 方法的一般形式为：

格式字符串 .format(输出项 1, 输出项 2,…, 输出项 n)

其中，格式字符串中可以包括普通字符和格式说明符，普通字符原样输出，格式说明符决定了所对应输出项的格式。

格式字符串使用大括号括起来，一般形式为：

{ [序号或键]：格式说明符 }

其中，可选项序号表示要格式化的输出项的位置，从 0 开始，0 表示输出项 1，1 表示输出项 2，以此类推。序号可全部省略。若全部省略表示按输出项的自然顺序输出。可选项键对应要格式化的输出项名字或字典的键值。

以下是使用 format() 的应用实例：

1）使用“{ 序号 }”形式的格式说明符：

```
>>>"{} {}".format("hello", "world")          # 不设置指定位置，按默认顺序
'hello world'
>>> "{0}{1}".format("hello", "world")         # 设置指定位置
'hello world'
>>> "{1}{0}{1}".format("hello", "world")

                                              # 设置指定位置，输出项 2 重复输出
'world hello world'
```

2）使用"{序号：格式说明符}"形式的格式说明符：

```
>>> "{0:.2f},{1}".format(3.1415926,100)
'3.14,100'
```

"{0:.2f}"决定了该格式说明符对应于输出项 1，".2f"说明输出项 1 的输出格式，即以浮点数形式输出，小数点后保留 2 位小数。

3）使用"{键}"形式的格式说明符：

```
>>> "pi={x}".format(x=3.14)
'pi=3.14'
```

4）混合使用"{序号/键}"形式的格式说明符：

```
>>> "{0},pi={x}".format("圆周率",x=3.14)
'圆周率,pi=3.14'
```

在 format() 方法格式字符串中，除了可以包括序号或键外，还可以包含格式控制标记。格式控制标记用来控制参数输出时的格式。format() 方法中格式控制标记见表 3.8。

表 3.8　format() 方法中格式控制标记

格式控制标记	说明
<宽度>	设定输出数据的宽度
<对齐>	设定对齐方式，有左对齐、右对齐和居中对齐 3 种形式
<填充>	设定用于填充的单个字符
,	数字的千位分隔符
<.精度>	浮点数小数部分精度或字符串最大输出长度
<类型>	输出整数和浮点数类型的格式规则

表 3.8 中的这些字段都是可选的，也可以组合使用。

1.<宽度>

<宽度>用来设定输出数据的宽度。如果该输出项对应的 format() 参数长度比<宽度>设定值大，则使用参数实际长度；如果该值的实际位数小于指定宽度，则位数将被默认以空格字符补充。例如：

```
>>> "{0:10}".format("Python")
'Python    '               # 输出宽度设定为 10, 字符串右边以 5 个空格补充
>>> "{0:10}".format("Python Programming")
'Python Programming'       # 输出宽度设定为 10, 字符串实际宽度大于 10
```

2.<对齐>

参数在<宽度>内输出时的对齐方式，分别使用"<"">"和"^"3 个符号表示左对齐、右对齐和居中对齐。例如：

```
>>> "{0:>10}".format("Python")                # 输出时右对齐
'    Python'
>>> "{0:<10}".format("Python")                # 输出时左对齐
'Python    '
>>>"{0:^10}".format("Python")                 # 输出时居中对齐
'  Python  '
```

3. <填充>

<填充>是指<宽度>内除了参数外的字符采用的表示方式，默认采用空格，可以通过<填充>更换。例如：

```
>>>"{0:*^10}".format("Python")                # 输出时居中且使用 * 填充
'**Python**'
>>>"{0:#<10}".format("Python")                # 输出时左对齐且使用 # 填充
'Python####'
```

4. 逗号（,）

逗号（,）用于显示数字的千位分隔符，适用于整数和浮点数。例如：

```
>>>'{0:,}'.format(1234567890)                 # 用于整数输出
'1,234,567,890'
>>>'{0:,}'.format(1234567.89)                 # 用于浮点数输出
'1,234,567.89'
```

5. <.精度>

<.精度>由小数点（.）开头。对于浮点数，精度表示小数部分输出的有效位数；对于字符串，精度表示输出的最大长度。例如：

```
>>>'{0:.2f},{1:.5}'.format(1.2345,'programming')
'1.23,progr'
```

6. <类型>

<类型>表示输出整数和浮点数类型时的格式规则。
对于整数类型，输出格式包括以下 6 种：
- b: 输出整数的二进制方式。
- c: 输出整数对应的 Unicode 字符。
- d: 输出整数的十进制方式。
- o: 输出整数的八进制方式。
- x: 输出整数的小写十六进制方式。
- X: 输出整数的大写十六进制方式。
例如：

```
>>>'{:b}'.format(10)
'1010'
>>>'{:d}'.format(10)
'10'
>>>'{:x}'.format(95)
'5f'
>>>'{:X}'.format(95)
'5F'
```

对于浮点数类型，输出格式包括以下 4 种：

- e: 输出浮点数对应的小写字母 e 的指数形式。
- E: 输出浮点数对应的大写字母 E 的指数形式。
- f: 输出浮点数的标准浮点形式。
- %: 输出浮点数的百分形式。

例如：

```
>>> '{0:e},{0:E},{0:f},{0:%}'.format(123.456789)
'1.234568e+02,1.234568E+02,123.456789,12345.678900%'
>>> '{0:.2e},{0:.2E},{0:.2f},{0:.2%}'.format(123.456789)
'1.23e+02,1.23E+02,123.46,12345.68%'
```

注意: 浮点数输出时尽量使用 <.精度> 表示小数部分的宽度，有助于更好控制输出格式。

3.4 本章小结

数据是程序的必要组成部分，也是程序处理的对象。在程序中，不同类型的数据既可以常量形式出现，也可以变量形式出现。常量是程序运行过程中不能改变其值的量，变量是在程序运行时其值可以改变的量。无论是常量还是变量，都有其确定的数据类型。

本章主要介绍了 Python 语言数据类型及其操作，包括基本数据类型中的整型数据、浮点型数据、字符型数据、布尔型数据和复数类型数据，组合数据类型中列表、元组、字符串、集合和字典的基本语法和常用函数，进一步讲解了 Python 中数据的输入与输出函数。

习　　题

1. 填空题

（1）定义一个变量 a 并对它赋值 a=1.234，变量 a 的类型是_____。

（2）如果用双引号定义一个字符串，但是字符串本身也包含双引号，应当用_____转义字符使得字符串可以正常输出。

（3）已知列表 a_list = ['a', 'b', 'c', 'e', 'f', 'g']，按要求完成以下代码：

列出列表 a_list 的长度：_____；

输出下标值为 3 的元素：_____；

输出列表第 2 个及其后所有的元素：_____；

增加元素'h'：_____；

删除第 3 个元素：_____。

（4）按要求转换变量：

将字符串 str = "python" 转换为列表：_____；

将字符串 str = "python" 转换为元组：_____；

将列表 a_list = ["python"，"Java"，"C"] 转换为元组：_____；

将元组 tup =("python"，"Java"，"C") 转换成列表：_____。

（5）已知字符串 str1、str2，判断 str1 是否是 str2 的一部分_____。

（6）写出以下程序的运行结果_____。

```
def func(s, i, j):
        if i < j:
                func(s, i + 1, j - 1)
                s[i],s[j] = s[j], s[i]
    def main():
        a = [10, 6, 23, -90, 0, 3]
        func(a, 0, len(a)-1)
        for i in range(6):
                print  a[i]
                print "\n"
    main()
```

（7）已知变量 str="abc:efg"，写出实现以下功能的代码：

去除变量 str 两边的空格：_____；

判断变量 str 是否以"ab 开始"：_____；

判断变量是否以"g"结尾：_____；

将变量 str 对应值中"e"替换为"x"：_____；

输出变量 str 对应值的后 2 个字符：_____。

2. 选择题

（1）以下程序段的运行结果是（　　）。

```
s='PYTHON'
print("{0:3}".format(s))
```

A. PYT　　　　　　B. PYTH　　　　　　C. PYTHO　　　　　　D. PYTHON

（2）利用 print() 函数进行格式化输出，（　　）用于控制浮点数的小数点后两位输出。

A. {.2}　　　　　　B. {:.2}　　　　　　C. {.2f}　　　　　　D.{:.2f}

（3）以下关于元组的描述，正确的是（　　）。

A. 创建元组 tup：tup = ()　　　　　　B. 创建元组 tup：tup =（50）

C. 元组中的元素允许被修改　　　　D. 元组中的元素允许被删除

（4）以下语句的运行结果是（　　）。

```
Python = "  Python"
print ("study" + Python)
```

A. studyPython　　　　　　　　　　B. "study"Python

C. study Python　　　　　　　　　　D. 语法错误

（5）以下关于字典的描述，错误的是（　　）。

A. 字典是一种可变容器，可存储任意类型对象

B. 每个键值对都用冒号（:）隔开，每个键值对之间用逗号（,）隔开

C. 键值对中，值必须唯一

D. 键值对中，键必须是不可变的

（6）下列说法错误的是（　　）。

A. 除字典类型外，所有标准对象均可以用于布尔测试

B. 空字符串的布尔值是 False

C. 空列表对象的布尔值是 False

D. 值为 0 的任何数字对象的布尔值是 False

（7）以下不能创建字典的语句是（　　）。

A. dict1 = {}　　　　　　　　　　　B. dict2 = { 3 : 5 }

C. dict3 = {[1，2，3]: "uestc"}　　　D. dict4 = { （1，2，3）: "uestc"}

3. 从键盘输入 10 个学生的成绩存储在列表中，求成绩最高者的序号和成绩。

4. 编写程序，生成包含 20 个元素的随机数列表，将前 10 个元素升序排序，后 10 个元素降序排序，并输出结果。

5. 输入 10 名学生的成绩，进行优、良、中、及格和不及格的统计。

6. 将输入的字符串大小写进行转换并输出，如输入"aBc"，输出"AbC"。

7. 已知字典 dict = {"name":"Zhang"，"Address"："Shanxi"，"Phone"："123556"}，代码实现以下功能：

（1）分别输出 dict 所有的键（key）、值（value）；

（2）输出 dict 的 Address 值；

（3）修改 dict 的 Phone 值为"029–8888 8888"；

（4）添加键值对"class"："Python"，并输出；

（5）删除字典 dict 的 Address 键值对。

8. 编写购物车程序，购物车类型为列表类型，列表的每个元素为一个字典类型，字典键值包括"name""price"，使用函数实现如下功能：

（1）创建购物车：键盘输入商品信息，并输出商品列表，例如：

输入：　　　　　　计算机 3999

　　　　　　　　　鼠标 66

　　　　　　　　　键盘 188

　　　　　　　　　固态硬盘 599

购物车列表为：

```
goods=[
{"name":" 计算机 ", "price":3999},
{"name":" 鼠标 ", "price":66},
{"name":" 键盘 ", "price":188},
{"name":" 固态硬盘 ", "price":599},
]
```

（2）键盘输入用户资产（如 3000），按序号选择商品，加入购物车。若商品总额大于用户资产，提示用户余额不足，否则购买成功。

9. 设计一个字典，用户输入内容作为"键"，查找输出字典中对应的"值"。如果用户输入的键不存在，则输出"该键不存在!"。

10. 已知列表 a_list = [11, 22, 33, 44, 55, 66, 77, 88, 99, 90]，将所有大于 60 的值保存至字典的第一个 key 中，将小于 60 的值保存至第二个 key 的值中，即 {'k1': 大于 66 的所有值, 'k2': 小于 66 的所有值 }。

第 4 章

程序控制结构

人们利用计算机解决问题，必须预先将问题转化为计算机语句描述的解题步骤，即程序。程序由多条语句构成，它描述计算机的执行步骤。程序在计算机上执行时，程序中的语句完成具体的操作并控制计算机的执行流程，但程序并不一定完全按照语句序列的书写顺序来执行。程序中语句的执行顺序称为"程序结构"。程序包含三种基本结构：顺序结构、选择结构和循环结构。顺序结构是最简单的一种结构，它只需按照处理顺序依次写出相应的语句即可。因此，学习程序设计，首先从顺序结构开始。

4.1 程序的基本结构

随着计算机的发展，编制的程序越来越复杂。一个复杂程序多达数千万条语句，而且程序的流向也很复杂，常常用无条件转向语句去实现复杂的逻辑判断功能。因而造成程序质量差，可靠性很难保证，同时也不易阅读，维护困难。20 世纪 60 年代末期，国际上出现了所谓的"软件危机"。

为了解决这一问题，就出现了结构化程序设计，它的基本思想是像玩积木游戏那样，只要有几种简单类型的结构，可以构成任意复杂的程序。这样可以使程序设计规范化，便于用工程的方法来进行软件生产。基于这样的思想，1966 年，意大利的 Bobra 和 Jacopini 提出了三种基本结构，即顺序结构、选择结构和循环结构。由这三种基本结构组成的程序就是结构化程序。

4.1.1 顺序结构

顺序结构是最简单的一种结构，其语句是按书写顺序执行的，除非指示转移，否则计算机自动以语句编写的顺序一句一句地执行。顺序结构的语句程序流向是沿着一个方向进行的，有一个入口（A）和一个出口（B）。顺序结构的流程图和 N–S 结构流程图如图 4.1 和图 4.2 所示，先执行程序模块 A 然后再执行程序模块 B。程序模块 A 和 B 分别代表某些操作。

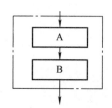

图 4.1　顺序结构的流程图表示

图 4.2　顺序结构的 N–S 结构流程图表示

4.1.2 选择结构

在选择结构中，程序可以根据某个条件是否成立，选择执行不同的语句。分支结构的流程图表示如图 4.3 所示，当条件成立时执行模块 A，条件不成立时执行模块 B。模块 B 也可以为空，如图 4.4 所示。当条件为真时执行某个指定的操作（模块 A），条件为假时跳过该操作（单路选择）。分支结构的 N–S 图表示如图 4.5 所示。

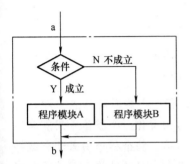
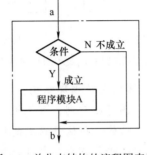
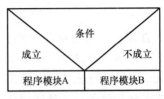

图 4.3 分支结构的流程图表示   图 4.4 单分支结构的流程图表示   图 4.5 分支结构的 N–S 图表示

4.1.3 循环结构

在循环结构中，可以使程序根据某种条件和指定的次数，使某些语句执行多次。循环结构有当型循环和直到型循环两种形式。

1. 当型循环

当型循环是指先判断，只要条件成立（为真）就反复执行程序模块；当条件不成立（为假）时则结束循环。当型循环结构的流程图和 N–S 结构流程图如图 4.6 所示。

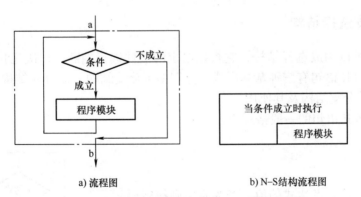

a) 流程图   b) N–S 结构流程图

图 4.6 当型循环结构的流程图和 N–S 结构流程图

2. 直到型循环

直到型循环是指先执行程序模块，再判断条件是否成立。如果条件成立（为真），则继续执行循环体；当条件不成立（为假）时则结束循环。直到型循环结构的流程图和 N–S 结构流程图如图 4.7 所示。

79

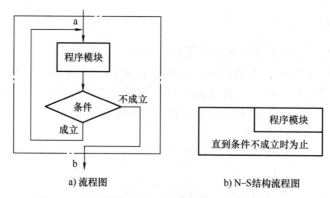

a) 流程图　　　　　　　b) N-S 结构流程图

图 4.7　直到型循环结构的流程图和 N-S 结构流程图

注意：无论是顺序结构、选择结构还是循环结构，它们都有一个共同的特点，即只有一个入口和一个出口。从示意的流程图可以看到，如果把基本结构看作一个整体（用点画线框表示），执行流程从 a 点进入基本结构，而从 b 点脱离基本结构。整个程序由若干个这样的基本结构组成。三种结构之间可以是平行关系，也可以相互嵌套，通过结构之间的复合形成复杂的结构。结构化程序的特点就是单入口、单出口。

4.2　选择结构程序设计

选择结构又称为分支结构，它根据给定的条件是否满足，决定程序的执行路线。在不同条件下，执行不同的操作，这在实际求解问题过程中是大量存在的。例如，输入一个整数，要判断它是否为偶数，就需要使用选择结构来实现。根据程序执行路线或分支的不同，选择结构又分为单分支选择结构、双分支选择结构和多分支选择结构三种类型。本章主要介绍 Python 中 if 语句及选择结构程序设计方法。

4.2.1　单分支选择结构

用 if 语句可以构成选择结构，它根据给定的条件进行判断，以决定执行某个分支程序段。Python 的 if 语句有三种基本形式，分别是单分支结构、双分支结构和多分支结构。本节主要介绍单分支结构及其使用。

单分支选择 if 语句的一般格式为：

```
if 表达式：
    语句块
```

其功能是先计算表达式的值，若为真，则执行语句块，否则跳过执行 if 的语句块而执行 if 之后的下一条语句。其执行流程如图 4.8 所示。

注意：

1）在 if 语句的表达式后面必须加冒号。

2）因为 Python 把非 0 当作真，0 当作假，所以表示条件的表达式不一定必须是结果为 True 或 False 的关系

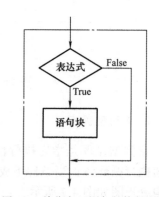

图 4.8　单分支 if 语句的执行流程

表达式或逻辑表达式，可以是任意表达式。

3）if 语句中的语句块必须向右缩进，语句块可以是单个语句，也可以是多个语句。当包含两个或两个以上的语句时，语句必须缩进一致，即语句块中的语句必须上下对齐。例如：

```
if x>y:
    t=x
    x=y
    y=t
```

4）如果语句块中只有一条语句，if 语句也可以写在同一行上。例如：

```
x=10
if x>0: print(2*x-1)
```

【例 4.1】输入 3 个整数 x、y、z，请将这 3 个数由小到大输出。

分析：输入 x、y、z，如果 x>y，则交换 x 和 y，否则不交换；如果 x>z，则交换 x 和 z，否则不交换；如果 y>z，则交换 y 和 z，否则不交换。最后输出 x、y、z。

程序如下：

```
x,y,z=eval(input('请输入 x、y、z:'))
if x>y:
    x,y=y,x
if x>z:
    x,z=z,x
if y>z:
    y,z=z,y
print (x,y,z)
```

程序运行结果：

```
请输入 x、y、z: 34,156,23
23 34 156
```

【例 4.2】输入两个互不相等的整数，分别代表两个人的年龄，要求找出年龄的最大值。

分析：根据题目要求需要定义两个整型变量 age1 和 age2 来代表两个人的年龄；再定义一个变量 max 用来存储两个人年龄的最大值。

首先输入互不相等的两个整数，分别赋给 age1 和 age2。然后将 age1 赋给变量 max，即将 age1 看作最大值，再用 if 语句判断 max 与 age2 的大小关系，如果 max 小于 age2，则把 age2 赋给 max。因此 max 总是最大值，最后输出 max 的值。

程序如下：

```
age1,age2=eval(input("请输入互不相等的两个整数："))
max=age1
if max<age2:
    max=age2
```

81

```
print("年龄最大值是：%d"%max)
```

程序运行结果：

```
请输入互不相等的两个整数：18,35
年龄最大值是：35
```

4.2.2　双分支选择结构

可以用 if 语句实现双分支选择结构，其一般格式为：

```
if 表达式：
        语句块 1
else：
        语句块 2
```

其语句功能是：先计算表达式的值，若为 True，则执行语句块 1，否则执行语句块 2，语句块 1 或者语句块 2 执行后再执行 if 语句后面的语句。其执行流程如图 4.9 所示。

注意：与单分支 if 语句一样，对于表达式后面或者 else 后面的语句块，应将它们缩进对齐。例如：

```
if x%2==0:
    y=x+y
    x=x+1
else:
    y=2*x
    x=x-1
```

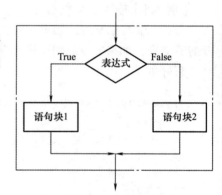

图 4.9　双分支 if 语句的执行过程

【例 4.3】输入年份，判断是否是闰年。

分析：题目的关键是判断闰年的条件，如果年份能被 4 整除但不能被 100 整除或者能被 400 整除，则是闰年，否则就不是闰年。

程序如下：

```
year=int(input('请输入年份：'))
if (year%4==0 and year%100!=0) or (year%400==0):
    print(year,'年是闰年')
else:
    print(year,'年不是闰年')
```

程序运行结果：

```
请输入年份：2017
2017 年不是闰年
```

再次运行程序结果如下：

请输入年份：2000
2000 年是闰年

【例 4.4】行李托运问题：如果行李的重量在 25kg（不包含）以下，收取的托运费用是 18 元；在 25kg 及以上，收取的托运费用是 24 元。

分析：根据题目要求需要定义两个变量，一个变量 weight 代表行李的重量，一个变量 cost 代表运费。行李托运是一个比较过程，首先从键盘输入一个实型数据赋给 weight，代表行李的重量。如果行李的重量（weight）小于 25kg，cost 的值是 18 元，否则就是 24 元。

程序如下：

```
weight=eval(input("请输入行李的重量："))
if weight<25:
    cost=18
else:
    cost=24
print("托运费用是：%d"%cost)
```

程序运行结果：

请输入行李的重量：36.25
托运费用是：24

4.2.3　多分支选择结构

在很多实际问题中，经常会遇到多于两个分支的情况，比如成绩的等级分为优秀、良好、及格以及不及格 5 个层次，如果程序使用 if 语句的嵌套形式来处理分支较多且不容易理解。Python 提供了 if…elif…else 语句，用于多分支判断。

多分支 if…elif…else 语句的一般格式为：

```
if 表达式 1：
    语句块 1
elif 表达式 2：
    语句块 2
elif 表达式 3：
    语句块 3
    …
elif 表达式 m：
    语句块 m
[else:
    语句块 n]
```

其语句功能是：当表达式 1 的值为 True 时，执行语句块 1，否则求表达式 2 的值；当表达式 2 的值为 True 时，执行语句块 2，否则求表达式 3 的值；依此类推。若表达式的值都为 False，则执行 else 后的语句 n。不管有几个分支，程序执行完一个分支后，其余分支将不再执行。多分支 if 语句的执行过程如图 4.10 所示。

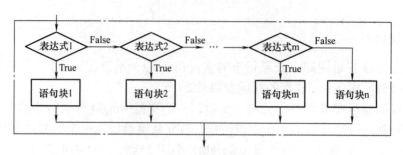

图 4.10　多分支 if 语句的执行过程

【例 4.5】输入学生的成绩，根据成绩进行分类，85 以上为优秀，70 ~ 84 为良好，60 ~ 69 为及格，60 以下为不及格。

分析：将学生成绩分为 4 个分数段，然后根据各分数段的成绩，输出不同的等级。程序分为 4 个分支，可以用 4 个单分支结构实现，也可以用多分支 if 语句实现。

程序如下：

```python
score= input("请输入学生成绩:")
if score <60:
    print("不及格")
elif score <70:
    print("及格")
elif score <85:
    print("良好")
else:
    print("优秀")
```

程序运行结果：

```
请输入学生成绩:83
良好
```

【例 4.6】从键盘输入一个字符 ch，判断它是英文字母、数字或其他字符。

分析：本题应进行三种情况的判断：

1）英文字母：ch>="a" and ch<="z" or ch>="A" and ch<="Z"

2）数字字符：ch>="0" and ch<="9"

3）其他字符。

程序如下：

```python
ch=input("请输入一个字符: ")
if ch>="a" and ch<="z" or ch>="A" and ch<="Z":
    print("%c 是英文字母"%ch)
elif ch>="0" and ch<="9":
    print("%c 是数字"%ch)
else:
    print("%c 是其他字符"%ch)
```

程序运行结果：

请输入一个字符：L
L 是英文字母

再次运行结果如下：

请输入一个字符：#
是其他字符

4.2.4　选择结构嵌套

选择结构的嵌套是指在一个选择结构中又完整地嵌套了另一个选择结构，即外层的 if…else…又完整地嵌套另一个 if…else…，例如：

语句一：

```
if 表达式 1:
    if 表达式 2:
        语句块 1
    else:
        语句块 2
```

语句二：

```
if 表达式 1:
    if 表达式 2:
        语句块 1
else:
    语句块 2
```

Python 根据对齐关系来确定 if 之间的逻辑关系，在语句一中，else 与第二个 if 匹配，在语句二中 else 与第一个 if 匹配。

注意：

1）嵌套只能在一个分支内嵌套，不能出现交叉。嵌套的形式有多种，嵌套的层次也可以任意多。

2）多层 if 嵌套结构中，要特别注意 if 和 else 的配对问题。else 语句不能单独使用，必须与 if 配对使用。配对的原则是：按照空格缩进，else 与和它在同一列上对齐的 if 配对组合成一条完整的语句。

【例 4.7】选择结构的嵌套问题。

购买地铁车票的规定如下：

乘 1～4 站，3 元 / 位；乘 5～9 站，4 元 / 位；乘 9 站以上，5 元 / 位。输入人数、站数，输出应付款。

分析：需要进行两次分支。根据"站数 <=4"分支一次，表达式为假时，还需要根据"站数 <=9"分支一次。流程图如图 4.11 所示。

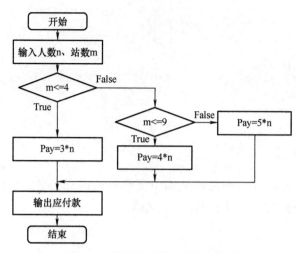

图 4.11　计算乘地铁应付款流程图

程序如下：

```
n, m=eval(input('请输入人数，站数：'))
if m<=4:
    pay=3*n
else:
    if m<=9:
        pay=4*n
else:
    pay=5*n
print('应付款: ', pay)
```

程序运行结果：

```
请输入人数，站数:3,5
应付款: 12
```

【例 4.8】求一元二次方程 $ax^2 + bx + c = 0$ 的根。

程序如下：

```
import math
a,b,c=eval(input("请输入一元二次方程的系数："))
if a == 0:
    print('输入错误！')
else:
    delta = b*b-4*a*c
    x = -b/(2*a)
    if delta == 0:
        print('方程有唯一解,X=%f'%(x))
    elif delta > 0:
        x1 = x-math.sqrt(delta)/(2*a)
        x2 = x+math.sqrt(delta)/(2*a)
```

```
        print('方程有两个实根:X1=%f,X2=%f'%(x1,x2))
    else:
        x1 = (-b+complex(0,1)*math.sqrt((-1)*delta))/(2*a)
        x2 = (-b-complex(0,1)*math.sqrt((-1)*delta))/(2*a)
        print('方程有两个虚根,分别是: ')
        print(x1,x2)
```

程序运行结果：

请输入一元二次方程的系数：0,1,1
输入错误！

再次运行结果如下：

请输入一元二次方程的系数：1,2,1
方程有唯一解,X=-1.000000

再次运行结果如下：

请输入一元二次方程的系数：5,2,3
方程有两个虚根,分别是：
(-0.2+0.7483314773547882j) (-0.2-0.7483314773547882j)

4.3 循环结构程序设计

循环结构是一种重复执行的程序结构。在许多实际问题中，需要对问题的一部分通过若干次的、有规律的重复计算来实现。例如，求大量的数据之和、迭代求根、递推法求解等，这些都要用到循环结构的程序设计。循环是计算机解题的一个重要特征，计算机运算速度快，最善于进行重复性的工作。

在 Python 中，能用于循环结构的语句有两种：while 语句和 for 语句。下面将对这两种循环分别进行介绍。

4.3.1 while 循环结构

1. while 语句的一般格式

while 语句的一般语法形式为：

```
while 条件表达式:
    循环体
```

功能：条件表达式描述循环的条件，循环体语句描述要反复执行的操作，称为循环体。while 语句执行时，先计算条件表达式的值，当条件表达式的值为 True（非 0）时，循环条件成立，执行循环体；当条件表达式的值为 False（0）时，循环条件不成立，退出循环，执行循环语句的下一条语句。其执行流程如图 4.12 所示。

注意:

1）当循环体由多个语句构成时，必须用缩进对齐的方式组成一个语句块来分隔子句，否则会产生错误。

2）与 if 语句的语法类似，如果 while 循环体中只有一条语句，可以将该语句与 while 写在同一行中。

3）while 语句的条件表达式不需要用括号括起来，表达式后面必须有冒号。

4）如果表达式永远为 True，循环将会无限地执行下去。在循环体内必须有修改表达式值的语句，使其值趋向 False，让循环趋于结束，避免无限循环。

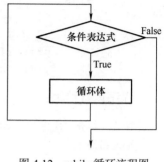

图 4.12　while 循环流程图

2. 在 while 语句中使用 else 子句

while 语句中使用 else 子句的一般形式：

```
while 条件表达式:
    循环体
else:
        语句
```

Python 与其他大多数语言不同，可以在循环语句中使用 else 子句，即构成了 while-else 循环结构，else 中的语句会在循环正常执行完的情况下执行（不管是否执行循环体）。例如：

```
count=int(input())
while count<5:
    print(count,"is less than 5")
    count=count+1
else:
    print(count,"is not less than 5")
```

程序的一次运行结果如下：

```
8
8 is not less than 5
```

在该程序中，当输入 8 时，循环体一次都没有执行，退出循环时，执行 else 子句。

【例 4.9】 求 $\sum_{n=1}^{100} n$。

分析：该题目实际是求若干个数之和的累加问题。定义 sum 存放累加和，用 n 表示加数，用循环结构解决，每循环一次累加一个整数值，整数的取值范围为 1 ～ 100。

程序如下：

```
sum,n=1,0
while n<=100:
    sum=sum+n
```

```
    n=n+1
print("1+2+3+…+100=",sum)
```

程序运行结果：

```
1+2+3+…+100=5050
```

程序说明：

程序中变量 n 在本题中有两个作用，其一是作为循环计数变量，其二是作为每次被累加的整数值。循环体有两条语句，sum= sum + n 实现累加；n=n+1 使加数 n 每次增 1，这是改变循环条件的语句，否则循环不能终止，成为"死循环"。循环条件是当 n 小于或等于 100 时，执行循环体，否则跳出循环，执行循环语句的下一条语句（print 语句），以输出计算结果。

思考：如果将循环体语句"s=s+n"和"n=n+1"互换位置，程序应如何修改？

对于 while 语句的用法，还需要注意以下几点：

1）如果 while 后面表达式的值一开始就为 False，则循环体一次也不执行。例如：

```
a=0
b=0
while a>0:
    b=b+1
```

2）循环体中的语句可以是任意类型的语句。

3）遇到下列情况，退出 while 循环：

    a）表达式不成立；

    b）循环体内遇到 break，return 等语句。

【例 4.10】从键盘上输入若干个数，求所有正数之和。当输入 0 或负数时，程序结束。

程序如下：

```
sum=0
x=int(input("请输入一个正整数（输入 0 或者负数时结束）:"))
while x>=0:
    sum=sum+x
    x=int(input("请输入一个正整数（输入 0 或者负数时结束）:"))
print("sum=",sum)
```

程序运行结果：

```
请输入一个正整数（输入 0 或者负数时结束）:13
请输入一个正整数（输入 0 或者负数时结束）:21
请输入一个正整数（输入 0 或者负数时结束）:5
请输入一个正整数（输入 0 或者负数时结束）:54
请输入一个正整数（输入 0 或者负数时结束）:0
sum=93
```

【例 4.11】输入一个正整数 x，如果 x 满足 0<x<99999，则输出 x 是几位数并输出 x 个位上的数字。

程序如下：

```
x=int(input("Please input x: "))
if x>=0 and x<99999:
    i=x
    n=0
    while i>0:
        i=i//10
        n=n+1
    a=x%10
    print("%d是%d位数，它的个位上数字是%d"%(x,n,a))
else:
    print("输入错误！")
```

程序运行结果：

```
Please input x: 12345
12345是5位数，它的个位上数字是5
```

再次运行程序，结果如下：

```
Please input x: -1
输入错误！
```

4.3.2 for 语句结构

1. for 语句的一般格式

for 语句是循环控制结构中使用较广泛的一种循环控制语句，特别适合于循环次数确定的情况。其一般格式为：

```
for 目标变量 in 序列对象：
    循环体
```

for 语句的首行定义了目标变量和遍历的序列对象，后面是需要重复执行的语句块。语句块中的语句要向右缩进，且缩进量要一致。

注意：

1）for 语句是通过遍历任意序列的元素来建立循环的，针对序列的每一个元素执行一次循环体。列表、字符串、元组都是序列，可以利用它们来建立循环。

2）for 语句也支持一个可选的 else 块，它的功能就像在 while 循环中一样，如果循环离开时没有碰到 break 语句，就会执行 else 块。也就是序列所有元素都被访问过了之后，执行 else 块。其一般格式为：

```
for 目标变量 in 序列对象：
    语句块
else:
    语句
```

2. range 对象在 for 循环中的应用

在 Python 3.x 中，range() 函数返回的是可迭代对象。Python 专门为 for 语句设计了迭代器的处理方法。range() 内建函数的一般格式为：

```
range([start,]end[,step])
```

range() 函数共有三个参数，start 和 step 是可选的，start 表示开始，默认值为 0，end 表示结束，step 表示每次跳跃的间距，默认值为 1。函数功能是生成一个从 start 参数的值开始，到 end 参数的值结束（但不包括 end）的数字序列。

例如，传递一个参数的 range() 函数：

```
>>> for i in range(5):
    print(i)
0
1
2
3
4
```

传递两个参数的 range() 函数：

```
>>> for i in range(2,4):
    print(i)
2
3
```

传递三个参数的 range() 函数：

```
>>> for i in range(2,20,3):
    print(i)
2
5
8
11
14
17
```

执行过程中首先对关键字 in 后的对象调用 iter() 函数获得迭代器，然后调用 next() 函数获得迭代器的元素，直到抛出 StopIteration 异常。

range() 函数的工作方式类似于分片。它包含下限（上例中为 0），但不包含上限（上例中为 5）。如果希望下限为 0，则只可以提供上限，例如：

```
>>>range(10)
[0,1,2,3,4,5,6,7,8,9]
```

【例 4.12】用 for 循环语句实现例 4.9。

程序如下：

```
sum=0
for i in range(101):
    sum=sum+i
print("1+2+3+…+100=",sum)
```

该例中采用 range() 函数得到一个从 0 ～ 100 的序列，变量 i 依次从序列中取值累加到 sum 变量中。

【例 4.13】判断 m 是否为素数。

一个自然数，若除了 1 和它本身外不能被其他整数整除，则称为素数，如 2，3，5，7，…。根据定义，只需检测 m 是否被 2，3，4，…，m-1 整除，只要能被其中一个数整除，则 m 不是素数，否则就是素数。程序中设置标志量 flag，若 flag 为 0 时，则 m 不是素数；若 flag 为 1 时，则 m 是素数。

程序如下：

```
m=int(input("请输入要判断的正整数 m: "))
flag=1
for i in range(2,m):
    if  m%i==0:
        flag=0
if  flag==1:
  print("%d 是素数 "% m)
else:
    print("%d 不是素数 "% m)
```

程序运行结果：

```
请输入要判断的正整数 m: 11
11 是素数
```

再次运行程序结果如下：

```
请输入要判断的正整数 m: 20
20 不是素数
```

【例 4.14】已知四位数 3025 具有特殊性质：它的前两位数字 30 与后两位数字 25 之和是 55，而 55 的二次方正好等于其本身 3025。编写程序，列举出具有这种性质的所有四位数。

分析：采用列举的方法。将给定的四位数按前两位数、后两位数分别进行分离，验证分离后的两个两位数之和的二次方是否等于分离前的那个四位数，若等于即打印输出。

程序如下：

```
print(" 满足条件的四位数分别是: ")
for i in range(1000,10000):
        a=i//100
        b=i%100
```

```
if  (a+b)**2==i:
        print(i)
```

程序运行结果：

满足条件的四位数分别是：
2025
3025
9801

【例 4.15】求出 1 ～ 100 之间能被 7 或 11 整除、但不能同时被 7 和 11 整除的所有整数，并将它们输出。每行输出 10 个。

分析：列举出 1 ～ 100 之间的所有数据，根据题目中的条件对这些数据进行筛选。要控制每行输出 10 个，可使用 count 变量，用于计数，每当有一个满足条件的数输出时，count 加 1，当 count 能整除 10 时，则换行。

程序如下：

```
print("满足条件的数分别是: ")
count=0
for i in range(1,101):
    if i%7==0 and i%11!=0 or i%11==0 and i%7!=0:
        print(i,end="   ")
        count=count+1
        if count%10==0:
            print("")
```

程序运行结果：

满足条件的数分别是：
```
7    11    14    21    22    28    33    35    42    44
49    55    56    63    66    70    84    88    91    98
99
```

4.3.3　循环的嵌套

如果一个循环结构的循环体又包括了一个循环结构，就称为循环的嵌套。这种嵌套过程可以有很多重。一个循环外面仅包含一层循环称为两重循环；一个循环外面包围两层循环称为三重循环；一个循环外面包围多层循环称为多重循环。

循环语句 while 和 for 可以相互嵌套。在使用循环嵌套时，应注意以下几个问题：

1）外层循环和内层循环控制变量不能同名，以免造成混乱。

2）循环嵌套的缩进在逻辑上一定要注意，以保证逻辑上的重要性。

3）循环嵌套不能交叉，即在一个循环体内必须完整地包含另一个循环，如图 4.13 所示的循环嵌套都是合法的嵌套形式。

嵌套循环执行时，先由外层循环进入内层循环，并在内层循环终止后接着执行外层循环，再由外层循环进入内层循环中，当内层循环终止时，程序结束。

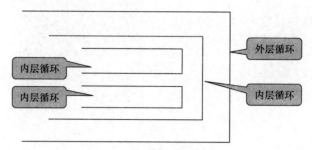

图 4.13　合法的循环嵌套形式

【例 4.16】输出九九乘法表，格式如下。

```
1*1=1
1*2=2    2*2=4
1*3=3    2*3=6    3*3=9
1*4=4    2*4=8    3*4=12    4*4=16
1*5=5    2*5=10   3*5=15    4*5=20   5*5=25
1*6=6    2*6=12   3*6=18    4*6=24   5*6=30   6*6=36
1*7=7    2*7=14   3*7=21    4*7=28   5*7=35   6*7=42   7*7=49
1*8=8    2*8=16   3*8=24    4*8=32   5*8=40   6*8=48   7*8=56   8*8=64
1*9=9    2*9=18   3*9=27    4*9=36   5*9=45   6*9=54   7*9=63   8*9=72   9*9=81
```

程序如下：

```python
for i in range(1, 10, 1):                          # 控制行
    for j in range(1, i+1, 1):                     # 控制列
        print("%d*%d=%2d  " % (j,i,i*j),end=" ")
    print("")                                      # 每行末尾的换行
```

【例 4.17】找出所有的三位数，要求它的各位数字的三次方和正好等于这个三位数。例如，$153=1^3+5^3+3^3$ 就是这样的数。

分析：假设所求的三位数百位数字是 i，十位数字是 j，个位数字是 k，根据题目描述，应满足 $i^3+j^3+k^3=i*100+j*10+k$。

程序如下：

```python
for i in range(1,10):
    for j in range(0,10):
        for k in range(0,10):
            if i**3+j**3+k**3==i*100+j*10+k:
                print("%d%d%d"%(i,j,k))
```

程序运行结果：

```
153
370
371
407
```

从程序中可以看出，三个 for 语句循环嵌套在一起，第二个 for 语句是前一个 for 语句的循环体，第三个 for 语句是第二个 for 语句的循环体，第三个 for 语句的循环体是 if 语句。

【例 4.18】求 100 ~ 200 之间的全部素数。

在例 4.13 中可判断给定的整数 m 是否是素数。本例要求 100 ~ 200 之间的所有素数，可在外层加一层循环，用于提供要考查的整数 m=100，101，…，200。

程序如下：

```
print("100 ~ 200 之间的素数有：")
for m in range(100,201):
    flag=1
    for i in range(2,m):
        if  m%i==0:
            flag=0
            break
    if flag==1:
        print(m,end=" ")
```

程序运行结果：

```
100 ~ 200 之间的素数有：
101  103  107  109  113  127  131  137  139  149  151  157  163  167
173  179  181  191  193  197  199
```

4.3.4　循环控制语句

有时候需要在循环体中提前跳出循环，或者在某种条件满足时，不执行循环体中的某些语句而立即从头开始新的一轮循环，这时就要用到循环控制语句 break、continue 和 pass 语句。

1. break 语句

break 语句用在循环体内，迫使所在循环立即终止，即跳出所在循环体，继续执行循环结构后面的语句。break 语句对循环执行过程的影响如图 4.14 所示。

【例 4.19】求两个整数 a 与 b 的最大公约数。

分析：找出 a 与 b 中较小的一个，则最大公约数必在 1 与较小整数的范围内。使用 for 语句，循环变量 i 从较小整数变化到 1。一旦循环控制变量 i 同时能被 a 与 b 整除，则 i 就是最大公约数，然后使用 break 语句强制退出循环。

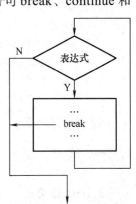

图 4.14　break 语句对循环执行过程的影响示意图

程序如下：

```
m,n=eval(input("请输入两个整数："))
if m<n:
        min=m
else:
        min=n
for i in range(min,1,-1):
    if m%i==0 and n%i==0:
        print("最大公约数是：",i)
        break
```

程序运行结果：

```
请输入两个整数：156,18
最大公约数是：6
```

注意：

1）break 语句只能用于由 while 和 for 语句构成的循环结构中。

2）在循环嵌套的情况下，break 语句只能终止并跳出包含它的最近的一层循环体。

2. continue 语句

当在循环结构中遇到 continue 语句时，程序将跳过 continue 语句后面尚未执行的语句，重新开始下一轮循环，即只结束本次循环的执行，并不终止整个循环的执行。continue 语句对循环执行过程的影响如图 4.15 所示。

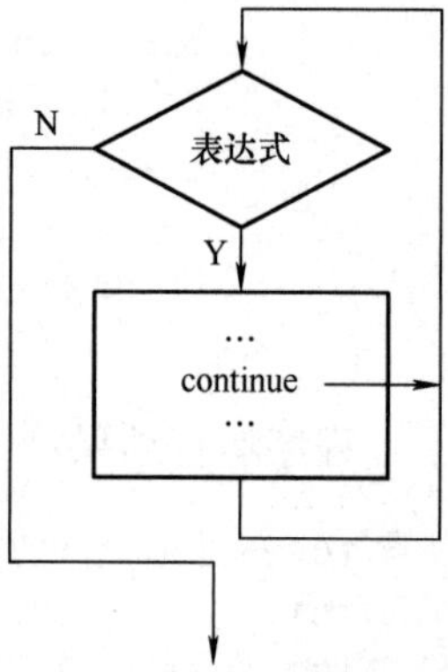

图 4.15　continue 语句对循环执行过程的影响示意图

【例 4.20】求 1 ～ 100 之间的全部奇数之和。

程序如下：

```
x=y=0
while True:
    x+=1
    if not(x%2): continue      #x 为偶数直接进行下一次循环
    elif x>100: break          #x>100 时退出循环
    else: y+=x                 # 实现累加
print("y=",y)
```

程序运行结果：

```
y= 2500
```

3. pass 语句

pass 语句是一个空语句，它不做任何操作，代表一个空操作，在特别的时候用来保证格式或是语义的完整性。比如下面的循环语句：

```
for i in range(5):
    pass
```

该语句的确会循环 5 次，但是除了循环本身之外，它什么也没做。

【例 4.21】pass 语句应用：逐个输出"Python"字符串中的字符。

程序如下：

```
for letter in "Python":
  if letter == "o":
      pass
      print("This is pass block")
  print("Current Letter :", letter)
print("End!")
```

程序运行结果：

```
Current Letter : P
Current Letter : y
Current Letter : t
Current Letter : h
This is pass block
Current Letter : o
Current Letter : n
End!
```

在程序中，当遇到字母 o 时，执行 pass 语句，接着执行 print（"This is pass block"）语句。从运行结果可以看到，pass 语句对其他语句的执行没有产生任何影响。

4.4　本章小结

　　程序包含三种基本结构：顺序结构、选择结构和循环结构。本章重点介绍 Python 语言中的选择结构和循环结构的语法和应用案例。所有的程序都是按前后顺序执行各自语句的，但由于处理方式不同，需要进行不同的处理，有些语句需要按照条件执行不同的处理，有些需要按照条件反复执行多次。因此，在各种程序设计语言中都有专门控制程序执行过程的语句，在这类语句的帮助下，程序能够完成各种各样的任务。除此以外，本章还介绍了 break 语句和 continue 语句，这两个语句的共同作用就是终止正在执行的循环语句，break 语句的作用是跳出循环体，执行循环体外的语句，而 continue 语句的作用是跳出本次循环，回到循环的开头，继续执行循环体。

习　　题

　　1. 填空题

（1）对于 if 语句中的语句块，应将它们_____。

97

（2）当 x=0，y=50 时，语句 z=x if x else y 执行后，z 的值是_____。

（3）判断整数 x 奇偶性的 if 条件语句是_____。

（4）Python 提供了两种基本的循环结构：_____和_____。

（5）循环语句 for i in range（-3，21，4）的循环次数为_____。

（6）当循环结构的循环体由多个语句构成时，必须用_____的方式组成一个语句块。

（7）Python 无穷循环 while true: 的循环体中可用_____语句退出循环。

2. 选择题

（1）以下（　　）是流程图的基本元素。

A. 判断框　　　　B. 顺序结构　　　　C. 分支结构　　　　D. 循环结构

（2）程序流程图中带有箭头的线段表示的是（　　）。

A. 调用关系　　　B. 控制流　　　　　C. 图元关系　　　　D. 数据流

（3）以下 for 语句中，（　　）不能完成 1～10 的累加功能。

A. for i in range（10，0）:sum+=i

B. for i in range（1，11）:sum+=i

C. for i in range（10，0，-1）:sum+=i

D. for i in range（10，9，8，7，6，5，4，3，2，1）:sum+=i

（4）设有如下程序段：

```
k=10
while k:
    k=k-1
    print(k)
```

则下面语句描述中正确的是（　　）。

A. while 循环执行 10 次　　　　　B. 循环是无限循环

C. 循环体语句一次也不执行　　　　D. 循环体语句执行一次

（5）下列程序的运行结果是（　　）。

```
sum=0
for i in range(100):
    if(i%10):
        continue
    sum=sum+1
print(sum)
```

A. 5050　　　　　B. 4950　　　　　C. 450　　　　　D. 45

（6）下列 for 循环执行后，输出结果的最后一行是（　　）。

```
for i in range(1,3):
    for j in range(2,5):
        print(i*j)
```

A. 2　　　　　　B. 6　　　　　　C. 8　　　　　　D. 15

（7）下列说法中正确的是（　　　）。

A. break 用在 for 语句中，而 continue 用在 while 语句中

B. break 用在 while 语句中，而 continue 用在 for 语句中

C. continue 能结束循环，而 break 只能结束本次循环

D. break 能结束循环，而 continue 只能结束本次循环

3. 什么是算法？算法的基本特征是什么？

4. 编写一个加法和乘法计算器程序。

5. 编写程序，输入三角形的 3 个边长 a、b、c，求三角形的面积 area，并画出算法的流程图和 N-S 结构图。公式为

$$area = \sqrt{S(S-a)(S-b)(S-c)}$$

其中，S=（a+b+c）/2。

6. 编程计算函数的值：

$$y = \begin{cases} x+9 & \text{当} x < -4 \text{时} \\ x^2 + 2x + 1 & \text{当} -4 \leqslant x < 4 \\ 2x - 15 & \text{当} x \geqslant 4 \text{时} \end{cases}$$

7. 在购买某物品时，若标明的价钱 x 在下面范围内，所付钱 y 按对应折扣支付，其数学表达式如下：

$$y = \begin{cases} x & x < 1000 \\ 0.9x & 1000 \leqslant x < 2000 \\ 0.8x & 2000 \leqslant x < 3000 \\ 0.7x & x \geqslant 3000 \end{cases}$$

8. 计算器程序：用户输入运算数和四则运算符，输出计算结果。

9. 数 x、y 和 z，如果 $x^2 + y^2 + z^2 > 1000$，则输出 $x^2 + y^2 + z^2$ 千位以上的数字，否则输出三个数之和。

10. 一个 5 位数，判断它是不是回文数。例如，12321 是回文数，个位与万位相同，十位与千位相同。

11. 求 1+2!+3!+…+20! 的和。

12. 求 200 以内能被 11 整除的所有正整数，并统计满足条件的数的个数。

13. 编写一个程序，求 e 的值，当通项小于 10^7 时停止计算。

$$e \approx 1 + \frac{1}{1!} + \frac{1}{2!} + \cdots + \frac{1}{n!}$$

第 5 章

函数与模块

人们在求解某个复杂问题时，通常采用逐步分解、分而治之的方法，也就是将一个大问题分解成若干个比较容易求解的小问题，然后分别求解。同样，程序员在设计一个复杂的应用程序时，当编写的程序代码越来越多、越来越复杂时，为了使程序更简洁、可读性更好、更易于维护，需要将整个程序划分成若干个功能较为单一的程序模块，然后分别予以实现，最后再把所有的程序模块像搭积木一样装配起来。这种在程序设计中分而治之的策略称为模块化程序设计方法。Python 语言通过函数来实现程序的模块化，利用函数可以化整为零，简化程序设计。

Python 还提供模块的方式组织程序单元，模块可以看作是一组函数的集合，一个模块可以包含若干个函数。

5.1　函数概述

函数是一组实现某一特定功能的语句集合，是可以重复调用、功能相对独立完整的程序段。可以把函数看作一个"黑盒子"，只要输入数据就能得到结果，而函数内部究竟是如何工作的，外部程序是不知道的，外部程序所知道的仅限于给函数输入何种数据，以及函数执行后输出何种结果。

1. 使用函数的优点

在编写程序时，使用函数具有以下明显的优点：

1）实现程序的模块化。当需要处理的问题比较复杂时，把一个大问题划分为若干个小问题，每一个小问题相对独立。不同的小问题，可以分别采用不同的方法加以处理，做到逐步求精。

2）减轻编程、维护的工作量。把程序中常用的一些计算或操作编写成通用的函数，以供随时调用，可以大大减少程序员的编码及维护的工作量。

2. 函数分类

在 Python 中，可以从以下不同的角度对函数进行分类：

（1）从用户的使用角度

从用户的使用角度，函数可分为以下两种：

1）标准库函数，也称标准函数。这是由 Python 系统提供的，用户不必定义，只需在程序最前面导入该函数原型所在的模块，就可以在程序中直接调用。在 Python 中，提供了很多库函数，可以方便用户使用。

2）用户自定义的函数。由用户按需要、遵循 Python 语言的语法规则自己编写的一段程序，用以实现特定的功能。

（2）从函数参数传送的角度

从函数参数传送的角度，函数可分为以下两种：

1）有参函数。在函数定义时带有参数的函数为有参函数。在函数定义时的参数称为形式参数（简称形参），在相应的函数调用时也必须有参数，称为实际参数（简称实参）。在函数调用时，主调函数和被调函数之间通过参数进行数据传递。主调函数可以把实际参数的值传给被调函数的形式参数。

2）无参函数。在函数定义时没有形式参数的函数为无参函数。在调用无参函数时，主调函数并不将数据传送给被调函数。

5.2　函数的定义与调用

5.2.1　函数定义

在 Python 中，基本函数定义一般形式为：

```
def 函数名 ([形式参数表]):
        函数体
        [return 表达式]
```

函数定义时要注意：

1）采用 def 关键字进行函数的定义，不需要指定返回值的类型。

2）函数的参数可以是零个、一个或者多个，不需要指定参数类型，多个参数之间用逗号分隔。

3）参数括号后面的冒号"："必不可少。

4）函数体相对于 def 关键字必须保持一定的空格缩进。

5）return 语句是可选的，它可以在函数体内任何地方出现，表示函数调用执行到此结束；如果没有 return 语句，会自动返回 None，如果有 return 语句，但是 return 后面没有表达式也是返回 None。

6）Python 还允许定义函数体为空的函数，其一般形式为：

```
def 函数名():
    pass
```

pass 语句什么都不做，用作占位符，即调用此函数时，什么工作也不做。空函数出现在程序中主要目的为：在函数定义时，因函数的算法还未确定或暂时来不及编写或有待于完善和扩充功能等原因，未给出函数完整的定义。在程序开发过程中，通常先开发主要函数，次要的函数或准备扩充程序功能的函数暂写成空函数，使程序在未完整的情况下能调试部分程序。

【例 5.1】定义函数，输出"Hello world！"。

101

程序如下：

```
def printHello():                              # 不带参数，没有返回值
  print("Hello world! ")
```

【例 5.2】定义函数，求两个数的最大值。
程序如下：

```
def max(a,b):
  if a>b:
      return a
  else:
      return b
```

5.2.2　函数调用

在 Python 中通过函数调用来进行函数的控制转移和相互间数据的传递，并对被调函数进行展开执行。

函数调用的一般形式为：

函数名 ([实际参数表])

函数调用时传递的参数是实参，实参可以是变量、常量或表达式。当实参个数超过一个时，用逗号分隔，实参和形参应在个数、类型和顺序上一一对应。对于无参函数，调用时实参列为空，但括号不能省略。

函数调用的一般过程是：

1）为所有形参分配内存单元，再将主调函数的实参传递给对应的形参。

2）转去执行被调用函数，为函数体内的变量分配内存单元，执行函数体内语句。

3）遇到 return 语句时，返回主调函数并带回返回值（无返回值的函数例外），释放形参及被调用函数中各变量所占用的内存单元，返回到主调函数继续执行。若程序中无 return 语句，则执行完被调用函数后回到主调函数。

【例 5.3】编写函数，求 3 个数中的最大值。
程序如下：

```
def getMax(a,b,c):
    if a>b:
        max=a
    else:
        max=b
    if(c>max):
        max=c
    return max

a,b,c=eval(input("input a,b,c:"))
n= getMax (a,b,c)
```

```
print("max=",n)
```

程序运行结果：

```
input a,b,c:10,43,23
max=43
```

注意： 在 Python 中不允许前向引用，即在函数定义之前，不允许调用该函数。如有如下程序：

```
print(add(1,2))

def add(a,b):
        return a+b
```

程序运行结果：

```
Traceback (most recent call last):
     File "F:/ python /add.py", line 1, in <module>
       print(add(1,2))
NameError: name 'add' is not defined
```

从给出的错误类型可以知道，名字为 "add" 的函数未进行定义。所以在任何时候调用函数，必须确保其定义在调用之前，否则运行将出错。

5.3 函数的参数及返回值

函数作为一个数据处理的功能部件，是相对独立的。但在一个程序中，各函数要共同完成一个总的任务，所以函数之间必然存在数据传递。函数间的数据传递包括了两个方面：

1）数据从主调函数传递给被调函数（通过函数的参数实现）。
2）数据从被调函数返回到主调函数（通过函数的返回值实现）。

5.3.1 形式参数和实际参数

在函数定义的首部，函数名后括号中变量称为形式参数，简称形参。形参的个数可以有多个，多个形参之间用逗号隔开。与形参相对应，当一个函数被调用时，在被调用处给出对应的参数，这些参数称为实际参数，简称实参。

根据实参传递给形参值的不同，通常有值传递和地址传递两种方式。

1. 值传递方式

所谓值传递方式是指在函数调用时，为形参分配存储单元，并将实参的值复制到形参；函数调用结束，形参所占内存单元被释放，值消失。其特点是：形参和实参各占不同的内存单元，函数中对形参值的改变不会改变实参的值。这就是函数参数的单向传递规则。

103

【例 5.4】函数参数的值传递方式。

程序如下：

```
def swap(a,b):
    a,b=b,a
    print("a=",a,"b=",b)

x,y=eval(input("input x,y:"))
swap(x,y)
print("x=",x,"y=",y)
```

程序运行结果：

```
input x,y:3,5
a=5 b=3
x=3 y=5
```

在调用 swap（a，b）时，实参 x 的值传递给形参 a，实参 y 的值传递给形参 b，在函数中通过交换赋值，将 a 和 b 的值进行交换。从程序运行结果可以看出，形参 a 和 b 的值进行了交换，而实参 x 和 y 的值并没有交换。其函数参数值传递调用的过程如图 5.1 所示。

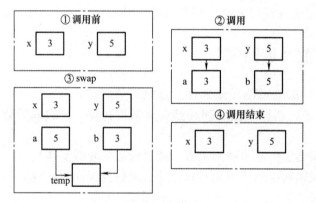

图 5.1　函数参数值传递方式

2. 地址传递方式

所谓地址传递方式是指在函数调用时，将实参数据的存储地址作为参数传递给形参。其特点是：形参和实参占用同样的内存单元，函数中对形参值的改变也会改变实参的值。因此函数参数的地址传递方式可以实现调用函数与被调用函数之间的双向数据传递。

Python 中将列表对象作为函数的参数，则向函数中传递的是列表的引用地址。

【例 5.5】函数参数的地址传递方式。

程序如下：

```
def swap(a_list):
    a_list[0],a_list[1]=a_list[1],a_list[0]
```

```
        print("a_list[0]=",a_list[0],"a_list[1]=",a_list[1])

x_list=[3,5]
swap(x_list)
print("x_list[0]=",x_list[0],"x_list[1]=",x_list[1])
```

程序运行结果：

```
a_list[0]= 5 a_list[1]= 3
x_list[0]= 5 x_list[1]= 3
```

程序第 6 行，在调用 swap（x_list）时，将列表对象实参 x_list 的地址传递给形参 a_list，x_list 和 a_list 指向同一个内存单元，第 2 行在 swap 函数中 a_list[0] 和 a_list[1] 进行数据交换时，也使 x_list[0] 和 x_list[1] 的值进行了交换。

5.3.2　默认值参数

在 Python 中，为了简化函数的调用，提供了默认值参数机制，可以为函数的参数提供默认值。在函数定义时，直接在函数参数后面使用赋值运算符 "=" 为其设置默认值。在函数调用时，可以不指定具有默认值的参数的值。定义带有默认值参数的函数一般形式为：

```
def 函数名（非默认参数，参数名 = 默认值，…）：
        函数体
```

函数定义时，形式参数中非默认参数和默认参数可以并存，但非默认参数之前不能有默认参数。

可以使用函数 __defaults__ 查看函数所有默认值参数的当前值，该函数的返回值为元组类型，元组中的元素依次为每个默认值参数的当前值。例如，有以下函数定义：

```
def mul(x,y=2,z=3):
    return(x*y*z)
```
使用 __defaults__ 查看 mul 函数的默认值参数，语句为：
```
>>>mul.__defaults__
 (2, 3)
```

可以看到该函数调用返回值为元组（2，3）。
对 mul 函数的调用：

```
mul(5)
30
mul(2,4)
24
mul(2,4,6)
48
```

【例 5.6】默认参数应用举例。

程序如下：

```
def func(x, n = 2):
    f = 1
    for i in range(n):
        f*=x
        return f
```

```
print(func(5))                    # 函数调用时 n 传入默认参数
print(func(5,3))                  # 函数调用时 x 和 n 均传入非默认参数
```

程序运行结果：

```
25
125
```

在函数 func 中有两个参数，其中 n 是默认参数，其值为 2。程序在第 7 行和第 8 行两次调用 func 函数，第一次调用使用了一个实参 5，没有为形参 n 传值，因此在函数 func 执行过程中，使用默认值 2 作为参数 n 的值，计算 5 的二次方；第二次调用使用了两个实参，给形参 x 传值 5，给 n 传值 3，因此在函数 func 执行过程中，计算 5 的三次方。

在定义含有默认参数的函数时，需要注意：

1）所有位置参数必须出现在默认参数前，包括函数调用。

比如下面的定义是错误的：

```
def func(a=1,b,c=2):
    return a+b+c
```

这种定义会造成歧义，如果使用调用语句：

```
func(3)
```

进行函数调用，实参 3 将不确定传递给哪个形参。

2）默认参数的值只在定义时被设置计算一次。如果函数修改了对象，默认值就被修改了。

【例 5.7】可变默认参数。

程序如下：

```
def func(x, a_list = []):
    a_list.append(x)
    return a_list
```

```
print(func(1))
print(func(2))
print(func(3))
```

程序运行结果：

```
[1]
[1, 2]
[1, 2, 3]
```

从程序运行结果可以看出，第一次调用 func 函数时，默认参数 a_list 被设置为空列表，在函数调用过程中，通过 append 方法修改了 a_list 对象的值；第二次调用时，a_list 的默认值是 [1]；第三次调用时，a_list 的默认值是 [1, 2]。

对例 5.7 进行修改，设定默认参数为不可变对象，观察程序的运行结果。

【例 5.8】不可变默认参数。

程序如下：

```
def func(x, a_list = None):
    if a_list==None:
        a_list=[]
    a_list.append(x)
    return a_list

print(func(1))
print(func(2))
print(func(3))
```

程序运行结果：

```
[1]
[2]
[3]
```

从程序运行结果可以看出，a_list 指向的是不可变对象，程序第 3 行对 a_list 的操作会造成内存重新分配，对象重新创建。

5.3.3 位置参数和关键字参数

Python 将实参定义为位置参数和关键字参数两种类型。

1. 位置参数

在函数调用时，实参默认采用按照位置顺序传递给形参的方式。之前使用的实参都是位置参数，大多数程序设计语言也都是按照位置参数的方式来传递参数的。

例如，有函数定义为：

```
def func(a,b):
    c=a**b
    return c
```

如果使用 func（2,3）调用语句则函数返回 8，使用 func（3,2）调用语句则函数返回 9。

2. 关键字参数

如果参数较多，使用位置参数定义函数可读性较差。Python 提供了通过"键＝值"

的形式，按照名称指定参数。

【例 5.9】使用关键字参数应用举例。

程序如下：

```
def func(a,b):
    c=a**b
    return c

print(func(a=2,b=3))                        # 使用关键字指定函数参数
print(func(b=3,a=2))                        # 使用关键字指定函数参数
```

程序运行结果：

```
8
8
```

在程序第 5 行和第 6 行使用了关键字参数，两次函数调用参数的顺序进行了调换，参数的值并没有改变。从运行结果可以看出，仅调用参数次序不修改值，运行结果相同。

关键字参数的使用可以让函数更加清晰，容易使用，同时也清除了参数必须按照顺序进行传递的要求。

5.3.4 可变长参数

有时候一个函数可能在调用时需要使用比定义时更多的参数，这就需要使用可变长参数。Python 支持可变长参数，可变长参数可以是元组或者字典类型，使用方法是在变量名前加星号 * 或 **，以区分一般参数。

1. 元组

当函数的形式参数以 * 开头时，表示可变长参数被作为一个元组来进行处理。

例如：

```
def func(*para_t):
```

在 func() 函数中，para_t 被作为一个元组来进行处理，使用 para_t [索引] 的方法获取每一个可变长参数。

【例 5.10】以元组作为可变长参数实例。

程序如下：

```
def func(*para_t):
    print("可变长参数数量为:")
    print(len(para_t))
    print("参数依次为:")
    for x in range(len(para_t)):
        print(para_t[x]);                   # 访问可变长参数内容

func('a')                                   # 使用单个参数
```

```
func(1,2,3,4)                                              # 使用多个参数
```

程序运行结果：

```
可变长参数数量为：
1
参数依次为：
a
可变长参数数量为：
4
参数依次为：
1
2
3
4
```

程序第 1 行函数定义时使用 *para_t 接受多个参数，来实现不定长参数调用；程序第 8 行和第 9 行分别使用不同个数的参数调用 func 函数。

2. 字典

当函数的形式参数以 ** 开头时，表示可变长参数被作为一个字典来进行处理。例如：

```
def func(**para_t):
```

可以使用任意多个实参调用 func() 函数，实参的格式为：

键 = 值

其中字典的键值对分别表示可变长参数的参数名和值。

【例 5.11】以字典作为可变长参数实例。
程序如下：

```
def func(**para_t):
        print(para_t)

func(a=1,b=2,c=3)
```

程序运行结果：

```
{'a': 1, 'b': 2, 'c': 3}
```

在调用函数时，也可以不指定可变长参数，此时可变长参数是一个没有元素的元组或字典。

【例 5.12】调用函数时不指定可变长参数。
程序如下：

```
def func(*para_a):
```

```
    sum = 0
        for x in para_a:
            sum+= x
    return sum

print(func())
```

程序运行结果：

```
0
```

在程序第 7 行调用 func() 函数时，没有指定参数，因此元组 para_a 没有元素，函数的返回值为 0。

在一个函数中，允许同时定义普通参数以及上述两种形式的可变参数。

【例 5.13】使用不同形式的可变长参数实例。

程序如下：

```
def func(para, *para_a, **para_b):
    print("para:", para)
    for value in para_a:
        print("other para:", value)
    for key in para_b:
        print("dictpara:{0}:{1}".format(key,para_b[key]))

func(1,'a',True, name='Tom',age=12)
```

程序运行结果：

```
para: 1
other para: a
other para: True
dictpara:name:Tom
dictpara:age:12
```

在该程序第 8 行，函数调用时实参有 5 个，第 1 个对应形参 para，第 2 和第 3 个对应形参 para_a，第 4 和第 5 个对应形参 para_b。

同时，可变长参数可以与默认参数、位置参数同时应用于同一个函数中。

【例 5.14】可变长参数与默认参数、位置参数同时使用。

程序如下：

```
def func(x,*para,y = 1):                    # 默认参数要放到最后
    print(x)
    print(para)
    print(y)

func(1,2,3,4,5,6,7,8,9,10,y=100)
```

程序运行结果：

```
1
  (2, 3, 4, 5, 6, 7, 8, 9, 10)
100
```

程序运行结果中第 1 行输出的是 x 的值；第 2 行输出的是 para 的值，para 以元组形式输出；第 3 行输出的是 y 的值。

5.3.5　函数的返回值

函数的返回值是指函数被调用、执行完后返回给主调函数的值。一个函数可以有返回值，也可以没有返回值。

返回语句的一般形式为：

```
return 表达式
```

功能：将表达式的值带回给主调函数。当执行完 return 语句时，程序的流程就退出被调函数，返回到主调函数的断点处。

1）在函数内可以根据需要有多条 return 语句，但执行到哪条 return 语句，哪条 return 语句就起作用，如例 5.2。

2）如果没有 return 语句，会自动返回 None；如果有 return 语句，但是 return 后面没有表达式也返回 None。例如：

```
def add(a,b):
      c=a+b

x=add(3,20)
print(x)
```

程序运行结果：

```
x= None
```

【例 5.15】编写函数，判断一个数是否是素数。

分析：所谓素数是指仅能被 1 和自身整除的大于 1 的整数。

程序如下：

```
def isprime(n):
    for i in range(2,n):
        if(n%i==0):
            return 0
    return 1

m=int(input("请输入一个整数:"))
flag=isprime(m)
if(flag==1):
        print("%d是素数"%m)
else:
```

```
        print("%d 不是素数 "%m)
```

程序运行结果：

请输入一个整数：35
35 不是素数

再次运行程序结果如下：

请输入一个整数：5
5 是素数

说明：isprime() 函数是根据形参值是否为素数决定返回值，函数体最后将判断的结果由 return 语句返回给主调函数。

3）如果需要从函数中返回多个值时，可以使用元组作为返回值，来间接达到返回多个值的作用。

【例 5.16】求一个数列中的最大值和最小值。

程序如下：

```
def getMaxMin( x ):
    max = x[0]
    min = x[0]
    for i in range( 0, len(x)):
        if max<x[i]:
            max = x[i]
        if min>x[i]:
            min = x[i]
    return (max,min)


a_list = [-1,28,-15,5, 10 ]                  # 测试数据为列表类型
x,y = getMaxMin( a_list )
print( "a_list=", a_list)
print( "最大元素 =",x, "最小元素 =", y)


string = "Hello"                             # 测试数据为字符串
x,y = getMaxMin( string )
print( "string=", string)
print( "最大元素 =",x, "最小元素 =", y)
```

程序运行结果：

```
a_list= [-1, 28, -15, 5, 10]
最大元素 = 28  最小元素 = -15
string= Hello
最大元素 = o  最小元素 = H
```

说明：返回语句"return（max，min)"也可以写成"return max，min"。返回的是元组类型的数据，在测试程序中，分别赋给 x 和 y 变量。

5.4　函数的递归调用

在函数的执行过程中又直接或间接地调用该函数本身，这就是函数的递归调用，Python 中允许递归调用。在函数中直接调用函数本身称为直接递归调用。在函数中调用其他函数，其他函数又调用原函数，称为间接递归调用。

例如，求一个数 n 的阶乘：

$$n! = \begin{cases} 1 & \text{当 } n = 0 \text{ 时} \\ n(n-1)! & \text{当 } n > 0 \text{ 时} \end{cases}$$

在求解 n! 中使用了 (n–1)!，即要计算出 n!，必须先求出 (n–1)!，而要知道 (n–1)!，必须先求出 (n–2)!，以此类推，直到求出 0!=1 为止。再以此为基础，返回来计算 1!，2!，…，(n–1)!，n!。这种算法称为递归算法，递归算法可以将复杂问题化简。显然，通过函数的递归调用可以实现递归算法。

递归算法具有两个基本特征：

1）递推归纳（递归体）。将问题转化成比原问题规模小的同类问题，归纳出一般递推公式。问题规模往往需要用函数的参数来表示。

2）递归终止（递归出口）。当规模小到一定的程度应该结束递归调用，逐层返回。常用条件语句来控制何时结束递归。

【例 5.17】用递归方法求 n!。

递推归纳：n! → (n–1)! → (n–2)! →…→ 2! → 1!，得到递推公式 n!=n(n–1)!。

递归终止 n=0 时，0!=1。

程序如下：

```
def fac(n):
    if  n==0:
        f=1
    else:
        f=fac(n-1)*n;
    return f

n=int(input("please input n: "))
f=fac(n)
print("%d!=%d"%(n,f))
```

程序的运行结果：

```
please input n: 4
4!=24
```

计算 4！时 fac() 函数的递归调用过程如图 5.2 所示。

递归调用的执行分成两个阶段完成：

第一阶段是逐层调用，调用的是函数自身。

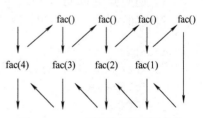

图 5.2　fac() 函数的递归调用过程

第二阶段是逐层返回，返回到调用该层的位置继续执行后续操作。

递归调用是多重嵌套调用的一种特殊情况，每层调用都要用堆栈保护主调层的现场和返回地址。调用的层数一般比较多，递归调用的层数称为递归的深度。

【例 5.18】 汉诺（Hanoi）塔问题。

假设有 3 个塔座，分别用 A、B、C 表示，在一个塔座（设为 A 塔）上有 64 个盘片，盘片大小不等，按大盘在下、小盘在上的顺序叠放着，如图 5.3 所示。现要借助于 B 塔，将这些盘片移到 C 塔去，要求在移动的过程中，每个塔座上的盘片始终保持大盘在下、小盘在上的叠放方式，每次只能移动一个盘片。编程实现移动盘片的过程。

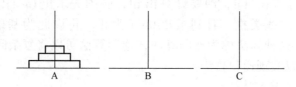

图 5.3　汉诺（Hanoi）塔问题

可以设想：只要能将除最下面的一个盘片外，其余的 63 个盘片从 A 塔借助于 C 塔移至 B 塔上，剩下的一片就可以直接移至 C 塔上。再将其余的 63 个盘片从 B 塔借助于 A 塔移至 C 塔上，问题就解决了。这样就把一个 64 个盘片的 Hanoi 塔问题化简为 2 个 63 个盘片的 Hanoi 塔问题，而每个 63 个盘片的 Hanoi 塔问题又按同样的思路，可以化简为 2 个 62 个盘片的 Hanoi 塔问题。继续递推，直到剩一个盘片时，可直接移动，递归结束。

编程实现：假设要将 n 个盘片按规定从 A 塔移至 C 塔，移动步骤可分为以下 3 步完成：

1）把 A 塔上的 n–1 个盘片借助 C 塔移动到 B 塔。

2）把第 n 个盘片从 A 塔移至 C 塔。

3）把 B 塔上的 n–1 个盘片借助 A 塔移至 C 塔。

算法用函数 hanoi（n，x，y，z）以递归算法实现，hanoi() 函数的形参为 n、x、y、z，分别存储盘片数、源塔、借用塔和目的塔。调用函数每调用一次，可以使盘片数减 1，当递归调用盘片数为 1 时结束递归。算法描述如下：

如果 n 等于 1，则将这一个盘片从 x 塔移至 z 塔，否则有：

1）递归调用 hanoi（n–1，x，z，y），将 n–1 个盘片从 x 塔借助 z 塔移动到 y 塔。

2）将 n 号盘片从 x 塔移至 z 塔。

3）递归调用 hanoi（n–1，y，x，z），将 n–1 个盘片从 y 塔借助 x 塔移动到 z 塔。

程序如下：

```
count=0
def hanoi(n,x,y,z):
    global count
    if n==1:
        count+=1
        move(count,x,z)
```

114

```
    else:
        hanoi(n-1,x,z,y);                    # 递归调用
        count+=1
        move(count,x,z)
        hanoi(n-1,y,x,z);                    # 递归调用

def move(n,x,y):
    print("step %d: Move disk form %c to %c"%(count,x,y))

m=int(input("Input the number of disks:"))
print("The steps to moving %d disks:"%m)
hanoi(m,'A','B','C')
```

程序运行结果：

```
Input the number of disks:3
The steps to moving 3 disks:
step 1: Move disk form A to C
step 2: Move disk form A to B
step 3: Move disk form C to B
step 4: Move disk form A to C
step 5: Move disk form B to A
step 6: Move disk form B to C
step 7: Move disk form A to C
```

n=3 时函数的递归调用过程如图 5.4 所示。

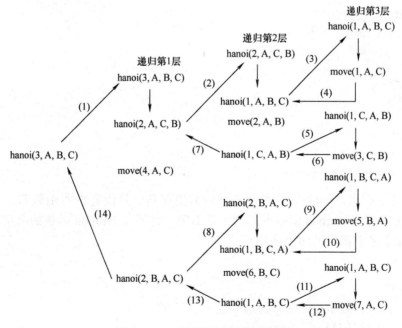

图 5.4　n=3 时函数的递归调用过程

5.5 匿名函数

在 Python 中，不通过 def 关键字来定义函数，而是通过 lambda 关键字来定义的函数称为匿名函数，也称为 lambda 函数或表达式函数。lambda 函数的定义格式如下：

```
lambda [参数1 [,参数2, 参数3,…, 参数n]]:表达式
```

lambda 函数可以接收任意多个参数，参数列表与一般函数的参数列表的语法格式相同，参数之间用逗号隔开，允许参数有默认值。表达式相当于匿名函数的返回值，但只能由一个表达式组成，不能有其他的复杂结构。比如有以下定义：

```
lambda x , y : x+y
```

该函数有两个参数，分别是 x、y。

lambda 函数是一个函数对象，可将该函数直接赋值给一个变量，这个变量就成了一个函数对象，也就是将函数与变量捆绑到一起了，函数对象名可以作为函数直接调用。例如：

```
f= lambda x , y : x+y
print(f(2,3))
```

使用 lambda 函数可以省去函数的定义，可以在定义函数的时候直接使用该函数。

【例 5.19】求正方形的面积。

分析：分别使用匿名函数和普通函数求面积。

程序代码：

```
# 普通函数
def square(x):
    return x*x

# 匿名函数
lambda_square = lambda x:x*x

# 函数调用
print(square(10))
    print(lambda_square(10))
```

从该例可以看出，lambda 函数比普通函数更简洁，且没有声明函数名，上面的代码是用一个变量来接收 lambda 函数返回的函数对象，并不是 lambda 函数的名字。

【例 5.20】匿名函数的多种使用形式。

程序如下：

```
# 无参数
lambda_a = lambda: "Computer"
print(lambda_a())
```

```
# 一个参数
lambda_b = lambda n: n * 1001
print(lambda_b(5))

# 多个参数
lambda_c = lambda a, b, c, d: a + b + c + d
print(lambda_c(1, 2, 3, 4))

# 嵌套条件分支
lambda_d = lambda x,y: x if x>y else y
print(lambda_d(3,5))

# 作为函数参数
def func1(a, b, func):
    print('a =',a)
    print('b =',b)
    print('a * b =',func(a, b))

func1(3, 5, lambda a, b: a * b)

# 作为函数的返回值
def  func2(a, b):
    return lambda c: a * b * c

return_func = func2(2, 4)
print(return_func(6))
```

运行结果：

```
Computer
5005
10
5
a = 3
b = 5
a * b = 15
48
```

可以看到，lambda 的参数可以 0 个到多个，并且返回的表达式可以是一个复杂的表达式，只要最后是一个值即可。

在例 5.20 中，return_func 中需要传入一个函数，然后这个函数在 sub_func 里面执行，这时候就可以使用 lambda 函数，因为 lambda 就是一个函数对象。在以上实例中，sub_func 函数返回的是一个匿名函数，当执行该函数时，得到的是 lambda 函数的结果。

注意： 其中的 a，b 两个参数是 func2 中的参数，但执行返回的函数 return_func 时，已经不在 func2 的作用域内了，而 lambda 函数仍然能使用 a，b 参数。这说明 lambda 函数会将它的运行环境保存一份，一直保留到它自己执行的时候使用。print 函数中 return_func 函数的参数大小无关。

5.6 变量的作用域

当程序中有多个函数时，定义的每个变量只能在一定的范围内访问，称之为变量的作用域。按作用域划分，可以将变量分为局部变量和全局变量。

5.6.1 局部变量

在一个函数内或者语句块内定义的变量称为局部变量。局部变量的作用域仅限于定义它的函数体或语句块中，任意一个函数都不能访问其他函数中定义的局部变量。因此在不同的函数之间可以定义同名的局部变量，虽然同名但却代表不同的变量，不会发生命名冲突。

例如，有以下程序段：

```
def fun1(a):
    x=a+10
    ...
def fun2(a,b):
    x,y=a,b
    ...
```

说明：

1）fun1() 函数中定义了形参 a 和局部变量 x，fun2() 函数中定义了形参 a、b 和局部变量 x、y，这些变量各自在定义它们的函数体中有效，其作用范围都限定在各自的函数中。

2）不同的函数中定义的变量，即使使用相同的变量名也不会互相干扰、互相影响。例如，fun1() 函数和 fun2() 函数都定义了变量 a 和 x，变量名相同，作用范围不同。

3）形参也是局部变量，例如，fun1() 函数中的形参 a。

【例 5.21】局部变量应用。

程序如下：

```
def fun(x):
    print("x=",x)
    x=20
    print("changed local x=",x)

x=30
fun(30)
print("main x=",x)
```

程序运行结果：

```
x= 30
changed local x= 20
main x= 30
```

在 fun() 函数中，第一次输出 x 的值，x 是形参，值由实参传递而来，是 30，接着执行赋值语句 x=20 后，再次输出 x 的值是 20。主调函数中，x 的值为 30，当调用 fun() 函数时，该值不受影响，因此主调函数输出 x 的值是 30。

5.6.2　全局变量

在所有函数之外定义的变量称为全局变量，它可以在多个函数中被引用。例如：

```
m=1                                 # 定义 m 为全局变量
def fun1(a):
    print(m)                        # 使用全局变量
    …
n=1                                 # 定义 n 为全局变量
def fun2(a,b):
    n=a*b                           # 使用局部变量
    …
```

变量 m 和 n 为全局变量，在函数 fun1() 和函数 fun2() 可以直接引用。

【例 5.22】全局变量应用。

程序如下：

```
x = 30
def func():
    global x
    print('x 的值是 ', x)
    x = 20
    print(' 全局变量 x 改为 ', x)
func()
print('x 的值是 ', x)
```

程序运行结果：

```
x 的值是 30
全局变量 x 改为 20
x 的值是 20
```

5.7　模块

随着程序规模越来越大，如何将一个大型文件分割成几个小文件就变得很重要。为了使代码看起来更优美、紧凑、容易修改、适合团体开发，Python 引入了模块的概念。

在 Python 中，可以把程序分割成许多单个文件，这些单个的文件就称为模块。模块就是将一些常用的功能单独放置到一个文件中，方便其他文件来调用。前面编写代码时保存的以 .py 为扩展名的文件，它们都是一个独立的模块。

5.7.1　定义模块

与函数类似，从用户的角度看，模块也分为标准库模块和用户自定义模块。

1. 标准库模块

标准库模块是 Python 自带的函数模块。Python 提供了大量的标准库模块，实现了很多常用的功能。Python 标准库提供了文本处理、文件处理、操作系统功能、网络通信、网络协议等功能。

1）文本处理：包含文本格式化、正则表达式匹配、文本差异计算与合并、Unicode 支持和二进制数据处理等功能。

2）文件处理：包含文件基本操作、创建临时文件、文件压缩与归档、操作配置文件等功能。

3）操作系统功能：包含线程与进程支持、I/O 复用、日期与时间处理、调用系统函数、日志等功能。

4）网络通信：包含网络套接字、SSL 加密通信、异步网络通信等功能。

5）网络协议：支持 HTTP、FTP、SMTP、POP、IMAP、NNTP、XMLRPC 等多种网络协议，并提供了编写网络服务器的框架。

6）其他功能：包括国际化支持、数学运算、HASH、Tkinter 等。

另外，Python 还提供了大量的第三方模块，使用方式与标准库类似。它们的功能覆盖科学计算、Web 开发、数据库接口、图形系统多个领域。

2. 用户自定义模块

用户建立一个模块就是建立扩展名为 .py 的 Python 程序。例如，在一个 module.py 的文件中输入 def 语句，就生成了一个包含属性的模块。

```
def printer(x):
    print(x)
```

当模块导入时，Python 把内部的模块名映射为外部的文件名。

5.7.2　导入模块

导入模块就是给出一个访问模块提供的函数、对象和类的方法。模块的导入有三种方法。

1. 引入模块

引入模块的一般形式为：

```
import 模块
```

用 import 语句直接导入模块，就在当前的名字空间（namespace）建立了一个到该模块的引用。这种引用必须使用全称，当使用在被导入模块中定义的函数时，必须包含模块的名字。

【例 5.23】求列表中值为偶数的和。

程序如下：

```
def func_sum(a_list):
    s=0
    for i in range(0,len(a_list)):
            if a_list[i]%2==0:
                s=s+a_list[i]
    return s
```

再写一个文件导入上面的模块：

```
#exp7-12.py
import evensum

a_list=[3,54,65,76,45,34,100,-2]
s=evensum.func_sum(a_list)
print("sum=",s)
```

程序运行结果：

```
sum= 262
```

2. 引入模块中的函数

引入模块中的函数一般形式为：

> from 模块名 import 函数名

这种方法函数名被直接导入本地名字空间去了，所以它可以直接使用，而不需要加上模块名的限定表示。

例 5.23 中导入模块的文件可改写为：

```
from evensum import func_sum

a_list=[3,54,65,76,45,34,100,-2]
s=func_sum(a_list)
print("sum=",s)
```

3. 引入模块中的所有函数

引入模块中的所有函数一般形式为：

> from 模块名 import *

同引入模块中的函数的导入方法，只是该方法一次导入模块中的所有函数，不需要一一列举函数名。

5.8 函数应用举例

【例 5.24】采取插入排序法将 10 个数据从小到大进行排序。

分析：插入排序的基本操作是每一步都将一个待排数据按其大小插入到已经排序的数据中的适当位置，直到全部插入完毕。插入算法把要排序的数据分成两部分：第一部分包含了这些数据的所有元素，但将最后一个元素除外，而第二部分就只包含这一个元素（即待插入元素）。在第一部分排序完成后，再将这个最后元素插入到已排好序的第一部分中。排序过程如下：

1）假设当前需要排序的元素（array[i]），与已经排序好的最后一个元素比较（array[i−1]），如果满足条件继续执行后面的程序，否则循环到下一个要排序的元素。

2）缓存当前要排序的元素的值，以便找到正确的位置进行插入。

3）排序的元素与已经排好序的元素比较，比它大的向后移动。

4）把要排序的元素插入到正确的位置。

程序如下：

```python
def insert_sort(array):
  for i in range(1, len(array)):
    if array[i - 1] > array[i]:
        temp = array[i]                    # 当前需要排序的元素暂存到 temp 中
        index = i                          # 用来记录排序元素需要插入的位置
        while index > 0 and array[index - 1] > temp:
            array[index] = array[index - 1]
                # 把已经排序好的元素后移一位，留下需要插入的位置
            index -= 1
        array[index] = temp                # 把需要排序的元素，插入到指定位置


b=input("请输入一组数据：")
array=[]
for i in b.split(','):
    array.append(int(i))
print("排序前的数据：")
print(array)
insert_sort(array)                         # 调用 insert_sort() 函数
print("排序后的数据：")
print(array)
```

程序运行结果：

```
请输入一组数据：100,43,65,101,54,65,4,2017,123,55
排序前的数据：
[100, 43, 65, 101, 54, 65, 4, 2017, 123, 55]
排序后的数据：
[4, 43, 54, 55, 65, 65, 100, 101, 123, 2017]
```

【例 5.25】用递归的方法求 x^n。

分析：求 x^n 可以使用下面的公式。

$$x^n = \begin{cases} 1 & \text{当 } n=0 \text{ 时} \\ x[x^{(n-1)}] & \text{当 } n>0 \text{ 时} \end{cases}$$

递推归纳：$x^n \rightarrow x^{n-1} \rightarrow x^{n-2} \rightarrow \cdots \rightarrow x^2 \rightarrow x^1$。

递归终止条件：当 n=0 时，$x^0=1$。

程序如下：

```
def xn( x, n):
    if  n==0:
        f=1
    else:
        f=x*xn(x,n-1)
    return f

x,n=eval(input("please input x and n"))
if n<0:
    n=-n
    y=xn(x,n)
    y=1/y
else:
    y=xn(x,n)
print(y)
```

程序运行结果：

```
please input x and n: 3,5
243
```

再次运行程序结果如下：

```
please input x and n: 3,-5
0.00411522633744856
```

【例 5.26】计算从公元 1 年 1 月 1 日到 y 年 m 月 d 日的天数（含两端）。例如：从公元 1 年 1 月 1 日到 1 年 2 月 2 日的天数是 31+2=33 天。

分析：要计算从公元 1 年 1 月 1 日到 y 年 m 月 d 日的天数，可以分为三步完成：

1）计算从公元 1 年到 y−1 年这些整年的天数，每年是 365 天或 366 天（闰年是 366 天）；

2）对于第 y 年，当 m>1 时，先计算 1 ~ m−1 整月的天数。

3）最后加上零头（第 m 月的 d 天）即可。

程序如下：

```
# 判断某年是否为闰年
def  leapYear( y ):
        if y<1:
```

123

```
        y=1
    if ((y % 400)== 0 or  (y % 4)== 0 and (y % 100)!=0):
        lp=1
    else:
        lp=0
    return lp


#计算 y 年 m 月的天数
def  getLastDay( y,m):
    if y<1:
        y=1
    if m<1:
        m=1
    if m>12:
        m=12
    #每个月的正常天数
    #月份      1  2  3  4  5  6  7  8  9  10   11   12
    monthDay=[31, 28, 31, 30, 31, 30, 31, 31, 30, 31,  30,  31]
    r = monthDay[ m-1]
    if m==2:
        r = r + leapYear(y)                    #处理闰年的 2 月天数
    return r


#计算从公元 1 年 1 月 1 日到 y 年 m 月 d 日的天数（含两端的函数）
def calcDays( y,m,d ):
    if y<1:
        y=1
    if m<1:
        m=1
    if m>12:
        m=12
    if d<1:
        d=1
    if d>getLastDay(y,m):
        d=getLastDay(y,m)
    cnt = 0
    for i in range(1,y):
        cnt = cnt + 365 + leapYear( i )
    for i in range(1,m):
        cnt = cnt + getLastDay(y,i)
    cnt = cnt + d
    return cnt


y,m,d = eval(input("input year,month,day:"))
days = calcDays( y,m,d)
print( "从 1 年 1 月 1 日到 ",y,"年 ",m,"月 ",d,"日 共 ", days, "天 ")
```

124

程序运行结果：

```
input year,month,day:2017,1,1
从1年1月1日到 2017 年 1 月 1 日 共 736330 天
```

5.9　本章小结

在 Python 语言开发过程中，可将完成某一特定功能并频繁使用的代码编写成函数，以提高编码效率，减少编写程序的工作量。本章介绍了函数分类、函数定义和调用、函数的参数和返回值等有关函数的基本知识，在此基础上，进一步介绍了函数的递归调用、匿名函数、变量的作用域和模块。最后函数应用举例进一步体现函数模块化的设计思想。

习　题

1. 填空题

（1）函数的参数从宏观上可分为_____和_____。

（2）使用_____关键字可以在函数中设置全局变量。

（3）使用_____关键字定义匿名函数。

（4）可以使用_____关键字导入模块。

（5）有语句 f=lambda x，y:{x:y}，则 f（3，5）的值是_____。

（6）已知函数定义 def func（x，y，z=20）:return x+y+z，那么表达式 func（10，15）的值为_____。

（7）可变数量参数接收的值将以_____类型传入函数。

（8）根据变量的作用域，可将变量分为_____。

2. 选择题

（1）Python 定义函数时，（　　）参数类型。

A. 不需要声明　　　　　　　　B. 必须声明

C. 可声明也可不声明　　　　　D. 必须设置

（2）下列有关函数的说法中，正确的是（　　）。

A. 函数的定义必须在程序开头

B. 函数定义后，函数体内的语句会自动执行

C. 函数体与关键字 def 必须左对齐

D. 函数定义后，需要调用才会执行

（3）关于函数的参数，以下选项中描述错误的是（　　）。

A. 一个元组可以传递给带有星号的可变参数

B. 在定义函数时，可以设计可变数量参数，通过在参数前增加星号（*）实现

C. 可选参数可以定义在非可选参数的前面

D. 在定义函数时，如果有些参数存在默认值，可以在定义函数时直接为这些参数指

定默认值

（4）Python 中，关于默认参数，正确的描述是（　　　）。

A. 应该先从左边的形参开始向右边依次设置

B. 函数调用时实参从形参最右侧依次匹配

C. 应该先从右边的形参开始向左边依次设置

D. 应该全部设置

（5）Python 函数的定义如下：

```python
def fun(a, b, c):
    print(a, b, c)
```

以下函数调用形式不正确的是（　　　）。

A. fun（1，2，3）　　　　　　　B. fun（1，b=2，c=3）

C. fun（1，c=2，b=3）　　　　　D. fun（1，a=2，b=2）

3. 阅读程序，给出程序的运行结果。

```python
(1) def func(x = 1, y = 2):
        x = x + y
        y += 1
        print(x, y)
    func(2,1)
(2) def func(n, result):
        if n == 0:
            return 0
        else:
            return f2(n - 1, n + result)
    print(func(3, 1))
(3) def func(a,b):
        if b==0:
            return 0
        if b%2==0:
            return func(a+a,b//2)
        return func(a+a,b//2)+a
    print(func(2,25))
(4) def func (s):
        n=len(s)
        if (n<=1):return s
        a=s[0:n//2]
        b=s[n//2:n]
        return func (b)+ func (a)
    print(func ("python"))
(5) def m(list):
        v = list[0]
        for e in list:
            if v < e: v = e
        return v
```

```
values = [[3, 4, 15, 8], [33, 61, 13, 20]]
for row in values:
        print(m(row), end = " ")
```

4. 编写函数实现，已知一个圆筒的半径、外径和高，计算该圆筒的体积。

5. 编写一个求水仙花数的函数，求 100 ～ 999 之间的水仙花数。

6. 编写一个函数，输出整数 m 的全部素数因子。例如，m=120，素数因子为 2，2，2，3，5。

7. 编写一个函数，求 10000 以内所有的完数。所谓完数是指一个数正好是它的所有约数之和。例如，6 就是一个完数，因为 6 的因子有 1，2，3，并且 6=1+2+3。

8. 如果有两个数，每一个数的所有约数（除它本身以外）的和正好等于对方，则称这两个数为互满数。求出 10000 以内所有的互满数，并显示输出，并使用函数实现求一个数和它的所有约数（除它本身）的和。

9. 用递归函数求 $s = \sum_{i=1}^{n} i$ 的值。

第 6 章

文　件

在前面的章节中使用的原始数据很多都是通过键盘输入的，并将输入的数据放入指定的变量中，若要处理（运算、修改、删除、排序等）这些数据，可以从指定的变量中取出并进行处理。但在数据量大、数据访问频繁以及数据处理结果需要反复查看或使用时，就有必要将程序的运行结果保存下来。为了解决以上问题，在 Python 中引入了文件，将这些待处理的数据存储在指定的文件中，当需要处理文件中的数据时，可以通过文件处理函数，取得文件内的数据并存放到指定的变量中进行处理，数据处理完毕后再将数据存回指定的文件中。有了对文件的处理，数据不但容易维护，而且同一份程序可处理数据格式相同但文件名不同的文件，增加了程序的使用弹性。

文件操作是一种基本的输入 / 输出方式，数据以文件的形式进行存储，操作系统以文件为单位对数据进行管理。本章主要介绍文件的基本概念、文件的操作方法及文件操作的应用。

6.1　文件概述

6.1.1　文件的定义和分类

"文件"是指存放在外部存储介质（可以是磁盘、光盘、磁带等）中一组相关信息的集合。操作系统对外部介质上的数据是以文件形式进行管理的。当打开一个文件或者创建一个新文件时，一个数据流和一个外部文件（也可能是一个物理设备）相关联。为标识一个文件，每个文件都必须有一个文件名作为访问文件的标志，其一般结构为：

主文件名〖．扩展名〗

通常情况下应该包括盘符名、路径、主文件名和文件扩展名 4 部分信息。实际上，在前面的各章中已经多次使用了文件，如源程序文件、库文件（头文件）等。程序在内存运行的过程中与外存（外部存储介质）交互主要是通过两种方法：①以文件为单位将数据写到外存中；②从外存中根据文件名读取文件中的数据。

也就是说，要想读取外部存储介质中的数据，必须先按照文件名找到相应的文件，然后再从文件中读取数据；要想将数据存放到外部存储介质中，首先要在外部介质上建立一个文件，然后再向该文件中写入数据。

可以从不同的角度对文件进行分类，分别如下所述：

（1）根据文件依附的介质，可分为普通文件和设备文件

　　1）普通文件是指驻留在磁盘或其他外部介质上的一个有序数据集，可以是源文件、目标文件、可执行程序，也可以是一组待输入处理的原始数据，或者是一组输出的结果。对于源文件、目标文件和可执行程序可以称作程序文件，对输入和输出数据则可称作数据文件。

　　2）设备文件是指与主机相连的各种外部设备，如显示器、打印机、键盘等。在操作系统中，把外部设备也看作一个文件来进行管理，把它们的输入和输出等同于对磁盘文件的读和写。

　　（2）根据文件的组织形式，可分为顺序读写文件和随机读写文件

　　1）顺序读写文件顾名思义，是指按从头到尾的顺序读出或写入的文件。通常在重写整个文件操作时，使用顺序读写；而要更新文件中某个数据时，不使用顺序读写。此种顺序文件每次读写的数据长度不等，较节省空间，但查询数据时都必须从第一个记录开始找，较费时间。

　　2）随机读写文件大都使用结构方式来存放数据，即每个记录的长度是相同的，因而通过计算便可直接访问文件中的特定记录，也可以在不破坏其他数据的情况下把数据插入到文件中，是一种跳跃式直接访问方式。

　　（3）根据文件的存储形式，可分为文本文件和二进制文件

　　1）文本文件也称为 ASCII 文件，这种文件在磁盘中存放时每个字符对应一个字节，用于存放对应的 ASCII 码。

　　例如，数 1124 的存储形式为：

ASCII 码：　　　00110001　　　00110001　　　00110010　　　00110100

　　　　　　　　　↓　　　　　↓　　　　　↓　　　　　↓

十进制码：　　　　1　　　　　1　　　　　2　　　　　4

　　共占用 4 个字节。ASCII 码文件可在屏幕上按字符显示，例如，源程序文件就是 ASCII 文件，用 DOS 命令中的 TYPE 可显示文件的内容。由于是按字符显示，因此能读懂文件内容。

　　2）二进制文件是按二进制的编码方式来存放文件的。例如，数 1124 的存储形式为：

```
00000100  01100100
```

　　只占 2 个字节。二进制文件虽然也可在屏幕上显示，但其内容无法读懂。Python 系统在处理这些文件时，并不区分类型，都看成是字符流，按字节进行处理。

　　ASCII 码文件和二进制文件的主要区别在于：

　　1）从存储形式上看，二进制文件是按该数据类型在内存中的存储形式存储的，而文本文件则将该数据类型转换为可在屏幕上显示的形式存储的。

　　2）从存储空间上看，ASCII 存储方式所占的空间比较多，而且所占的空间大小与数值大小有关。

　　3）从读写时间上看，由于 ASCII 码文件在外存上以 ASCII 码存放，而在内存中的数据都是以二进制存放的，所以，当进行文件读写时，要进行转换，造成存取速度较慢。对于二进制文件来说，数据就是按其在内存中的存储形式在外存上存放的，所以不需要进行这样的转换，在存取速度上较快。

4）从作用上看，由于 ASCII 文件可以通过编辑程序如 edit、记事本等，进行建立和修改，也可以通过 DOS 中的 TYPE 命令显示出来，因而 ASCII 码文件通常用于存放输入数据及程序的最终结果。而二进制文件则不能显示出来，所以用于暂存程序的中间结果，供另一段程序读取。

在 Python 语言中，标准输入设备（键盘）和标准输出设备（显示器）是作为 ASCII 码文件处理的，它们分别称为标准输入文件和标准输出文件。

6.1.2　文件的操作流程

文件的操作包括对文件本身的基本操作和对文件中信息的处理。首先，只有通过文件指针，才能调用相应的文件；然后才能对文件中的信息进行操作，进而达到从文件中读数据或向文件中写数据的目的。具体涉及的操作有建立文件、打开文件、从文件中读数据或向文件中写数据、关闭文件等。一般的操作步骤为：

1）建立 / 打开文件。

2）从文件中读数据或者向文件中写数据。

3）关闭文件。

打开文件是进行文件的读或写操作之前的必要步骤。打开文件就是将指定文件与程序联系起来，为下面进行的文件读写工作做好准备。如果不打开文件就无法读写文件中的数据。当为进行写操作而打开一个文件时，如果这个文件存在，则打开它；如果这个文件不存在，则系统会新建这个文件，并打开它。当为进行读操作而打开一个文件时，如果这个文件存在，则系统打开它；如果这个文件不存在，则出错。数据文件可以借助常用的文本编辑程序建立，就如同建立源程序文件一样，当然，也可以是其他程序写操作生成的文件。

从文件中读取数据，就是从指定文件中取出数据，存入程序在内存中的数据区，如变量或序列中。

向文件中写数据，就是将程序中的数据存储到指定的文件中，即文件名所指定的存储区中。

关闭文件就是取消程序与指定的数据文件之间的联系，表示文件操作的结束。

6.2　文件的打开与关闭

6.2.1　打开文件

在对文件进行读写操作之前要先打开文件。所谓打开文件，实际上是建立文件的各种有关信息，并使文件指针指向该文件，以便进行其他操作。

1. open() 函数

Python 中使用 open() 函数来打开文件并返回文件对象，其一般调用格式为：

文件对象 =open（文件名 [，打开方式] [，缓冲区]）

其功能如下：

open() 函数的第一个参数是传入的文件名，可以包含盘符、路径和文件名。如果只有文件名，没有带路径的话，那么 Python 会在当前文件夹中去找到该文件并打开。

第二个参数"打开方式"是可选参数，表示打开文件后的操作方式，文件打开方式使用具有特定含义的符号表示，见表 6.1。

第三个参数"缓冲区"也是可选参数，表示文件操作是否使用缓冲存储方式，取值有 0，1，–1 和大于 1 四种。如果缓冲区参数被设置为 0，则表示缓冲区关闭（只适用于二进制模式），不使用缓冲区；如果缓冲区参数被设置为 1，则表示使用缓冲存储（只适用于文本模式）；如果缓冲区参数被设置为 –1，则表示使用缓冲存储，并且使用系统默认缓冲区的大小；如果缓冲区参数被设置为大于 1 的整数，则表示使用缓冲存储，并且该参数指定了缓冲区的大小。

假设有一个名为 somefile.txt 的文本文件，存放在 c:\\text 下，那么可以这样打开文件：

```
>>>x = open( 'c:\\text\\somefile.txt','r',buffering=1024)
```

注意：文件打开成功，没有任何提示。

表 6.1　文件的打开方式

文件使用方式	含义
rt	只读打开一个文本文件，只允许读数据
wt	只写打开或建立一个文本文件，只允许写数据
at	追加打开一个文本文件，并在文件末尾写数据
rb	只读打开一个二进制文件，只允许读数据
wb	只写打开或建立一个二进制文件，只允许写数据
ab	追加打开一个二进制文件，并在文件末尾写数据
rt+	读写打开一个文本文件，允许读和写
wt+	读写打开或建立一个文本文件，允许读和写
at+	读写打开一个文本文件，允许读，或在文件末尾追加数据
rb+	读写打开一个二进制文件，允许读和写
wb+	读写打开或建立一个二进制文件，允许读和写
ab+	读写打开一个二进制文件，允许读，或在文件末尾追加数据

对于文件打开方式有以下几点说明：

1）文件打开方式由 r、w、a、t、b、+ 六个字符拼成，各字符的含义是：

```
r(read):                读
w(write):               写
a(append):              追加
t(text):                文本文件，可省略不写
b(binary):              二进制文件
+:                      读和写
```

2）用"r"方式打开一个文件时，该文件必须已经存在，且只能从该文件读出。

3）用"w"方式打开的文件只能向该文件写入。若打开的文件不存在，则以指定的文件名建立该文件，若打开的文件已经存在，则将该文件删去，重建一个新文件。

4）若要向一个已存在的文件中追加新的信息，只能用"a"方式打开文件。若此时该文件不存在，则会新建一个文件。

使用 open() 函数成功打开一个文件之后，会返回一个文件对象，得到这个文件对象，就可以读取或修改该文件了。

2. 文件对象属性

文件一旦被打开，就可以通过文件对象的属性得到该文件的有关信息，常用的文件对象属性见表 6.2。

表 6.2　文件对象属性

文件对象属性	含义
name	返回文件的名称
mode	返回文件的打开方式
closed	如果文件被关闭返回 True，否则返回 False

文件属性的引用方法为：

文件对象名 . 属性名

例如：

```
>>> fp=open("e:\\qq.txt","r")
>>> fp.name
'e:\\qq.txt'
>>> fp.mode
'r'
>>> fp.closed
False
```

3. 文件对象方法

打开文件并取得文件对象之后，就可以利用文件对象方法对文件进行读取或修改等操作。表 6.3 列举了常用的一些文件对象方法。

表 6.3　文件对象方法

文件对象方法	含义
close()	关闭文件，并将属性 closed 设置为 True
read（count）	从文件对象中读取至多 count 个字节，如果没有指定 count，则读取从当前文件指针直至文件末尾
readline（count）	从文件中读取一行内容

（续）

文件对象方法	含义
readlines（sizehint）	读取文件的所有行（直到结束符 EOF），也就是整个文件的内容，把文件每一行作为列表的成员，并返回这个列表
write（string）	将字符串 string 写入到文件
writelines（seq）	将字符串序列 seq 写入到文件，seq 是一个返回字符串的可迭代对象
seek（offset，whence）	把文件指针移动到相对于 whence 的 offset 位置，whence 为 0 表示文件开始处，为 1 表示当前位置，为 2 表示文件末尾
next()	返回文件的下一行，并将文件操作标记移到下一行
tell()	返回当前文件指针位置（相对文件起始处）
flush()	清空文件对象，并将缓存中的内容写入磁盘（如果有）

6.2.2　关闭文件

当一个文件使用结束时，就应该关闭它，以防止其被误操作而造成文件信息的破坏和文件信息的丢失。关闭文件是断开文件对象与文件之间的关联，此后不能再继续通过该文件对象对该文件进行读 / 写操作。Python 使用 close() 函数关闭文件。close() 函数的一般形式为：

文件对象名 .close()

6.3　文件的读写

6.3.1　文本文件的读写

1. 文本文件的读取

Python 对文件的读取是通过调用文件对象方法来实现的，文件对象提供了三种读取方法：read()、readline() 和 readlines()。

（1）read() 方法　read() 方法的一般形式为：

文件对象 .read()

其功能是读取从当前位置直到文件末尾的内容，该方法通常将读取的文件内容存放到一个字符串变量中。

假如有一个文本文件 file1.txt，其内容如下：

```
There were bears everywhere.
They were going to Switzerland.
```

采用 read() 方法读该文件内容，结果如下：

```
>>>fp = open("e:\\file1.txt", "r")          # 以只读的方式打开 file1.txt 文件
>>>string1= fp.read()
```

133

```
>>> print("Read Line: %s" % (string1))
Read Line: There were bears everywhere.
They were going to Switzerland.
```

read() 方法也可以带有参数，一般形式为：

```
文件对象 .read([size])
```

其功能是从文件当前位置起读取 size 个字节，返回结果是一个字符串。如果 size 大于文件从当前位置开始到末尾的字节数，则读取到文件结束为止。例如：

```
>>>fp = open("e:\\file1.txt", "r")          # 以只读的方式打开 file1.txt 文件
>>>string2= fp.read(10)                      # 读取 10 个字节
>>> print("Read Line: %s" % (string2))
Read Line: There were
```

（2）readline() 方法　readline() 方法的一般形式为：

```
文件对象 .readline()
```

其功能是读取从当前位置到行末的所有字符，包括行结束符，即每次读取一行，当前位置移到下一行。如果当前处于文件末尾，则返回空串。例如：

```
>>> fp = open("e:\\file1.txt", "r")
>>> string3=fp.readline()
>>> print("Read Line: %s" % (string3))
Read Line: There were bears everywhere.
```

（3）readlines() 方法　readlines() 方法的一般形式为：

```
文件对象 .readlines()
```

其功能是读取从当前位置到文件末尾的所有行，并将这些行保存在一个列表（list）变量中，每行作为一个元素。如果当前文件处于文件末尾，则返回空列表。例如：

```
>>> fp = open("e:\\file1.txt", "r")
>>> string4=fp.readlines()
>>> print("Read Line: %s" % (string4))
Read Line: ['There were bears everywhere.\n', 'They were going to
Switzerland.']
    >>> string5=fp.readlines()              # 再次读取文件，返回空列表
>>> print("Read Line: %s" % (string5))
Read Line: []
```

2. 文本文件的写入

文本文件的写入通常使用 write() 方法，有时也使用 writelines() 方法。
（1）write() 方法　write() 方法的一般形式为：

```
文件对象 . write（字符串）
```

其功能是在文件当前位置写入字符串，并返回写入的字符个数。例如：

```
>>>fp.open("e:\\file1.txt", "w")          # 以写方式打开 file1.txt 文件
>>>fp.write("Python")                      # 将字符串"Python"写入文件 file1.txt
                                           # 文件
6
>>> fp.write("Python programming")
18
>>> fp.close()
```

（2）writelines() 方法　writelines () 方法的一般形式为：

文件对象 . writelines (字符串元素的列表)

其功能是在文件的当前位置处依次写入列表中的所有元素。例如：

```
>>>fp.open("e:\\file1.txt", "w")
>>>fp.writelines(["Python","Python programming"] )
```

【例 6.1】把一个包含两列内容的文件 input.txt，分割成两个文件 col1.txt 和 col2.txt，每个文件一列内容。input.txt 文件内容如图 6.1 所示。

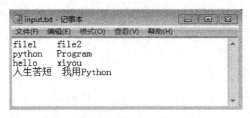

图 6.1　input.txt 文件

程序如下：

```
def split_file(filename):       # 把文件分成两列
    col1 = []
    col2 = []
    fd = open(filename)                    # 打开文件
    text = fd.read()                       # 读入文件的内容
    lines = text.splitlines()              # 把读入的内容分行
    for line in lines:
        part = line.split(None, 1)
        col1.append(part[0])
        col2.append(part[1])

    return col1, col2

def write_list(filename, alist):           # 把文字列表内容写入文件
    fd = open(filename, 'w')
    for line in alist:
        fd.write(line + '\n')
```

```
filename = 'input.txt'
col1, col2 = split_file(filename)
write_list('col1.txt', col1)
write_list('col2.txt', col2)
```

程序运行结果如图 6.2 所示。

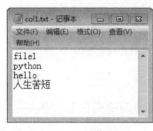 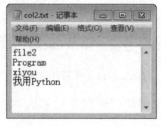

a) col1.txt文件内容   b) col2.txt文件内容

图 6.2 例 6.1 运行结果

6.3.2 二进制文件的读写

前面介绍的 read 和 write 方法，读写的都是字符串，对于其他类型数据读写时则需要转换。Python 中 struct 模块中的 pack() 和 unpack() 方法可以进行转换。

1. 二进制文件写入

Python 中二进制文件的写入有两种方法：一种是通过 struct 模块的 pack() 方法把数字和 bool 值转换成字符串，然后用 write() 方法写入二进制文件中；另一种是用 pickle 模块的 dump() 方法直接把对象转换为字符串并存入文件中。

（1）pack() 方法   pack() 方法的一般形式为：

pack（格式串，数据对象表）

其功能是将数字转换为二进制的字符串。格式串中的格式字符对应的 Python 类型见表 6.4。

表 6.4 格式字符对应的 Python 类型

格式字符	C 语言类型	Python 类型	字节数
c	char	string of length 1	1
b	signed char	integer	1
B	unsigned char	integer	1
?	_Bool	bool	1
h	short	integer	2
H	unsigned short	integer	2
i	Int	integer	4

（续）

格式字符	C 语言类型	Python 类型	字节数
I	unsigned int	integer or long	4
l	long	integer	4
L	unsigned long	long	4
q	long long	long	8
Q	unsigned long long	long	8
f	float	float	4
d	double	float	8
s	char[]	string	1
p	char[]	string	1
P	void *	long	与操作系统的位数有关

pack() 方法使用如下：

```
>>> import struct
>>> x=100
>>> y=struct.pack('i',x)          # 将 x 转换成二进制字符串
>>> y                             # 输出转换后的字符串 y
b'd\x00\x00\x00'
>>> len(y)                        # 计算 y 的长度
4
```

此时，y 是一个 4 字节的字符串。如果要将 y 写入文件，可以这样实现：

```
>>> fp=open("e:\\file2.txt","wb")
>>> fp.write(y)
4
>>> fp.close()
```

【例 6.2】将一个整数、一个浮点数和一个布尔型对象存入一个二进制文件中。

分析：整数、浮点数和布尔型对象都不能直接写入二进制文件，需要使用 pack() 方法将它们转换成字符串再写入二进制文件中。

程序如下：

```
import struct
i=12345
f=2017.2017
b=False
string=struct.pack('if?',i,f,b)   # 将整数 i、浮点数 f 和布尔对象 b 依次
                                  # 转换为字符串

fp=open("e:\\string1.txt","wb")   # 打开文件
fp.write(string)                  # 将字符串 string 写入文件
fp.close()                        # 关闭文件
```

运行时在 e 盘下创建 string1.txt 文件，运行结束后，打开 string1.txt 文件，其内容如图 6.3 所示。

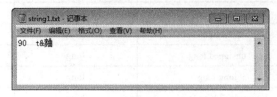

图 6.3   string1.txt 文件内容显示

（2）dump() 方法   dump() 方法的一般形式为：

dump（数据，文件对象）

其功能是将数据对象转换成字符串，然后再保存到文件中。其用法如下：

```
>>> import pickle
>>> x=100
>>> fp=open("e:\\file3.txt","wb")
>>> pickle.dump(x,fp)                   # 把整数 x 转换成字符串并写入文件中
>>> fp.close()
```

【例 6.3】用 dump() 方法实现例 6.2。
程序如下：

```
import pickle
i=12345
f=2017.2017
b=False
fp=open("e:\\string2.txt","wb")
pickle.dump(i,fp)
pickle.dump(f,fp)
pickle.dump(b,fp)
fp.close()
```

2. 二进制文件读取

读取二进制文件的内容应根据写入时的方法而采取相应的方法进行。使用 pack() 方法写入文件的内容应该使用 read() 方法读出相应的字符串，然后通过 unpack() 方法还原数据；使用 dump() 方法写入文件的内容应使用 pickle 模块的 load() 方法还原数据。

（1）unpack() 方法   unpack() 方法的一般形式是：

unpack（格式串，字符串表）

其功能与 pack() 正好相反，将"字符串表"转换成"格式串"（见表 6.4）指定的数据类型，该方法返回一个元组。例如：

```
>>> import struct
```

```
>>> fp=open("e:\\file2.txt","rb")          # 以只读方式打开 file2.txt 文件
>>> y=fp.read()
>>> x=struct.unpack('i',y)
>>> x
(100,)
```

【例 6.4】读取例 6.2 写入的 string1.txt 文件内容。

分析：string1.txt 中存放的是字符串，需要先使用 read() 方法读取每个数据的字符串形式，然后进行还原。

程序如下：

```
import struct
fp=open("e:\\string1.txt","rb")
string=fp.read()
a_tuple=struct.unpack('if?',string)
print("a_tuple=",a_tuple)
i=a_tuple[0]
f=a_tuple[1]
b=a_tuple[2]
print("i=%d,f=%f"%(i,f))
print("b=",b)
fp.close()
```

程序运行结果：

```
a_tuple= (12345, 2017.20166015625, False)
i=12345,f=2017.201660
b= False
```

（2）load() 方法　load() 方法的一般形式为：

```
load(文件对象)
```

其功能是从二进制文件中读取字符串，并将字符串转换为 Python 的数据对象，该方法返回还原后的字符串。例如：

```
>>> import pickle
>>> fp=open("e:\\file3.txt","rb")
>>> x=pickle.load(fp)
>>> fp.close()
>>> x                                      # 输出读出的数据
100
```

【例 6.5】读取例 6.3 写入的 string2.txt 文件内容。

分析：在例 6.3 中，向 string2.txt 文件中写入了一个整型、一个浮点型、一个布尔型数据，每次读取之后需要判断是否已读到文件末尾。

程序如下：

```
import pickle
fp=open("e:\\string2.txt","rb")
while True:
  n=pickle.load(fp)
  if(fp):
      print(n)
  else:
      break
fp.close()
```

程序运行结果：

```
12345
2017.2017
True
```

6.4 文件的定位

在实际问题中常要求只读写文件中某一段指定的内容，为了解决这个问题，可以移动文件内部的位置指针到需要读写的位置，再进行读写，这种读写称为随机读写。实现文件的随机读写关键是要按要求移动位置指针，这个过程称为文件的定位。Python 中文件的定位提供了以下几种方法。

1. tell() 方法

tell() 方法的一般形式为：

文件对象 . tell()

其功能是获取文件的当前指针位置，即相对于文件开始位置的字节数。例如：

```
>>> fp=open("e:\\file1.txt","r")
>>> fp.tell()                        # 文件打开之后指针位于文件的开始处，即位
                                     # 于第一个字符
0
>>> fp.read(10)                      # 从当前位置起读取 10 个字节内容
>>> fp.tell()                        # 返回读取 10 个字节内容之后的文件位置
10
```

2. seek() 方法

seek() 方法的一般形式为：

文件对象 . seek(offset,whence)

其功能把文件指针移动到相对于 whence 的 offset 位置。其中 offset 表示要移动的字节数，移动时以 offset 为基准，offset 为正数表示向文件末尾方向移动，为负数表示向文

件开头方向移动；whence 指定移动的基准位置，如果设置为 0 表示以文件开始处作为基准点，设置为 1 表示以当前位置为基准点，设置为 2 表示以文件末尾作为基准点。例如：

```
>>> fp=open("e:\\file1.txt","rb")        # 以二进制方式打开文件
>>> fp.read()                            # 读取整个文件内容，文件指针移动到文件
                                         # 末尾
b'PythonPython programming'
>>> fp.read()                            # 再次读取文件内容，返回空串
b''
>>> fp.seek(0, 0)                        # 以文件开始作为基准点，向文件末尾方向
                                         # 移动 0 个字节
0
>>> fp.read()                            # 文件指针移动之后再次读取
b'PythonPython programming'
>>> fp.seek(6,0)                         # 以文件开始作为基准点，向文件末尾方向移
                                         # 动 6 个字节
6
>>> fp.read()                            # 文件指针移动之后再次读取
b'Python programming'
>>> fp.seek(-11,2)                       # 以文件末尾作为基准点，向文件头方向移动
                                         # 11 个字节
13
>>> fp.read()                            # 文件指针移动之后再次读取
b'programming'
```

【例 6.6】编写程序，获取文件指针位置及文件长度。

程序如下：

```
filename=input(" 请输入文件名 :")
fp=open(filename,"r")                    # 以只读方式打开文件
curpos=fp.tell()                         # 获取文件当前指针位置
print("the begin of %s is %d"%(filename,curpos))
# 以文件末尾作为基准点，向文件头方向移动 0 字节，即文件指针移动到文件尾部
fp.seek(0,2)
length=fp.tell()
print("the end begin of %s is %d"%(filename,length))
```

6.5　与文件相关的模块

Python 模块（Module）是一个 Python 文件，以 .py 结尾，包含了 Python 对象定义和 Python 语句模块可以定义的函数、类和变量，模块里也可以包含可执行的代码。Python 中对文件、目录的操作需要用到 os 模块和 os.path 模块。

6.5.1　os 模块

Python 内置的 os 模块提供了访问操作系统服务功能，如文件重命名、文件删除、目

录创建、目录删除等。要使用 os 模块，需要先导入该模块，然后调用相关的方法。

表 6.5 列举了 os 模块中关于目录/文件操作的常用函数及其功能。

表 6.5　os 模块关于目录/文件操作的常用函数及其功能

函数名	函数功能
getcwd()	显示当前的工作目录
chdir（newdir）	改变当前工作目录
listdir（path）	列出指定目录下所有的文件和目录
mkdir（path）	创建单级目录
makedirs（path）	递归地创建多级目录
rmdir（path）	删除单级目录
removedirs（path）	递归地删除多级空目录，从子目录到父目录逐层删除，遇到目录非空则抛出异常
rename（old，new）	将文件或目录 old 重命名为 new
remove（path）	删除文件
stat（file）	获取文件 file 的所有属性
chmod（file）	修改文件权限
system（command）	执行操作系统命令
exec() 或 execvp()	启动新进程
osspawnv()	在后台执行程序
exit()	终止当前进程

下面介绍 os 模块中主要函数的使用方法。

1. getcwd()

功能：显示当前的工作目录。例如：

```
>>> os.getcwd()
'C:\\Users\\User\\AppData\\Local\\Programs\\Python\\Python35-32'
```

2. chdir（newdir）

功能：改变当前的工作目录。例如：

```
>>> os.chdir("e:\\")
>>> os.getcwd()
'e:\\'
```

3. listdir（path）

功能：列出指定目录下所有的文件和目录，参数 path 用于指定列举的目录。例如：

```
>>> os.listdir("c:\\")
['$360Section', '$Recycle.Bin', '1.dat', '360SANDBOX', 'Documents and
Settings', 'hiberfil.sys', 'Intel', 'kjcg8', 'LibAntiPrtSc_ERROR.log',
```

'LibAntiPrtSc_INFORMATION.log', 'MSOCache', 'pagefile.sys', 'PerfLogs',
'Program Files', 'Program Files (x86)', 'ProgramData', 'Python27',
'Recovery', 'System Volume Information', 'Users', 'Windows']

4. mkdir（path）

功能：创建单级目录，如果要创建的目录存在，则抛出 FileExistsError 异常（有关异常处理将在第 10 章介绍）。例如：

```
>>> os.mkdir("Python")
>>> os.mkdir("Python")
Traceback (most recent call last):
  File "<pyshell#7>", line 1, in <module>
    os.mkdir("Python")
FileExistsError: [WinError 183] 当文件已存在时，无法创建该文件。: 'Python'
makedirs(path)
```

5. makedirs（path）

功能：递归地创建多级目录，如果目录存在则抛出异常。例如：

```
>>> os.makedirs(r"e:\\aa\\bb\\cc")
```

创建目录结果如图 6.4 所示。

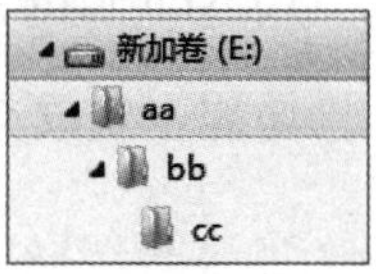

6. rmdir（path）

功能：删除单级目录，如果指定目录非空，则抛出 PermissionError 异常。例如：

图 6.4　makedirs（path）函数结果

```
>>> os.rmdir("e:\\Python")
>>> os.rmdir("e:\\Python")
Traceback (most recent call last):
  File "<pyshell#10>", line 1, in <module>
    os.rmdir("e:\\Python")
FileNotFoundError: [WinError 2] 系统找不到指定的文件。: 'e:\\Python'
>>> os.rmdir("e:\\")
Traceback (most recent call last):
  File "<pyshell#11>", line 1, in <module>
    os.rmdir("e:\\")
PermissionError: [WinError 32] 另一个程序正在使用此文件，进程无法访问。: 'e:\\'
```

7. removedirs（path）

功能：递归地删除多级空目录，从子目录到父目录逐层删除，遇到目录非空则抛出异常。例如：

```
>>> os.chdir("e:\\")
```

143

```
>>> os.getcwd()
'e:\\'
>>> os.removedirs(r"aa\bb\cc")
```

8. rename（old，new）

功能：将文件或目录 old 重命名为 new。例如：

```
>>>os.rename("a.txt","b,txt")          # 将文件 a.txt 重命名为 b.txt
```

9. remove（path）

功能：删除文件。如果文件不存在，抛出异常。例如：

```
>>> os.remove("b.txt")                 # 删除 b.txt 文件
>>> os.remove("b.txt")
Traceback (most recent call last):
  File "<pyshell#13>", line 1, in <module>
    os.remove("b.txt")
FileNotFoundError: [WinError 2] 系统找不到指定的文件。: 'b.txt'
```

10. stat（file）

功能：获取文件 file 的所有属性。例如：

```
>>> os.stat("string1.txt")
os.stat_result(st_mode=33206, st_ino=281474976749938, st_
dev=2391163256, st_nlink=1, st_uid=0, st_gid=0, st_size=9, st_
atime=1491662692, st_mtime=1491662692, st_ctime=1491662692)
```

6.5.2　os.path 模块

Python 中的 os.path 模块主要用于针对路径的操作。

表 6.6 列举了 os.path 模块中常用的函数及其功能。

表 6.6　os.path 模块中常用的函数及其功能

函数	说明
split（path）	分离文件名与路径，返回（f_path，f_name）元组
splitext（path）	分离文件名与扩展名
abspath（path）	获得文件的绝对路径
dirname（path）	去掉文件名，只返回目录路径
getsize（file）	获得指定文件的大小，返回值以字节为单位
getatime（file）	返回指定文件最近的访问时间
getctime（file）	返回指定文件的创建时间
getmtime（file）	返回指定文件最新的修改时间

（续）

函数	说明
basename（path）	去掉目录路径，只返回路径中的文件名
exists（path）	判断文件或者目录是否存在
islink（path）	判断路径是否为链接
isfile（path）	判断指定路径是否存在且是一个文件
isdir（path）	判断指定路径是否存在且是一个目录
isabs（path）	判断指定路径是否存在且是一个绝对路径
walk（path）	搜索目录下的所有文件

下面介绍 os.path 模块中主要函数的使用方法。

1. split（path）

功能：分离文件名与路径，返回（f_path，f_name）元组。如果 path 中是一个目录和文件名，则输出路径和文件名全部是路径；如果 path 中是一个目录名，则输出路径和空文件名。例如：

```
>>> os.path.split('e:\\program\\soft\\python\\')
('e:\\program\\soft\\python', '')
>>> os.path.split('e:\\program\\soft\\python')
('e:\\program\\soft','python')
```

2. splitext（path）

功能：分离文件名与扩展名。

```
>>> os.path.splitext('e:\\program\\soft\\python\\prime.py')
('e:\\program\\soft\\python\\prime','.py')
```

3. abspath（path）

功能：获得文件的绝对路径。

```
>>> os.path.abspath('prime.py')
'C:\\Users\\User\\AppData\\Local\\Programs\\Python\\Python35-32\\prime.py'
```

4. getsize（file）

功能：获得指定文件的大小，返回值以字节为单位。例如：

```
>>> os.chdir(r"e:\\")
>>> os.path.getsize('e:\\string1.txt')
9
```

145

5. getatime（file）

功能：返回指定文件最近的访问时间，返回值是浮点型秒数，可以使用 time 模块的 gmtime() 或 localtime() 函数换算。例如：

```
>>> os.path.getatime('e:\\string1.txt')
1491662692.6680775
>>> import time
>>> time.localtime(os.path.getatime('e:\\string1.txt'))
time.struct_time(tm_year=2017, tm_mon=4, tm_mday=8, tm_hour=22, tm_
min=44, tm_sec=52, tm_wday=5, tm_yday=98, tm_isdst=0)
```

6. exists（path）

功能：判断文件或者目录是否存在，返回值为 True 或 False。例如：

```
>>> os.path.exists("prime.py")
True
```

6.6 文件应用举例

【例 6.7】有两个磁盘文件 string1.txt 和 string2.txt，各存放一行字母，读取这两个文件中的信息并合并，然后再写到一个新的磁盘文件 string.txt 中。
程序如下：

```
fp=open("e:\\string1.txt","rt")
print("读取到文件 string1 的内容为:")
string1=fp.read()
print(string1)
fp.close()
fp=open("e:\\string2.txt","rt");
print("读取到文件 string2 的内容为:")
string2=fp.read()
print(string2)
fp.close()

string=string1+string2
print("合并后字符串内容为:\n",string)

fp=open("e:\\string.txt","wt");
fp.write(string)                #将字符串 string 的内容写到 fp 所指的文件中
print("已将该内容写入文件 string.txt 中! ");
fp.close()
```

【例 6.8】输入文件名，生成文件，生成随机数写入该文件，再读取文件内容。
程序如下：

```
import random
filename=input(" 请输入文件名 :")
line=""
fp=open(filename,"w")                                # 以写方式打开文件
for i in range(100):
    line+=' 编号 :'+str(random.random())+'\n'
    fp.write(line)                                    # 将字符串 line 写入文件
fp.close()
fp=open(filename,"r")                                 # 再次以读方式打开文件
lines=fp.read()
for s in lines.split('\n'):                           # 读取文件并按行输出
  print(s)
fp.close()
```

【例 6.9】将文件夹下所有图片名称加上 '_Python'。

程序如下：

```
import re
import os
import time


def change_name(path):
    global i
    if not os.path.isdir(path) and not os.path.isfile(path):
        return False
    if os.path.isfile(path):
        file_path = os.path.split(path)              # 分割出目录与文件
        lists = file_path[1].split('.')              # 分割出文件与文件扩展名
        file_ext = lists[-1]
        img_ext = ['bmp','jpeg','gif','psd','png','jpg']
        if file_ext in img_ext:
            os.rename(path,file_path[0]+'/'+lists[0]+'_ Python.'+file_
            ext)
            i+=1
    elif os.path.isdir(path):
        for x in os.listdir(path):
            change_name(os.path.join(path,x))


# 测试代码
img_dir = "f:\\qwer"
img_dir = img_dir.replace('\\','/')
start = time.time()
i = 0
change_name(img_dir)
c = time.time() - start
print(' 程序运行耗时 :%0.2f'%(c))
print(' 总共处理了 %s 张图片 '%(i))
```

6.7 本章小结

Python 对文件的处理非常灵活，提供了丰富的方法来操作文件和数据，不仅能处理普通意义上的磁盘文件，也能将任何具有文件类型接口的对象当作文件来处理。本章介绍了文件的类型、操作流程，文件打开与关闭、二进制文件和文本文件的读写、文件定位的方法，最后介绍了与文件有关的 os 模块和 os.path 模块。

习　　题

1. 填空题

（1）根据文件数据的组织方式，Python 的文件可分为_____文件和_____文件。

（2）使用 open() 函数打开一个二进制文件，该文件既能读又能写，则打开方式是_____。

（3）writelines() 函数操作的对象是_____。

（4）seek（0）将文件指针定位于_____。

（5）Python 标准库 os.path 模块中用来判断指定文件是否存在的函数是_____。

（6）如果以写入方式打开一个不存在的文件，会_____。

（7）读取整个文件的方法是_____，逐行读取文件的方法是_____。

2. 选择题

（1）以下关于文件的描述中，正确的是（　　）。

A. 使用 open() 打开文件时，必须要用 r 或 w 指定打开方式，不能省略

B. 采用 readlines() 可以读入文件中的全部文本，返回一个列表

C. 文件打开后，可以用 write() 控制对文件内容的读写位置

D. 如果没有采用 close() 关闭文件，Python 程序退出时文件将不会自动关闭

（2）关于 open() 函数的文件名，以下选项中描述错误的是（　　）。

A. 文件名不能是一个目录

B. 文件名对应的文件可以不存在，打开时不会报错

C. 文件名可以是相对路径

D. 文件名可以是绝对路径

（3）在 Python 中，写文件操作时定位到某个位置所用到的方法是（　　）。

A. write()　　　　B. writeall()　　　　C. seek()　　　　D. writetext()

（4）文件对象的读取数据方法 read（size）的含义是（　　）。

A. 从文件的 size 位置开始，到文件尾部结束，读取文件内容

B. 从文件中读取一行数据

C. 从文件中读取 size 行数据

D. 从文件当前位置开始，读取指定 size 大小的数据。如果 size 为负数或者空，则读取到文件结束。

（5）当已存在一个 abc.txt 文件时，执行函数 open("abc.txt","r+") 的功能是（　　）。

A. 打开 abc.txt 文件，清除原有的内容

B. 打开 abc.txt 文件，只能写入新的内容

C. 打开 abc.txt 文件，只能读取原有的内容

D. 打开 abc.txt 文件，可以读取和写入新的内容

3. 从键盘上输入一行字符，将其中的大写字母全部转换为小写字母，然后输出到一个磁盘文件中保存。

4. 建立一个文本文件，然后将文件中的内容读出，并将大写字母转换为小写字母，并重新写回文件。

5. 将字符串"Python Program"写入文件，查看文件的字节数。

6. 编写程序，将包含学生成绩的字典保存为二进制文件，然后进行文件读取内容并显示。

7. 递归地显示当前目录下所有的目录及文件。

第 7 章

NumPy 数值计算

NumPy（Numerical Python）是在 1995 年诞生的 Python 库 Numeric 基础上建立起来的，Numeric 最早由 Jim Hugunin 与其他协作者共同开发。2005 年，Travis Oliphant 在 Numeric 中结合了另一个同性质的程序库 Numarray 的特色，并加入了其他扩展而开发了 NumPy。

NumPy 是 Python 科学计算的核心库，为 Python 提供了高性能数组与矩阵运算处理能力，主要功能如下：

1）快速高效的多维数组对象 ndarray。

2）用于对数组执行元素级计算以及直接对数组执行数学运算的函数。

3）用于读写硬盘上给予数组的数据集的工具。

4）线性代数运算、傅里叶变化以及随机数生成。

5）整合 C、C++、Fortran 等高级程序设计语言，提供简单易用的 C 语言 API，使不同程序设计语言之间可以传递实验数据。

NumPy 是 Python 第三方库，使用之前应先导入库，常用的格式为：

```
import numpy as np
```

该命令的作用是导入 numpy 库并起别名，在后续的程序中，np 将代替 numpy。

7.1 数组对象

NumPy 中最重要的一个特点就是其 N 维数组对象，即 ndarray 对象，该对象具有矢量运算和复杂广播能力，可以执行一些科学计算。ndarray 对象是用于存放同类型元素的多维数组，每个元素在内存中都有相同存储大小的区域，能够运用向量化的运算处理整个数组，具有较高的运算效率。

7.1.1 数组创建

对于数组对象的创建，NumPy 提供了很多种方法。

1. 通过 array() 函数创建数组

创建数组最简单的方法就是使用 array() 函数。array() 函数可以创建一维或多维数组，将 Python 的列表、元组、字符串、数组或其他序列类型作为参数创建 ndarray 数组。

其一般形式为：

```
array(object[,dtype=None,copy=True,order='K',subok=False,ndmin=0])
```

其中参数：

object：表示要创建的数组，可以是序列、数组等。

dtype：表示数组所需的数据类型，如果缺省，则选择保存对象所需的最小类型，缺省时默认为 None。

copy：当数据源是数组时，表示该数组能否被复制，缺省时默认值是 True。

order：表示数组在内存中的布局，有 4 个可选值：{'K', 'A', 'C', 'F'}，K 为内存中的顺序，A 为任意顺序，C 为按行顺序，F 为按列顺序。

subok：表示是否需要返回一个基类数组，默认为 False。

ndmin：表示数组的最小维数。

【例 7.1】一维列表作为 array 参数。

```
import numpy as np
a_arr=np.array([1,2,3,4,5,6])
print(a_arr)
```

程序运行结果：

```
[1 2 3 4 5 6]
```

【例 7.2】数组作为 array 参数。

```
import numpy as np
b_arr=np.array([[1,2,3],[4,5, 6.0]])
print(b_arr)
```

程序运行结果：

```
[[1. 2. 3.]
 [4. 5. 6.]]
```

【例 7.3】元组作为 array 参数。

```
import numpy as np
c_arr=np.array((1,2,3,4,5,6))
print(c_arr)
```

程序运行结果：
```
[1 2 3 4 5 6]
```

【例 7.4】字符串作为 array 参数。

```
>>> import numpy as np
>>> d_arr=np.array('Python')
>>> d_arr
array('Python', dtype='<U6')
```

【例 7.5】字典作为 array 参数。

```
>>> import numpy as np
```

```
>>> e_arr=np.array({'Alice':95, 'Beth':79, 'Emily':95, 'Tom':65.5})
>>> e_arr
array({'Alice': 95, 'Beth': 79, 'Emily': 95, 'Tom': 65.5}, dtype=object)
```

【例 7.6】设置 dtype 参数。

```
import numpy as np
f_arr=np.array([1.2,2.5,3,4.6,5.7,6.8],dtype='int')
print(f_arr)
```

程序运行结果：

```
[1 2 3 4 5 6]
```

【例 7.7】设置 copy 参数。

```
import numpy as np
a_arr=np.array([1.2,2.5,3,4.6,5.7,6.8])
b_arr=np.array(a_arr)
print("id(a_arr):",id(a_arr),"id(b_arr):",id(b_arr))
c_arr=np.array(a_arr,copy=False)
print("id(a_arr):",id(a_arr),"id(c_arr):",id(c_arr))
```

程序运行结果：

```
id(a_arr): 57851936 id(b_arr): 146995664
id(a_arr): 57851936 id(c_arr): 57851936
```

说明：该程序中第 3 行创建 b_arr 数组，参数 copy 使用默认值 True，允许创建副本，b_arr 是 a_arr 数组的副本，数组 a_arr 和 b_arr 指向不同的内存地址。第 5 行创建 c_arr 数组，设置 copy 参数为 False，不会创建副本，数组 a_arr 和 c_arr 指向相同的内存地址，没有创建新的对象。

【例 7.8】设置 subok 参数。

```
import numpy as np
a_arr=np.mat([1,2,3,4,5,6])
print("a_arr:",type(a_arr))
b_arr=np.array(a_arr)
print("b_arr:",type(b_arr))
c_arr=np.array(a_arr,subok=True)
print("c_arr:",type(c_arr))
print("id(a_arr):",id(a_arr))
print("id(b_arr):",id(b_arr))
print("id(c_arr):",id(c_arr))
```

程序运行结果：

```
a_arr: <class 'numpy.matrix'>
b_arr: <class 'numpy.ndarray'>
```

```
c_arr: <class 'numpy.matrix'>
id(a_arr): 52725616
id(b_arr): 147724032
id(c_arr): 147672240
```

说明：程序第 2 行创建 a_arr 为矩阵，第 4 行创建 b_arr，参数 subok 使用默认值 False，第 6 行创建 c_arr，subok 值为 True，即 c_arr 保持 a_arr 类型。从运行结果可以看出，c_arr 与 a_arr 类型一致，b_arr 为新类型。程序 8 ~ 10 行分别输出 a_arr、b_arr 和 c_arr 的内存地址，从运行结果可以看出，b_arr 和 c_arr 均为 a_arr 的副本。

【例 7.9】设置 ndmin 参数。

```
import numpy as np
a_arr=np.array([1,2,3,4,5,6])
print(a_arr)
b_arr=np.array([1,2,3,4,5,6],ndmin=2)        # 设置数组的维数为 2
print(b_arr)
```

程序运行结果：

```
[1 2 3 4 5 6]
[[1 2 3 4 5 6]]
```

2. 通过 arange() 函数创建等差数组

arange() 函数功能类似于 range()，不同点在于返回结果类型不同，arange() 函数返回的是数组。

其一般形式为：

```
np.arange([start,]end,[step,]dtype=None)
```

其中参数 start 和 step 是可选的，start 表示开始，默认值为 0，end 表示结束，step 表示每次跳跃的间距，默认值为 1，dtype 含义同 array() 函数。

【例 7.10】使用 arange() 函数创建数组。

```
import numpy as np
a_arr=np.arange(5)                # 只有一个参数，参数值为 end
print("a_arr:",a_arr)
b_arr=np.arange(1,5)              # 有两个参数，参数值为 start 和 end
print("b_arr:",b_arr)
c_arr=np.arange(1,10,2)          # 有三个参数，参数值为 start、end 和 step
print("c_arr:",c_arr)
d_arr=np.arange(1,10,1.5)        # 有三个参数，步长为小数
print("d_arr:",d_arr)
```

程序运行结果：

```
a_arr: [0 1 2 3 4]
b_arr: [1 2 3 4]
```

```
c_arr: [1 3 5 7 9]
d_arr: [1.2.5  4.5.5  7.8.5]
       [1.  2.5  4.  5.5  7.  8.5]
```

3. 通过 zeros() 函数创建元素值都是 0 的数组

其一般形式为：

```
np.zeros(shape[,dtype=float,order='C'])
```

该函数返回一个给定形状和类型的用 0 填充的数组。其中参数 shape 表示数组的形状；dtype 是可选参数，默认值是 float64；order 也是可选参数，'C' 表示与 C 语言类似，行优先，'F' 表示列优先。

【例 7.11】使用 zeros() 函数创建数组。

```
import numpy as np
a_arr=np.zeros(5)                    # 创建一维全 0 数组
print("a_arr:\n",a_arr)
b_arr=np.zeros((2,4))                # 创建二维全 0 数组
print("b_arr:\n",b_arr)
c_arr=np.zeros((2,4,3),int)          # 创建三维全 0 数组，数据类型指定为 int
print("c_arr:\n",c_arr)
```

程序运行结果：

```
a_arr:
 [0. 0. 0. 0. 0.]
b_arr:
 [[0. 0. 0. 0.]
 [0. 0. 0. 0.]]
c_arr:
 [[[0 0 0]
  [0 0 0]
  [0 0 0]
  [0 0 0]]

 [[0 0 0]
  [0 0 0]
  [0 0 0]
  [0 0 0]]]
```

4. 通过 ones() 函数创建元素值都是 1 的数组

其一般形式为：

```
np.ones(shape[,dtype=float,order='C'])
```

该函数返回一个给定形状和类型的用 1 填充的数组。参数含义同 np.zeros() 函数。

【例 7.12】使用 ones() 函数创建数组。

```
import numpy as np
a_arr=np.ones(3,complex)              # 创建一维全 1 数组，指定数据类型为 complex
print("a_arr:\n",a_arr)
b_arr=np.ones((2,4))                  # 创建二维全 1 数组
print("b_arr:\n",b_arr)
```

程序运行结果：

```
a_arr:
 [1.+0.j 1.+0.j 1.+0.j]
b_arr:
 [[1. 1. 1. 1.]
 [1. 1. 1. 1.]]
```

5. 通过 empty() 函数创建数组

其一般形式为：

```
np.empty(shape[,dtype=float,order='C'])
```

该函数创建的数组仅分配了存储空间，元素值是随机的，且数据类型默认是 float64。参数含义同 np.zeros() 函数。

【例 7.13】使用 empty() 函数创建数组。

```
import numpy as np
a_arr=np.empty(3)
print("a_arr:\n",a_arr)
b_arr=np.empty((2,4),int)
print("b_arr:\n",b_arr)
```

程序运行结果：

```
a_arr:
 [2.11392372e-307 1.60216183e-306 7.56602523e-307]
b_arr:
 [[2128575739 1309500030 1661424176 1988385690]
 [1324770695      12290          0          0]]
```

6. 通过 linspace() 函数创建数组

其一般形式为：

```
np.linspace(start,end,num=50,endpoint=True,retstep=False,dtype=None)
```

该函数创建一个由等差数列构成的数组。其中参数 start 表示序列的起始值；end 表示终止值；num 表示要生成的等步长的样本数量，默认为 50；endpoint 值为 True 时，序列

155

中包含 end 值，为 False 时则不包含，默认值为 True；retstep 值为 True 时，生成的数组中会显示间距，反之不显示，默认值为 False；dtype 表示数组的数据类型。

【例 7.14】使用 linspace() 函数创建数组。

```
import numpy as np
a_arr=np.linspace(1,20)
print("a_arr:\n",a_arr)
b_arr=np.linspace(1,20,num=5,endpoint=False,retstep=True)
print("b_arr:\n",b_arr)
```

程序运行结果：

```
a_arr:
 [ 1.          1.3877551   1.7755102   2.16326531  2.55102041  2.93877551
   3.32653061  3.71428571  4.10204082  4.48979592  4.87755102  5.26530612
   5.65306122  6.04081633  6.42857143  6.81632653  7.20408163  7.59183673
   7.97959184  8.36734694  8.75510204  9.14285714  9.53061224  9.91836735
   10.30612245 10.69387755 11.08163265 11.46938776 11.85714286 12.24489796
   12.63265306 13.02040816 13.40816327 13.79591837 14.18367347 14.57142857
   14.95918367 15.34693878 15.73469388 16.12244898 16.51020408 16.89795918
   17.28571429 17.67346939 18.06122449 18.44897959 18.83673469 19.2244898
   19.6122449  20.        ]
b_arr:
 (array([ 1. ,  4.8,  8.6, 12.4, 16.2]), 3.8)
```

说明：程序第 2 行使用 linspace() 函数时指定了参数 start 和 end 值，其他参数全部使用默认值，创建的数组元素个数为 50；程序第 4 行创建数组 start 和 end 值与第 2 行相同，num 值为 5，即指定数组元素个数为 5，endpoint 值为 False，即序列不包含 end 值，retstep 值为 True，在数组输出时显示间距为 3.8。

7. 通过 logspace() 函数创建数组

其一般形式为：

```
np.logspace(start, end, num=50, endpoint=True, base=10.0, dtype=None)
```

该函数创建一个对数运算的等比数列数组。其中参数 base 表示对数 log 的底数，默认为 10，其余参数与 linspace() 函数参数相同。

【例 7.15】使用 logspace() 函数创建数组。

```
import numpy as np
a_arr=np.logspace(10,100,10)
print("a_arr:\n",a_arr)
b_arr=np.logspace(2,4,3,base=2)
print("b_arr:\n",b_arr)
```

程序运行结果：

```
a_arr:
 [1.e+010 1.e+020 1.e+030 1.e+040 1.e+050 1.e+060 1.e+070 1.e+080 1.e+090
 1.e+100]
b_arr:
 [ 4.  8. 16.]
```

8. 创建随机数数组

通过 NumPy 的随机数函数可以创建随机数数组，在 NumPy 的 random 模块中，提供了多个用于生成不同类型的随机生成函数，常用的见表 7.1。

表 7.1　随机数函数

函数	说　明
rand()	产生均匀分布的样本值
randint()	从指定的整数范围内随机抽取整数
randn()	从标准正态分布中随机抽取样本
random()	从指定的整数范围内随机抽取整数
seed()	随机数种子
permutation()	对一个序列随机排序，不改变原数组
shuffle()	对一个序列随机排序，改变原数组
uniform（low，high，size）	创建一个从均匀分布 [low，high）中随机采样，采样个数为 size 的数组
normal（loc，scale，size）	创建一个以 loc 为均值，以 scale 为标准差，形状为 size 的数组
possion（lam，size）	创建一个具有泊松分布的数组，lam 表示随机事件发生概率，形状为 size

（1）random() 函数　random() 函数在区间 [0，1）中生成均匀分布的随机数或随机数数组，其一般形式为：

```
np.random.random((d0, d1, ..., dn))
```

其中，参数（d0，d1，...，dn）为元组，可选。如果没有参数，则返回一个 float 型随机数。

【例 7.16】使用 random() 函数创建数组或产生随机数。

```
import numpy as np
a_arr=np.random.random()              # 缺省参数，产生一个 [0,1) 的随机数
print("a_arr:\n",a_arr)
b_arr=np.random.random((2,3))         # 创建 2*3 的二维数组
print("b_arr:\n",b_arr)
```

程序运行结果：

```
a_arr:
 0.9416316333371949
b_arr:
 [[0.33877594 0.95401294 0.77139567]
```

```
 [0.03194931 0.10198905 0.37465295]]
```

（2）rand() 函数　rand() 函数生成 [0,1) 区间中服从均匀分布的随机数或随机数数组，其一般形式为：

```
np.random.rand(d0, d1, ..., dn)
```

其中，参数 d0，d1，...，dn 为 int 型，可选。如果没有参数，则返回一个 float 型随机数。

【例 7.17】使用 rand() 函数创建数组或产生随机数。

```
import numpy as np
a_arr=np.random.rand()              # 缺省参数，产生一个 [0,1) 的随机数
print("a_arr:\n",a_arr)
b_arr=np.random.rand(2,3)           # 创建 2*3 的二维数组
print("b_arr:\n",b_arr)
```

程序运行结果：

```
a_arr:
 0.7594280446678919
b_arr:
 [[0.68473612 0.52552312 0.22994573]
 [0.01808128 0.99560031 0.71410923]]
```

（3）randn() 函数　randn() 函数创建一个指定形状的数组，数组中的值服从标准正态分布（均值为 0，方差为 1），其一般形式为：

```
np.random.randn(d0, d1, ..., dn)
```

其中，参数（d0，d1，...，dn）为 int 型，可选。如果没有参数，则返回一个服从正态分布的 float 型随机数。

【例 7.18】使用 randn() 函数创建数组或产生随机数。

```
import numpy as np
a_arr=np.random.randn()             # 缺省参数，产生一个随机数
print("a_arr:\n",a_arr)
b_arr=np.random.randn(2,3)          # 创建 2*3 的二维数组
print("b_arr:\n",b_arr)
```

程序运行结果：

```
a_arr:
 -0.23138551702438248
b_arr:
 [[-0.03878431 -0.02667405  0.14489851]
 [ 1.81674187 -1.1985719  -1.67512633]]
```

（4）randint() 函数　randint() 函数创建一个在区间 [low，high) 中随机抽取的整数组

成的数组，其一般形式为：

```
np.random.randint(low, high=None, size=None, dtype='l')
```

其中，low 和 high 为 int 型，指定抽样区间 [low，high)，如果 high 为 None，则抽样区间为 [0，low)；size 为数组维度大小，整型或整型元组，如果没有指定 size 大小，则返回一个 int 型随机数；dtype 为数据类型，默认是 int 型。

【例 7.19】使用 randint() 函数创建数组。

```
import numpy as np
a_arr=np.random.randint(100)            # 返回区间 [0,100) 中的随机数
print("a_arr:\n",a_arr)
b_arr=np.random.randint(1,10,size=(2,5)) # 数组抽样区间为 [1,10]
print("b_arr:\n",b_arr)
```

程序运行结果：

```
a_arr:
 29
b_arr:
 [[8 7 7 3 4]
 [3 1 2 5 8]]
```

（5）uniform() 函数　uniform() 函数创建一个从均匀分布 [low，high) 中随机采样的数组，采样个数为 size，其一般形式为：

```
np.random.uniform(low, high, size)
```

其中，low 和 high 为 float 型，low 默认值为 0.0，high 默认值为 1.0；size 为整型或整型元组，表示数组维度大小。

【例 7.20】使用 uniform() 函数创建数组。

```
import numpy as np
a_arr=np.random.uniform(size=5)               # 缺省 low 和 high，创建一维数组

print("a_arr:\n",a_arr)

b_arr=np.random.uniform(1,10,size=(2,5)) # 创建 2*5 的二维数组

print("b_arr:\n",b_arr)
```

程序运行结果：

```
a_arr:
 [0.92496782 0.66607912 0.66383224 0.67555398 0.40459855]
b_arr:
 [[9.06149162 3.19878086 1.78783851 4.87551192 9.2173324 ]
 [2.29202316 4.36748837 3.89615268 4.77064889 2.99041214]]
```

（6）normal() 函数　normal() 函数创建一个服从 loc 和 scale 的正态分布的数组，其

一般形式为：

```
np.random.normal(loc, scale, size)
```

其中，loc 为 float 型，指定均值大小，即对应分布中心，默认值为 0，表示以 Y 轴为对称轴的正态分布；scale 为 float 型，指定标准差大小，即对应分布的宽度，值越大宽度越宽；size 为数组维度大小，整型或整型元组，如果缺省，则返回一个随机数。

【例 7.21】使用 normal() 函数创建数组。

```
import numpy as np
a_arr=np.random.normal()            # 缺省 size，产生一个随机数
print("a_arr:\n",a_arr)
# 创建均值为 0，标准差为 1 的二维数组
b_arr=np.random.normal(size=(2,5))
print("b_arr:\n",b_arr)
```

程序运行结果：

```
a_arr:
0.9279352525549017
b_arr:
 [[ 0.97525077  1.60686154 -0.29005658 -2.17807301  0.71971385]
 [-0.33017792  1.89823936 -0.72117832 -0.26049094  0.76149852]]
```

7.1.2　数组属性

ndarray 对象中定义了一些重要的属性，使用 NumPy 中的函数创建数组后，可以查看数组属性。ndarray 对象常用属性见表 7.2。

表 7.2　ndarray 对象常用属性

属性	说明
ndim	数组轴的个数
shape	数组的维度
size	数组元素个数
dtype	数组中元素的数据类型
itemsize	数组中每个元素的字节大小

【例 7.22】查看数组的属性。

```
import numpy as np
a_arr=np.array([[1,2,3],[4,5, 6.0]])
print("a_arr:\n",a_arr)
print("数组轴的个数：",a_arr.ndim)
print("数组的维度：",a_arr.shape)
print("数组元素个数：",a_arr.size)
print("数组元素类型：",a_arr.dtype)
print("数组元素字节大小：",a_arr.itemsize)
```

程序运行结果：

```
a_arr:
 [[1. 2. 3.]
 [4. 5. 6.]]
数组轴的个数：2
数组的维度：(2, 3)
数组元素个数：6
数组元素类型：float64
数组元素字节大小：8
```

说明：每个线性的数组被称为轴，即维度。数组的维数称为秩，秩是轴的数量，也就是数组的维度，一维数组的秩为 1，二维数组的秩为 2，依次类推，如图 7.1 所示。

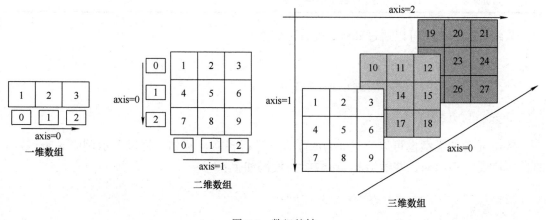

图 7.1　数组的轴

7.1.3　数组元素的类型

Python 虽然支持整型、浮点型和复数型等类型，但对于科学计算来说，仍然需要更多的数据类型来满足在精度和存储大小方面的各种不同要求。NumPy 提供了可用于多维数组的丰富的数据类型，表 7.3 列出了一些常用的 NumPy 数据类型。

表 7.3　NumPy 中可用于多维数组的数据类型

数据类型	描述
int8、uint8	有符号和无符号的 8 位整数
int16、uint16	有符号和无符号的 16 位整数
int32、uint32	有符号和无符号的 32 位整数
int64、uint64	有符号和无符号的 64 位整数
float16	半精度浮点数
float32	单精度浮点数

数据类型	描述
float64	双精度浮点数
float128	扩展精度浮点数
complex64	复数，分别用两个 32 位浮点数表示实部和虚部
complex128	复数，分别用两个 64 位浮点数表示实部和虚部
complex256	复数，分别用两个 128 位浮点数表示实部和虚部
bool	布尔型，取值为 True 和 False
object	Python 对象
string	固定长度的字符串类型
unicode	固定长度的 unicode 类型

数组元素的类型可以通过 dtype 查看。例如：

```
>>>import numpy as np
>>> a_arr=np.array([1,2,3,4,5,6])
>>> a_arr.dtype
dtype('int32')
```

数组元素的类型也可以通过 astype() 方法进行转换。例如，将以上示例中 a_arr 数组的类型转换成 float64，并赋给 b_arr 数组，代码如下：

```
>>> b_arr=a_arr.astype(np.float64)
>>> b_arr
array([1., 2., 3., 4., 5., 6.])
>>> b_arr.dtype
dtype('float64')
```

注意：如果将数组中的浮点型数据转换成整型，则小数部分会被舍去，不会进行四舍五入。

7.2　数组的基本操作

NumPy 提供了多种方法对数组进行操作，常用的有数组重塑、数组合并、数组分割和数组转置。

7.2.1　数组重塑

可以重塑数组的形状或维度，例如，可以将一个一维数组转换成二维数组，转换之后数组中的元素并不发生变化，但整体的形状发生变化，即维度发生了变化。

数组的形状由每个轴上元素的个数确定，NumPy 提供了多种方法和函数修改数组形状，常用方法见表 7.4。

表 7.4 数组重塑常用函数

函数	说 明
reshape()	不改变原数组的数据重塑数组形状
flatten()	将多维数组转换为一维数组
reval()	将多维数组转换为一维数组
transpos()	反转或排列数组的轴
resize()	调整数组的大小

1. reshape() 函数

reshape() 函数在不改变原数组数据的条件下重塑数组形状。其一般形式为：

```
np.reshape(array, newshape, order='C')
```

其中，参数 array 为要重塑形状的数组；newshape 为新数组的形状；order 为数组在内存中的布局。

【例 7.23】使用 reshape() 函数重塑数组形状。

```
import numpy as np

a_arr = np.arange(12)                        # 创建一维数组
print('a_arr 数组为: ',a_arr)
# 重塑 a_arr 数组的形状，并将返回的数组赋给 b_arr 数组
b_arr=a_arr.reshape(3,4)
print('b_arr 数组为: \n',b_arr)
print('a_arr 数组维度为: ',a_arr.ndim)        # 输出 a_arr 数组的维度
print('b_arr 数组维度为: ',b_arr.ndim)        # 输出 b_arr 数组的维度
```
程序运行结果：

```
a_arr 数组为: [ 0  1  2  3  4  5  6  7  8  9 10 11]
b_arr 数组为:
 [[ 0  1  2  3]
 [ 4  5  6  7]
 [ 8  9 10 11]]
a_arr 数组维度为: 1
b_arr 数组维度为: 2
```

说明：在进行数组形状重塑时，可以不指定行数或者列数，有以下两种情况：

1）参数 newshape 值为（x，-1）时，将原数组重塑成行数为 x、列数不规定的数组，具体列数按照总元素个数除以行数，均分得到。

2）参数 newshape 值为（-1，x）时，将原数组重塑成列数为 x、行数不规定的数组，具体行数按照总元素个数除以列数，均分得到。

2. flatten() 函数

flatten() 函数将多维数组降为一维数组。其一般形式为：

```
ndarray.flatten(order)
```

该函数返回一份数组复制，对复制的数组所做的修改不会影响原始数组。

其中，order 为数组在内存中的布局。

【例 7.24】使用 flatten () 函数重塑数组形状。

```
import numpy as np

a_arr = np.array([[1,2,3],[4,5,6]])                    # 创建二维数组
print('a_arr 数组为: \n',a_arr)
# 重塑 a_arr 数组的形状 ,order 为默认值 'C', 即横向展平
b_arr=a_arr.flatten()
print('b_arr 数组为: \n',b_arr)
# 重塑 a_arr 数组的形状 ,order 为 'F', 即纵向展平
c_arr=a_arr.flatten('F')
print('c_arr 数组为: \n',c_arr)
c_arr[0]=100                                           # 修改 c_arr[0] 的值
print('a_arr 数组为: \n',a_arr)                         # 输出 a_arr 数组
```

程序运行结果：

```
a_arr 数组为:
 [[1 2 3]
 [4 5 6]]
b_arr 数组为:
 [1 2 3 4 5 6]
c_arr 数组为:
 [1 4 2 5 3 6]
a_arr 数组为:
 [[1 2 3]
 [4 5 6]]
```

从第二次 a_arr 数组的输出结果可以看出，修改 c_arr[0] 的值，没有影响 a_arr 数组的值。

3. reval() 函数

reval() 函数将多维数组降为一维数组。其一般形式为：

```
np.reval(array, order)
```

该函数返回一份数组的视图，对视图修改会影响原始数组。

其中，参数与 reshape() 函数参数含义相同。

【例 7.25】使用 reval () 函数重塑数组形状。

```
import numpy as np

a_arr = np.array([[1,2,3],[4,5,6]])        # 创建二维数组
```

```
print('a_arr 数组为: \n',a_arr)
b_arr=np.ravel(a_arr)                       # 使用 reval () 展平 a_arr 数组
print('b_arr 数组为: \n',b_arr)
b_arr[0]=100                                 # 修改 b_arr[0] 的值
print('a_arr 数组为: \n',a_arr)              # 输出 a_arr 数组
```

程序运行结果:

```
a_arr 数组为:
 [[1 2 3]
 [4 5 6]]
b_arr 数组为:
 [1 2 3 4 5 6]
a_arr 数组为:
 [[100   2   3]
 [  4   5   6]]
```

从第二次 a_arr 数组的输出结果可以看出，通过修改 b_arr[0] 的值，使得 a_arr 数组的值也发生了改变。

7.2.2　数组合并

除了可以对数组形状进行重塑外，NumPy 也提供了对数组进行合并（组合）的函数。

1. concatenate() 函数

concatenate() 函数用于沿着指定轴组合相同形状的两个或多个数组。其一般形式为:

```
np.concatenate((array1, array2 ,…), axis)
```

其中，参数 array1，array2，…表示具有相同形状的数组。axis 表示合并的方向，默认为 0，表示逐行合并；如果为 1，则表示按列合并。

【例 7.26】使用 concatenate() 函数合并数组。

```
import numpy as np

a_arr = np.array([[1,2,3],[4,5,6]])          # 创建二维数组
print('a_arr 数组为: \n',a_arr)
b_arr=np.array([[7,8,9],[10,11,12]])         # 创建二维数组
print('b_arr 数组为: \n',b_arr)
c_arr=np.concatenate((a_arr,b_arr))          # 沿轴 0 连接数组
d_arr=np.concatenate((a_arr,b_arr),1)        # 沿轴 1 连接数组
print("沿轴 0 连接两个数组: \n",c_arr)
print("沿轴 1 连接两个数组: \n",d_arr)
```

程序运行结果:

```
a_arr 数组为:
 [[1 2 3]
```

```
  [4 5 6]]
b_arr 数组为:
  [[ 7  8  9]
  [10 11 12]]
沿轴 0 连接两个数组:
  [[ 1  2  3]
  [ 4  5  6]
  [ 7  8  9]
  [10 11 12]]
沿轴 1 连接两个数组:
[[ 1  2  3  7  8  9]
  [ 4  5  6  10 11 12]]
```

2. stack() 函数

stack() 函数用于沿新轴合并形状相同的数组,合并的新数组在原数组基础上增加一个维度。其一般形式为:

```
np.stack((array1, array2, …), axis)
```

其中,参数 array1,array2,…表示具有相同形状的数组,axis 表示沿着它进行数组的合并,默认为 0。

【例 7.27】使用 stack() 函数合并数组。

```
import numpy as np

a_arr = np.array([[1,2,3],[4,5,6]])        # 创建二维数组
print('a_arr 数组为: \n',a_arr)
b_arr=np.array([[7,8,9],[10,11,12]])       # 创建二维数组
print('b_arr 数组为: \n',b_arr)
c_arr=np.stack((a_arr,b_arr))              # 沿轴 0 连接数组
d_arr=np.stack((a_arr,b_arr),1)            # 沿轴 1 连接数组
print("沿轴 0 连接两个数组: \n",c_arr)
print("沿轴 1 连接两个数组: \n",d_arr)
```

程序运行结果:

```
a_arr 数组为:
  [[1 2 3]
  [4 5 6]]
b_arr 数组为:
  [[ 7  8  9]
  [10 11 12]]
沿轴 0 连接两个数组:
  [[[ 1  2  3]
   [ 4  5  6]]
  [[ 7  8  9]
```

```
         [10 11 12]]]
```
沿轴 1 连接两个数组：
```
[[[ 1  2  3]
  [ 7  8  9]]
 [[ 4  5  6]
  [10 11 12]]]
```

3. hstack() 函数

hstack() 函数是 stack() 函数的变体，通过水平堆叠来生成数组。

4. vstack() 函数

vstack() 函数也是 stack() 函数的变体，通过垂直堆叠来生成数组。

【例 7.28】使用 hstack() 和 vstack() 函数合并数组。

```
import numpy as np

a_arr = np.array([[1,2,3],[4,5,6]])          # 创建二维数组
print('a_arr 数组为：\n',a_arr)
b_arr=np.array([[7,8,9],[10,11,12]])         # 创建二维数组
print('b_arr 数组为：\n',b_arr)
c_arr=np.hstack((a_arr,b_arr))               # 水平合并
d_arr=np.vstack((a_arr,b_arr))               # 垂直合并
print("水平合并：\n",c_arr)
print("垂直合并：\n",d_arr)
```

程序运行结果：

```
a_arr 数组为：
 [[1 2 3]
 [4 5 6]]
b_arr 数组为：
 [[ 7  8  9]
 [10 11 12]]
水平合并：
 [[ 1  2  3  7  8  9]
 [ 4  5  6 10 11 12]]
垂直合并：
 [[ 1  2  3]
 [ 4  5  6]
 [ 7  8  9]
 [10 11 12]]
```

7.2.3 数组分割

NumPy 数组可以进行水平、垂直或深度分割。

167

1. split() 函数

split() 函数沿特定轴将数组分割为子数组。其一般格式为：

```
np.split(ary, indices_or_sections, axis)
```

其中，参数 ary 为被分割的数组；indices_or_sections 类型为 int 或者一维数组，如果为 int 型，则使用该数平均切分，如果为数组，则为沿轴的位置进行切分；axis 表示沿哪个维度进行切分，默认值为 0，表示横向切分，为 1 时表示纵向切分。

2. hsplit() 函数

hsplit() 函数用于水平分割数组，通过指定要返回的相同形状的数组数量来拆分原始数组。其一般格式为：

```
np.hsplit(ary, indices_or_sections)
```

3. vsplit() 函数

vsplit() 函数用于垂直分割数组。其一般格式为：

```
np.vsplit(ary, indices_or_sections)
```

【例 7.29】使用 split().hsplit() 和 vsplit() 函数分割数组。

```python
import numpy as np

a_arr=np.array([[1,2,3,4,5,6],[7,8,9,10,11,12]])           # 创建二维数组
print('a_arr 数组为: \n',a_arr)
# 分割数组，参数 axis 为默认值 0，表示横向切分
b_arr=np.split(a_arr,2)
c_arr=np.hsplit(a_arr,3)                                    # 水平分割数组
d_arr=np.vsplit(a_arr,2)                                    # 垂直分割数组
print(" 使用 split 函数分割: \n",b_arr)
print(" 水平分割: \n",c_arr)
print(" 垂直分割: \n",d_arr)
```

程序运行结果：

```
a_arr 数组为:
 [[ 1  2  3  4  5  6]
 [ 7  8  9 10 11 12]]
使用 split 函数分割:
 [array([[1, 2, 3, 4, 5, 6]]), array([[ 7,  8,  9, 10, 11, 12]])]
水平分割:
 [array([[1, 2],
        [7, 8]]), array([[ 3,  4],
        [ 9, 10]]), array([[ 5,  6],
        [11, 12]])]
```

垂直分割：
```
[array([[1, 2, 3, 4, 5, 6]]), array([[ 7,  8,  9, 10, 11, 12]])]
```

7.2.4 数组转置

数组的转置指的是将数组中的每个元素按照一定的规则进行位置变换。

NumPy 提供了 T 属性和 transpose() 两种实现方式。其中简单的转置可以使用 T 属性，其实质就是进行轴对换。

1. T 属性

【例 7.30】使用 T 属性对数组进行转置。

```
import numpy as np

a_arr=np.arange(12).reshape(3,4)
print('a_arr 数组为：\n',a_arr)
b_arr=a_arr.T                              # 使用 T 属性对 a_arr 数组进行转置
print(' 转置后的数组为：\n',format(b_arr))
```

程序运行结果：

```
a_arr 数组为：
 [[ 0  1  2  3]
 [ 4  5  6  7]
 [ 8  9 10 11]]
转置后的数组为：
 [[ 0  4  8]
 [ 1  5  9]
 [ 2  6 10]
 [ 3  7 11]]
```

在该例中，3×4 的数组，在使用 T 属性进行转置后，得到了 4×3 的数组。

2. transpose() 函数

transpose() 函数用于对换数组的维度，一般形式如下：

```
numpy.transpose(arr, axes)
```

其中，arr 为要转置的数组，axes 为整数列表，对应维度，通常所有维度都会对换。

【例 7.31】使用 transpose() 函数转置数组。

```
import numpy as np

a_arr=np.arange(12).reshape(3,4)
print('a_arr 数组为：\n',a_arr)
b_arr=np.transpose(a_arr)
print(' 转置后的数组为：\n',format(b_arr))
```

程序运行结果：

a_arr 数组为：
```
[[ 0  1  2  3]
 [ 4  5  6  7]
 [ 8  9 10 11]]
```
转置后的数组为：
```
[[ 0  4  8]
 [ 1  5  9]
 [ 2  6 10]
 [ 3  7 11]]
```

程序第 5 行，transpose() 函数的第二个参数省略，执行效果与 T 属性转置等价。

对于高维度的数组，transpose() 函数需要得到一个由轴编号组成的元组，才能对这些数组进行转置。

【例 7.32】使用 transpose() 函数转置数组。

```
import numpy as np

a_arr=np.arange(12).reshape(2,2,3)
print('a_arr 数组为：\n',a_arr)
b_arr=np.transpose(a_arr,(1,2,0))
print(' 转置后的数组为：\n',b_arr)
```

程序运行结果：

a_arr 数组为：
```
[[[ 0  1  2]
  [ 3  4  5]]

 [[ 6  7  8]
  [ 9 10 11]]]
```
转置后的数组为：
```
[[[ 0  6]
  [ 1  7]
  [ 2  8]]

 [[ 3  9]
  [ 4 10]
  [ 5 11]]]
```

例 7.32 中第 5 行程序也可以使用 transpose() 方法，即 b_arr=a_arr.transpose（（1，2，0）），运行结果与调用 transpose() 函数相同。

3. swapaxes()

在某些情况下，可能只需要转换数组其中的两个轴，这时可以使用 swapaxes() 函数实现，该方法需要接收一对轴编号。

swapaxes() 函数的一般形式为：

```
np. swapaxes(arr, axis1, axis2)
```

其中，arr 表示要转置的数组，axis1 为第一个轴的整数，axis2 为第二个轴的整数。
【例 7.33】使用 swapaxes() 函数转置数组。

```
import numpy as np

a_arr=np.arange(12).reshape(2,2,3)
print('a_arr 数组为: \n',a_arr)
# 使用 swapaxes 函数交换 a_arr 数组的轴 0 和轴 1
b_arr=np.swapaxes(a_arr,1,0)
print(' 转置后的数组为: \n',b_arr)
```

程序运行结果：

```
a_arr 数组为:
 [[[ 0  1  2]
  [ 3  4  5]]

 [[ 6  7  8]
  [ 9 10 11]]]
转置后的数组为:
 [[[ 0  1  2]
  [ 6  7  8]]

 [[ 3  4  5]
  [ 9 10 11]]]
```

7.3 数组的索引和切片

在数据分析中经常会选取符合条件的数据，NumPy 中通过数组的索引和切片进行数组元素的选取。

7.3.1 一维数组的索引和切片

ndarray 对象中一维数组的索引和切片类似于列表。
【例 7.34】一维数组的索引和切片。

```
import numpy as np

a_arr=np.arange(0,10)                          # 创建一维数组
print('a_arr 数组为: \n',a_arr)
print("a_arr[0]:",a_arr[0])                    # 索引操作
print("a_arr[-1]:",a_arr[-1])                  # 索引操作
print("a_arr[::]:",a_arr[::])                  # 切片操作，得到数组全部元素
```

```
print("a_arr[1::]:",a_arr[1::])            # 切片操作，从下标 1 开始到结束
print("a_arr[0:9:3]:",a_arr[0:9:3])        # 切片操作，使用步长
print("a_arr[9:1:-2]:",a_arr[9:1:-2])      # 切片操作，步长为负数
```

程序运行结果：

```
a_arr 数组为：
 [0 1 2 3 4 5 6 7 8 9]
a_arr[0]: 0
a_arr[-1]: 9
a_arr[::]: [0 1 2 3 4 5 6 7 8 9]
a_arr[1::]: [1 2 3 4 5 6 7 8 9]
a_arr[0:9:3]: [0 3 6]
a_arr[9:1:-2]: [9 7 5 3]
```

数组的切片获得的是原始 ndarray 对象的视图，并不会产生新数据，因此对切片的修改即对原始 ndarray 对象的修改。

7.3.2　多维数组的索引和切片

对于多维数组，索引和切片的使用方式与列表不同。在二维数组中，每个索引位置上的元素不再是一个标量，而是一个一维数组。

【例 7.35】二维数组的索引。

```
import numpy as np

a_arr=np.array([[1,2,3],[4,5,6],[7,8,9]])   # 创建二维数组
print('a_arr 数组为: \n',a_arr)
print("a_arr[0]:",a_arr[0])                 # 获取索引为 0 的元素
```

程序运行结果：

```
a_arr 数组为：
 [[1 2 3]
 [4 5 6]
 [7 8 9]]
a_arr[0]: [1 2 3]
```

从运行结果可以看出，获取的二维数组中索引为 0 的元素是一个一维数组。

如果想通过索引方式获取二维数组的单个元素，则需要通过形如"数组名 [行号，列号]"这样的方式。例如，对于例 7.35 中创建的 a_arr 数组，使用" a_arr[0, 1]"获取第 0 行第 1 列元素。数组 a_arr 是一个 3 行 3 列的数组，元素的索引如图 7.2 所示。如果要获取单个元素，必须同时指定行号和列号。

多维数组的切片是沿着某一个轴的方向读取元素，每个轴一个索引，当提供的索引数少于轴数时，缺少的索引将被视为完整切片，第一个数表示行，第二个数表示列，中间用逗号隔开。

	第0列	第1列	第2列
第0行	0, 0	0, 1	0, 2
第1行	1, 0	1, 1	1, 2
第2行	2, 0	2, 1	2, 2

图 7.2　数组 a_arr 的元素索引

【例 7.36】二维数组的切片。

```
import numpy as np

a_arr=np.array([[1,2,3],[4,5,6],[7,8,9]])           # 创建二维数组
print('a_arr 数组为: \n',a_arr)
# 对数组进行索引操作
print("a_arr[:2] 切片 \n",a_arr[:2])                # 传入一个切片
print("a_arr[:2,:2] 切片 \n",a_arr[:2,:2])          # 传入两个切片
print("a_arr[1,1:2] 切片 \n",a_arr[1,1:2])          # 整数索引与切片混合使用
```

程序运行结果:

```
a_arr 数组为:
 [[1 2 3]
 [4 5 6]
 [7 8 9]]
a_arr[:2] 切片
 [[1 2 3]
 [4 5 6]]
a_arr[:2,:2] 切片
 [[1 2]
 [4 5]]
a_arr[1,1:2] 切片
 [5]
```

例 7.36 中数组及切片操作示意图如图 7.3 所示。图 7.3b ～ d 中阴影部分表示切片结果, 图 7.3c、d 中虚线部分分别表示行索引和列索引的结果。

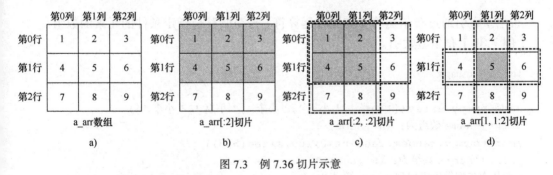

图 7.3　例 7.36 切片示意

7.3.3　花式索引

花式索引是指将整数数组或列表作为索引, 根据数组或列表的每个元素作为目标数组的下标进行取值。

当使用一维数组或列表作为索引时, 如果使用索引要操作的对象是一维数组, 则获取的结果是对应下标的元素, 如果使用索引要操作的目标对象是二维数组, 则索引结果是对应下标的一行数据。

如果用两个花式索引操作数组，则会将第 1 个作为行索引，第 2 个作为列索引，以二维数组索引的方式选取其对应位置的元素。

【例 7.37】花式索引。

```
import numpy as np

a_arr=np.array([[1,2,3,4],[5,6,7,8],[9,10,11,12]])    # 创建二维数组
print('a_arr 数组为：\n',a_arr)
# 对数组进行索引操作
print("a_arr[1,2] 花式索引：\n",a_arr[[1,2]])
print("a_arr[[1,2],[1,2]] 花式索引：\n",a_arr[[1,2],[1,2]])
```

程序运行结果：

```
a_arr 数组为：
 [[ 1  2  3  4]
 [ 5  6  7  8]
 [ 9 10 11 12]]
a_arr[1,2] 花式索引：
 [[ 5  6  7  8]
 [ 9 10 11 12]]
a_arr[[1,2],[1,2]] 花式索引：
 [ 6 11]
```

在例 7.37 中，第 6 行使用一个数组作为花式索引，第 7 行使用两个数组作为花式索引。

7.3.4　布尔型索引

布尔型索引通过布尔运算（如比较运算符）来获取符合指定条件的元素的数组。

【例 7.38】布尔型索引。

```
import numpy

name=numpy.array([' 小张 ',' 小王 ',' 小李 ',' 小赵 ',' 小李 '])
print('name 数组为：\n',name)
score=numpy.random.randint(0,100,size=(5,3))
print('score 数组为：\n',score)
# 使用布尔型数组应用到 score 数组中
print('name 为小李对应的分数为：\n',score[name==' 小李 '])
```

程序运行结果：

```
name 数组为：
 [' 小张 ' ' 小王 ' ' 小李 ' ' 小赵 ' ' 小李 ']
score 数组为：
 [[82  6 47]
 [13 35 15]
```

```
 [83 62 87]
 [86 40 99]
 [65 64 69]]
name 为小李对应的分数为：
 [[83 62 87]
 [65 64 69]]
```

例 7.38 中，第 8 行程序中 "name==' 小李 '" 产生一个布尔型数组 [False False True False True]，然后将这个布尔型数组应用于 score 这个数组中，返回布尔型数组中值为 True 值对应的行。

注意：布尔型数组的长度必须与目标数组对应的轴的长度一致。

使用布尔型索引获取值的时候，除了可以使用 " == " 运算符，还可以使用 " != " 和 " ~ " 运算符进行否定运算，也可以使用 " & " " | " 等运算符连接多个表达式，进行更加复杂的布尔型操作。

说明：

1）布尔型索引是通过相同数据上的 True 或 False 来进行提取的。

2）提取条件可以为一个或多个，当提取条件为多个时使用 " & " 代表且，使用 " | " 代表或。

3）当提取条件为多个时，每个条件要使用圆括号括起来。

7.4　数组运算

NumPy 不需要使用循环遍历，即可对数组元素执行批量算术运算，这个过程被称为矢量化运算。如果两个数组的形状不同，则它们进行算术运算时会出现广播机制。除此之外，数组还支持使用算术运算符与标量进行运算。

7.4.1　矢量化运算

在 NumPy 中，大小相同的数组之间的任何算术运算都会应用到元素级，即只用于位置相同的元素之间，所得到的运算结果组成一个新的数组。

【例 7.39】矢量化运算。

```
import numpy

a_arr=numpy.array([[1,2,3],[4,5,6]])
b_arr=numpy.array([[7,8,9],[10,11,12]])
print('a_arr 数组为: \n',a_arr)
print('b_arr 数组为: \n',b_arr)
c_arr=a_arr+b_arr
print('a_arr+b_arr 得到的 c_arr 数组为: \n',c_arr)
```

程序运行结果：

```
a_arr 数组为:
 [[1 2 3]
```

```
 [4 5 6]]
b_arr 数组为:
 [[ 7  8  9]
 [10 11 12]]
a_arr+b_arr 得到的 c_arr 数组为:
 [[ 8 10 12]
 [14 16 18]]
```

在该例中，数组 a_arr 和 b_arr 形状相同，均为（2，3），在进行 c_arr=a_arr+b_arr 运算时，c_arr 数组中的元素为对应位置 a_arr 和 b_arr 元素进行相加的结果。

7.4.2　数组广播

数组在进行矢量化运算时，要求数组的形状是相同的。当数组形状不同时，也能够进行算术运算，此时会用到广播机制，该机制会对数组进行扩展，较小的数组会被广播到较大数组的形状，以便参与运算的数组形状可兼容。

【例 7.40】数组广播。

```
import numpy

a_arr=numpy.array([[1],[2]])
b_arr=numpy.array([1,2,3])
print('a_arr 数组为: \n',a_arr)
print('b_arr 数组为: \n',b_arr)
print('a_arr*b_arr: \n',a_arr*b_arr)
```

程序运行结果:

```
a_arr 数组为:
 [[1]
 [2]]
b_arr 数组为:
 [1 2 3]
a_arr*b_arr:
 [[1 2 3]
 [2 4 6]]
```

例 7.40 中，数组 a_arr 的形状为（2，1），b_arr 的形状为（1，3），这两个数组进行相乘运算时，广播机制会将数组 a_arr 和 b_arr 都进行扩展，使这两个数组的形状均为（2，3）。图 7.4 是该例的扩展及计算过程。

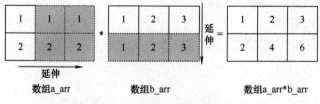

图 7.4　例 7.40 数组广播机制

7.4.3 数组和标量间的运算

当数组进行加、减、乘或除一个数字时，这些被称为标量运算。标量运算会产生一个与数组具有相同数量的行和列的新矩阵，其原始矩阵的每个元素都被相加、相减、相乘或者相除。

【例 7.41】数组与标量间的运算。

```
import numpy

a_arr=numpy.array([[1,2,3],[4,5,6]])
x=10
print('a_arr 数组为: \n',a_arr)
print('x=%d'%x)
b_arr=a_arr+x
print('a_arr+x 得到的 b_arr 数组为: \n',b_arr)
```

程序运行结果：

```
a_arr 数组为:
 [[1 2 3]
 [4 5 6]]
x=10
a_arr+x 得到的 b_arr 数组为:
 [[11 12 13]
 [14 15 16]]
```

7.5 NumPy 通用函数

NumPy 中提供了一些对 ndarray 中的数据执行元素级运算的函数，可以方便地进行数值运算，如"sin""cos""log"等，这些常见的函数被称为通用函数（ufunc）。通用函数是一种针对 ndarray 中的数据执行元素级运算的函数，函数返回的是一个新的数组。通常情况下，将 ufunc 中接收一个数组参数的函数称为一元通用函数，接收两个数组参数的则称为二元通用函数。常见的一元通用函数和二元通用函数分别见表 7.5、表 7.6。

表 7.5 常见的一元通用函数

函数	描述
abs()、fabs()	计算整数、浮点数或复数的绝对值
sqrt()	计算各元素的平方根
square()	计算各元素的二次方
exp()	计算各元素的指数 e^x
log()	计算自然对数（底数为 e）
log10()	计算底数为 10 的对数
log2()	计算底数为 2 的对数

（续）

函数	描述
log1p()	计算 log（1+x）的对数
sign()	计算各元素的正负号：1 为正数、0 为 0、−1 为负数
ceil()	计算各元素的 ceiling 值，即大于等于该值的最小整数
floor()	计算各元素的 floor 值，即小于等于该值的最大整数
around()	将各元素浮点数取整到最近的整数，但不改变浮点数类型
rint()	将各元素浮点数取整到最近的整数，但不改变浮点数类型
modf()	将数组的小数和整数部分以两个独立数组的形式返回
isnan()	返回一个表示"哪些值是 NaN（不是一个数）"的布尔型数组
isfinite()	返回表示"哪些元素是有穷的"布尔型数组，即判断元素是否是有限的数
isinf()	返回表示"哪些元素是无穷的"布尔型数组，即判断元素是否无限大
sin()、sinh()、cos()、cosh()、tan()、tanh()	三角函数
arccos()、arccosh()、arcsin()、arcsinh()、arctan()、arctanh()	反三角函数

表 7.6　常见的二元通用函数

函数	描述
add()	数组中对应的元素相加
subtract()	数组中对应的元素相减
dot()	叉积，数组和矩阵对应位置相乘
multiply()	点积，矩阵对应元素相乘，要求矩阵维度相同
*	点积，数组对应元素相乘，必要时使用广播规则
divide()	数组中对应的元素相除
floor_divide()	数组中对应的元素向下整除（舍去余数）
maximum()	数组对应元素比较取其大者，返回一个数组
minimum()	数组对应元素比较取其小者，返回一个数组
mod()	元素级的求模计算
copysign()	将第二个数组中的值的符号赋值给第一个数组的对应元素
greater()	数组对应元素进行比较运算，返回布尔型数组，相当于运算符 >
greater_equal()	数组对应元素进行比较运算，返回布尔型数组，相当于运算符 ≥
less()	数组对应元素进行比较运算，返回布尔型数组，相当于运算符 <
less_equal()	数组对应元素进行比较运算，返回布尔型数组，相当于运算符 ≤
equal()	数组对应元素进行比较运算，返回布尔型数组，相当于运算符 ==
not_equal()	数组对应元素进行比较运算，返回布尔型数组，相当于运算符 !=
logical_and()	数组对应元素进行逻辑与运算，得到布尔型数组
logical_or()	数组对应元素进行逻辑或运算，得到布尔型数组
logical_xor()	数组对应元素进行逻辑异或运算，得到布尔型数组

【例 7.42】求二次方根、二次方函数的应用。

```
import numpy as np

a_arr=np.array([1,4,9,16])
b_arr=np.sqrt(a_arr)
c_arr=np.square(a_arr)
print('原数组：',a_arr)
print('求二次方根：',b_arr)
print('求二次方：',c_arr)
```

程序运行结果：

```
原数组：[ 1  4  9 16]
求二次方根：[1. 2. 3. 4.]
求二次方：[  1  16  81 256]
```

【例 7.43】ceil()、floor() 函数的应用。

```
import numpy as np
a_arr=np.array([-0.3,-1.6,1,1.8,2.1])
b_arr=np.ceil(a_arr)
c_arr=np.floor(a_arr)
print('原数组：',a_arr)
print('ceil 后的数组：',b_arr)
print('floor 后的数组：',c_arr)
```

程序运行结果：

```
原数组：[-0.3 -1.6  1.   1.8  2.1]
ceil 后的数组：[-0. -1.  1.  2.  3.]
floor 后的数组：[-1. -2.  1.  1.  2.]
```

【例 7.44】三角函数、反三角函数的应用。

```
import numpy as np

a_arr=np.array([0,30,45,60,90])
b_arr=a_arr*np.pi/180                      # 将数组元素中的角度转换为弧度
print('正弦值：',np.sin(b_arr))
print('余弦值：',np.cos(b_arr))
print('正切值：',np.tan(b_arr))
c_arr=np.arcsin(np.sin(b_arr))             # 先求正弦后再求反正弦
print('先正弦再反正弦',c_arr*180/np.pi)    # 将弧度转换为角度
```

程序运行结果：

```
正弦值：[0.         0.5        0.70710678 0.8660254  1.        ]
余弦值：[1.00000000e+00 8.66025404e-01 7.07106781e-01 5.00000000e-01
 6.12323400e-17]
```

正切值：[0.00000000e+00 5.77350269e-01 1.00000000e+00 1.73205081e+00
  1.63312394e+16]
先正弦再反正弦 [0. 30. 45. 60. 90.]

【例 7.45】add()、subtract()、multiply() 和 divide() 函数的应用。

```
import numpy as np

a_arr=np.array([1,2,3,4,5])
b_arr=np.array([6,7,8,9,10])
print('相加: ',np.add(a_arr,b_arr))
print('相减: ',np.subtract(a_arr,b_arr))
print('相乘: ',np.multiply(a_arr,b_arr))
print('相除: ',np.divide(a_arr,b_arr))
```

程序运行结果：

```
相加: [ 7  9  11  13  15]
相减: [-5  -5  -5  -5  -5]
相乘: [ 6  14  24  36  50]
相除: [0.16666667  0.28571429  0.375       0.44444444  0.5         ]
```

7.6 线性代数运算

在 NumPy 中，数组的运算大多是元素级的，例如，使用"*"进行数组相乘的结果是各对应元素的乘积组成的数组，但是矩阵相乘使用的是点积，NumPy 提供了用于矩阵乘法的 dot() 函数。另外，NumPy 的 linalg 模块提供了进行线性代数运算的函数，使用该模块，可以求特征值、计算逆矩阵、解线性方程组、求解行列式等。linalg 模块中的常用函数见表 7.7。

表 7.7   linalg 模块中的常用函数

函数	描述
dot()	计算两个数组的点积，即对应元素相乘
vdot()	计算两个向量的点积
det()	计算矩阵行列式
solve()	求解线性矩阵方程
inv()	计算矩阵的乘法逆矩阵
eig()	计算方阵的特征值和特征向量

7.6.1 数组相乘

1. dot() 函数

dot() 函数的一般形式为：

```
numpy.dot(a, b, out=None)
```

参数说明如下：

a：ndarray 数组。

b：ndarray 数组。

out：ndarray 数组，为可选项，用来保存 dot() 函数的计算结果。

对于一维数组，dot() 函数计算的是两个数组对应下标元素的乘积和；对于二维数组，dot() 函数计算的是两个数组的矩阵乘积。矩阵点积的条件是矩阵 A 的列数等于矩阵 B 的行数，假设 A 为 $m \times p$ 的矩阵，B 为 $p \times n$ 的矩阵，那么矩阵 A 与 B 的乘积就是一个 $m \times n$ 的矩阵 C，其中矩阵 C 的第 i 行第 j 列的元素可以表示为：

$$(\boldsymbol{A}, \boldsymbol{B})_{ij} = \sum_{k=1}^{p} a_{ik} b_{kj} = a_{i1} b_{1j} + a_{i2} b_{2j} + \cdots + a_{ip} b_{pj}$$

该方法使用示例如下：

```
>>> a_arr=np.array([[1,2,3],[4,5,6]])
>>> b_arr=np.array([[1,2],[3,4],[5,6]])
>>> c_arr=np.dot(a_arr,b_arr)
>>> print(c_arr)
[[22 28]
 [49 64]]
```

矩阵 a_arr 和 b_arr 的乘积如图 7.5 所示。

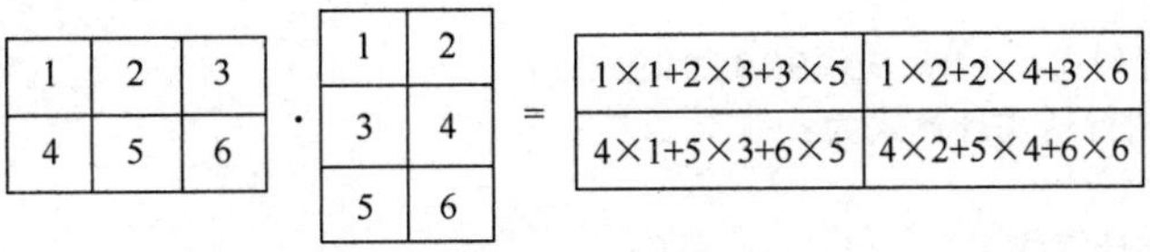

图 7.5　矩阵 a_arr 和 b_arr 的乘积

181

2. vdot() 函数

vdot() 函数计算两个数组的点积。如果第一个参数是复数，那么它的共轭复数会用于计算；如果参数是多维数组，则会被展开。

该方法使用示例如下：

```
>>> a_arr=np.array([[1,2,3],[4,5,6]])
>>> b_arr=np.array([[1,2],[3,4],[5,6]])
>>> c_arr=np.vdot(a_arr,b_arr)
>>> print(c_arr)
91
```

该示例的计算式为：

```
1*1+2*2+3*3+4*4+5*5+6*6=91
```

7.6.2 矩阵行列式

det() 函数用于计算矩阵的行列式，该函数从方阵的对角元素进行计算。对于 2×2 的矩阵，函数计算结果是左上和右下元素的乘积与其余两个元素的乘积的差。即对于矩阵 [[a，b]，[c，d]]，行列式计算公式为 a*d−b*c。较大的方阵被认为是 2×2 矩阵的组合。

【例 7.46】求矩阵行列式。

```
import numpy as np
a_arr=np.array([[1,2],[3,4]])

print('a_arr 数组：\n',a_arr)
print('a_arr 数组的行列式：',np.linalg.det(a_arr))
b_arr=np.array([[1,2,3],[4,-5,6],[7,8,9]])
print('b_arr 数组：\n',b_arr)
print('b_arr 数组的行列式：',np.linalg.det(b_arr))
```

程序运行结果：

```
a_arr 数组：
 [[1 2]
 [3 4]]
a_arr 数组的行列式：-2.0000000000000004
b_arr 数组：
 [[ 1  2  3]
 [ 4 -5  6]
 [ 7  8  9]]
b_arr 数组的行列式：119.99999999999997
```

该例中 a_arr 的行列式计算式为：
1*4−2*3=−2
b_arr 的行列式计算式为：
1*(−5)*9+2*6*7+3*4*8−3*(−5)*7−2*4*9−1*6*8=120

7.6.3 线性方程组

numpy.linalg 中的 solve() 函数可以求解线性方程组。

线性方程组 **Ax=b**，其中 **A** 是一个矩阵，**x** 是未知量，**b** 是一个数组。

【例 7.47】求解线性方程组。

$$\begin{cases} x+y+z=9 \\ 5x-z=6 \\ 2x-3y-z=-9 \end{cases}$$

分析：该线性方程组可表示为 **Ax=b** 的形式：

$$\begin{bmatrix} 1 & 1 & 1 \\ 5 & 0 & -1 \\ 2 & -3 & -1 \end{bmatrix}\begin{bmatrix} x \\ y \\ z \end{bmatrix}=\begin{bmatrix} 9 \\ 6 \\ -9 \end{bmatrix}$$

```
import numpy as np

A=np.array([[1,1,1],[5,0,-1],[2,-3,-1]])
b=np.array([9,6,-9])
x=np.linalg.solve(A,b)
print('线性方程组的解为：',x)
```

程序运行结果：

线性方程组的解为：[2. 3. 4.]

7.6.4　逆矩阵

numpy.linalg 中的 inv() 函数用于计算矩阵的乘法逆矩阵。

逆矩阵（Inverse Matrix）：设 A 是数域上的一个 n 阶矩阵，若在相同数域上存在 n 阶矩阵 B，使得 $AB=BA=E$（单位矩阵），则称 A 是可逆矩阵，B 是 A 的逆矩阵。

【例 7.48】求矩阵的逆矩阵。

```
import numpy as np

A=np.array([[1,2,3],[1,0,-1],[0,1,1]])
print('A矩阵：\n',A)
B=np.linalg.inv(A)
print('A矩阵的逆矩阵：\n',B)
print('A、B矩阵相乘结果为：\n',np.dot(A,B))
```

程序运行结果：

```
A矩阵：
 [[ 1  2  3]
 [ 1  0 -1]
 [ 0  1  1]]
A矩阵的逆矩阵：
 [[ 0.5  0.5 -1. ]
 [-0.5  0.5  2. ]
 [ 0.5 -0.5 -1. ]]
A、B矩阵相乘结果为：
 [[1. 0. 0.]
 [0. 1. 0.]
 [0. 0. 1.]]
```

以上实例中，第 7 行程序对所求逆矩阵进行验证，A、B 矩阵相乘结果为单位矩阵。

注意：如果矩阵是奇异的或者非方阵，使用 inv() 函数求逆矩阵，会出现错误。

7.6.5　特征值和特征向量

设 A 是 n 阶方阵，若存在 n 维非零向量 x，使得 $Ax=\lambda x$，则称数 λ 为 A 的特征值，x

为 *A* 的对应于特征值 *λ* 的特征向量。

numpy.linalg 中的 eigval() 函数用于计算矩阵的特征向量，eig() 函数可以返回一个包含特征值和对应的特征向量的元组，第一列为特征值，第二列为特征向量。

【例 7.49】计算特征值和特征向量。

```
import numpy as np

A=np.array([[-1,1,0],[-4,3,0],[1,0,2]])
print('A矩阵: \n',A)
e=np.linalg.eigvals(A)
print('A矩阵特征值: \n',e)
e,x=np.linalg.eig(A)
print('A矩阵特征向量: \n',x)
```

程序运行结果：

```
A 矩阵:
 [[-1  1  0]
 [-4  3  0]
 [ 1  0  2]]
A 矩阵特征值:
 [2. 1. 1.]
A 矩阵特征向量:
 [[ 0.          0.40824829  0.40824829]
 [ 0.          0.81649658  0.81649658]
 [ 1.         -0.40824829 -0.40824829]]
```

7.7　NumPy 数据文件的读写

NumPy 提供了读写文件的函数，可以把数据分析结果方便地写入文本文件或二进制文件中，也可以从文件中读取数据并将其转换为数组。NumPy 为 ndarray 对象引入了扩展名为 .npy 的文件，用于存储重建 ndarray 所需的数据、图形、dtype 和其他信息。

7.7.1　二进制文件的读写

NumPy 中的 save() 函数以二进制格式保存数组到文件中，文件的扩展名为 .npy，该扩展名是由系统自动添加的。save() 函数的语法形式为：

```
numpy.save(file,arr)
```

参数 file 为用来保存数组的文件名或文件路径，是字符串类型；arr 为要写入的数据数组。默认情况下，数组以未压缩的二进制格式保存在扩展名为 .npy 的文件中。

NumPy 中的 load() 函数用于从二进制文件中读取数据，load() 函数的语法形式为：

```
numpy.load(file)
```

【**例 7.50**】二进制文件的读写。

```
import numpy as np

a_arr=np.arange(9).reshape(3,3)
# 将 a_arr 数组写入 file1.npy 文件，系统自动为文件 file1 添加扩展名 .npy
np.save("e:/file1",a_arr)
b_arr=np.load("e:/file1.npy")
print(" 从文件中读出的数组为 :\n",b_arr)
```

程序运行结果：

```
从文件中读出的数组为 :
[[0 1 2]
 [3 4 5]
 [6 7 8]]
```

第 5 行程序执行时，将会在 e 盘根目录下创建文件名为 file1.npy 的文件，用于存储数组。

7.7.2　文本文件的读写

NumPy 中的 savetxt() 函数用于将数组中的数据存放到文本文件中。savetxt() 函数的一般形式为：

```
numpy.savetxt(filename,arr,fmt='%.18e',delimiter='',newline='\n')
```

参数 filename 为存储数据的文件名；arr 是要保存的数组；fmt 用于指定数据保存的格式；delimiter 是数据列之间的分隔符，数据类型为字符串，默认值为 "；newline 为数据行之间的分隔符。

NumPy 中的 loadtxt() 函数用于从文本文件中读取数据到数组中。loadtxt() 函数的一般形式为：

```
numpy.loadtxt(filename,dtype=<class 'float'>,delimiter=None,converters=None)
```

参数 filename 为读取数据的文件名；dtype 是读取的数据类型；delimiter 为读取数据时数据列之间的分隔符；converters 为读取数据时数据行之间的分隔符。

【**例 7.51**】文本文件的读写。

```
import numpy as np

a_arr=np.arange(9).reshape(3,3)
# 将 a_arr 数组写入 file2.txt 文件，数据保存为浮点型，以逗号分隔
np.savetxt("e:/file2.txt",a_arr,delimiter=",")
# 从 file2.txt 读取数据，指定要读取的数据类型为浮点型，以逗号分隔
b_arr=np.loadtxt("e:/file2.txt",dtype="f",delimiter=",")
print(" 从文件中读出的数组为 :\n",b_arr)
```

程序运行结果：

从文件中读出的数组为：
[[0. 1. 2.]
 [3. 4. 5.]
 [6. 7. 8.]]

7.8　NumPy 数据分析案例

【例 7.52】文件名为"学生成绩.csv"的文件中，存储了 Python 语言、数据结构、操作系统、软件工程四门课程的成绩（见图 7.6），使用 NumPy 函数编程计算四门课程的最高分、最低分、平均分和标准差。

序号	学号	Python语言	数据结构	操作系统	软件工程
1	2004001	93	77	75	99
2	2004002	63	50	88	66
3	2004003	99	63	81	91
4	2004004	94	51	57	67
5	2004005	89	81	76	52
6	2004006	95	91	64	82
7	2004007	72	71	78	95
8	2004008	86	87	87	65
9	2004009	86	51	63	63
10	2004010	68	68	78	75
11	2004011	77	93	91	81
12	2004012	62	90	66	93
13	2004013	85	68	86	83
14	2004014	62	76	81	73
15	2004015	75	69	53	85

图 7.6　学生成绩.csv 数据

分析：学生成绩数据存储在"学生成绩.csv"文件中，首先要从该文件中读取数据，读取数据可使用 NumPy 中的 loadtxt() 函数，将读取的数据转换为 int 型存储到数组中，然后使用 NumPy 为数组提供的函数计算结果。

程序代码为：

```
import numpy as np

a_arr=np.loadtxt(open("e:/学生成绩.csv",encoding="utf-8"),dtype=np.int,
delimiter=",",
usecols=(2,3,4,5),unpack=True,skiprows=1)
print("从文件中读出的四门课成绩：\n",a_arr)
print("      Python语言    数据结构    操作系统    软件工程")
py_max,ds_max,os_max,se_max=np.max(a_arr,axis=1)
print("最高分{:^12.2f}{:^12.2f}{:^12.2f}{:^12.2f}".
format(py_max,ds_max,os_max,se_max))
py_min,ds_min,os_min,se_min=np.min(a_arr,axis=1)
print("最低分{:^12.2f}{:^12.2f}{:^12.2f}{:^12.2f}".
format(py_min,ds_min,os_min,se_min))
```

186

```
py_ave,ds_ave,os_ave,se_ave=np.average(a_arr,axis=1)
print("平均分{:^12.2f}{:^12.2f}{:^12.2f}{:^12.2f}".format(py_ave,ds_ave,os_
ave,se_ave))
py_std,ds_std,os_std,se_std=np.std(a_arr,axis=1)
print("标  准  差{:^12.2f}{:^12.2f}{:^12.2f}{:^12.2f}".format(py_std,ds_
std,os_std,se_std))
```

程序运行结果：

从文件中读出的四门课成绩：

```
[[93 63 99 94 89 95 72 86 86 68 77 62 85 62 75]
 [77 50 63 51 81 91 71 87 51 68 93 90 68 76 69]
 [75 88 81 57 76 64 78 87 63 78 91 66 86 81 53]
 [99 66 91 67 52 82 95 65 63 75 81 93 83 73 85]]
```

	Python 语言	数据结构	操作系统	软件工程
最高分	99.00	93.00	91.00	99.00
最低分	62.00	50.00	53.00	52.00
平均分	80.40	72.40	74.93	78.00
标准差	12.40	14.05	11.36	13.15

程序第 3 行从打开文件时 encoding="utf-8" 表示将文件编码为 utf-8 格式；usecols 表示加载数据文件中列索引，这里选取数据列为 Python 语言、数据结构、操作系统和软件工程这四列；unpack 表示当加载多列数据时是否需要将数据列进行解耦，赋值给不同的变量；skiprows 表示过滤行。

7.9　本章小结

NumPy 主要应用于数学和科学计算，特别是数组计算。本章介绍了 NumPy 中数组的创建、对象属性、数据类型，数组的重塑、合并、分割和转置等基本操作，数组的索引和切片操作，数组矢量化运算、数组广播，线性代数运算以及 NumPy 数据文件的读写，最后介绍了 NumPy 进行数据分析的具体实例。

187

习　　题

1. 填空题

（1）导入 NumPy 并命名为 np 的语句为_____。

（2）在 NumPy 中，可以使用数组对象_____执行科学计算。

（3）如果 ndarray.ndim 执行的结果为 2，则表示创建的是_____维数组。

（4）NumPy 的数据类型是由一个类型名和元素_____的数字组成。

（5）如果两个数组的大小不同，则它们进行算术运算时会出现_____机制。

2. 选择题

（1）NumPy 库不具有的功能有（　　　）。

A. 时间序列处理　　　　　　　　　　　B. 矩阵运算

C. 线性代数　　　　　　　　　　D. 随机数生成以及傅里叶变换功能

（2）NumPy 中创建全为 0 的矩阵使用（　　　）。

A. zeros　　　　　B. ones　　　　　C. empty　　　　　D. arange

（3）NumPy 中向量转成矩阵使用（　　　）。

A. reshape　　　　B. reval　　　　　C arange　　　　　D. random

（4）NumPy 中矩阵转成向量使用（　　　）。

A. reshape　　　　B. resize　　　　　C arange　　　　　D. random

（5）关于 NumPy 的 random 模块，以下叙述错误的是（　　　）。

A. np.random.random（100）生成 100 以内的随机小数

B. np.random.randn（5，10）生成服从正态分布的 5 行 10 列的二维随机数

C. np.random.rand（5，10）生成服从均匀分布的 5 行 10 列的二维随机数

D. random.randint（5，10，size = [2，5]）)创建一个最小值不低于 5、最大值不高于
10 的 2 行 5 列数组

3. 简答题

（1）进行数组分割常用的函数有哪些？

（2）什么是矢量化运算？

（3）数组进行广播机制的条件是什么？

4. 创建一个数组，数组的 shape 为（5，0），元素都是 0。

5. 创建一个表示国际象棋棋盘的 8×8 数组，其中，棋盘白格用 0 填充，棋盘黑格用 1 填充。

6. 编程求以下矩阵的特征值和特征向量：

$$A = \begin{bmatrix} 1 & -3 & 5 \\ 0 & 4 & -1 \\ 6 & 2 & -5 \end{bmatrix}$$

第 8 章

Pandas 数据分析处理

在数据科学中，Pandas 是一个强大的分析结构化数据的工具集，是基于 NumPy 和 Matplotlib 的第三方数据分析库。Pandas 在 NumPy 的基础上构建了更加高级的数据结构，并包含了快速处理大规模数据集的工具，常用于数据挖掘中，可以完成从数据加载、数据清洗和准备、数据转换、模型分析到可视化的完整流程。

Pandas 具有以下特点：

1）强大的数据处理能力：Pandas 提供了丰富的数据处理和操作功能，可以快速高效地处理和转换数据。

2）支持广泛的数据格式：Pandas 支持多种格式的数据输入和输出，包括 CSV、Excel、JSON、SQL、HDF5 等。

3）灵活的数据分组和聚合：Pandas 提供了灵活的数据分组和聚合功能，可以轻松进行数据分析和汇总。

4）可视化功能：Pandas 内置了可视化功能，可以通过简单的代码实现图表和可视化结果，方便数据分析和展示。

8.1 Pandas 数据结构

Pandas 中有两个主要的数据结构：序列（series）和数据帧（dataframe），其中序列是一维的数据结构，与 Python 的列表相似，但是每个元素的数据类型必须相同；数据帧是二维的数据结构，可以看作字典类型，键是列名，值是 Series。

8.1.1 序列

序列是带标签的一维数组，可以存储整数、浮点数、字符串、Python 对象等类型的数据。它本身包括的属性有两种，分别是 index 和 values。序列对象结构如图 8.1 所示。

序列的特点是：

1）元素都是数据。

2）尺寸大小不可改变。

3）数据的值可改变。

序列对象可以通过以下构造方法创建：

index	values
0	1
1	2
2	3
3	4
4	5

图 8.1 序列对象结构示意图

```
pandas.Series(data=None,index=None,dtype=None,name=None,copy=False,
fastpath=False)
```

常用参数说明如下：

data：用于创建序列对象的数据，可以是列表、字典等数据结构。

index：索引，必须是唯一的，通过索引可以确定序列中的具体元素。

dtype：序列中的数据类型，如果在创建的时候没有指定数据类型，该方法将自动推断类型。

copy：是否复制数据，默认为 False。

序列的常用属性见表 8.1。

表 8.1　序列的常用属性

属性	说明
loc	使用索引值取子集
iloc	使用索引位置取子集
dtype 或 dtypes	序列内容的类型
T	序列的转置矩阵
shape	数据的维数
size	序列中元素的数量
values	序列的值

加载 csv 文件时，指定 index_col 就能得到一个 Series 对象。使用行索引标签可以选中一条记录。可以通过 index 和 values 属性获取行索引和值，也可以通过 keys() 方法获取所有的行索引。

序列的常用方法见表 8.2。

表 8.2　序列的常用方法

方法	说明
append	连接两个或多个序列
cov	计算与另一个序列的协方差
equals	判断两个序列是否相等
get_values	获得序列的值
hist	绘制直方图
min	返回最小值
max	返回最大值
mean	返回平均值
sort_values	对值进行排序

【例 8.1】序列的创建和使用。

```python
import pandas as pd

# 创建序列对象
data = pd.Series(data=[85, 74, 98, 64, 82])
```

```
print(" 序列为： \n", data)
# 更改索引
data.index = [1, 2, 3, 4, 5]
print(" 更改索引后的序列为： \n", data)
print(" 序列的大小为： %d, 维度为： %d, 最大值： %d, 最小值 %d"
%(data.size,data.ndim,data.max(),data.min()))
# 由字典创建序列
info = {"id": "1001", "name": " 张三 "}
data = pd.Series(data=info)
print(" 由字典创建的序列为： \n", data)
# 字符串索引
print("data[1] =", data[1])
# 字符串拼接
print(" 字符串连接 edu: \n", data + "edu")
```

程序运行结果：

```
序列为：
0      85
1      74
2      98
3      64
4      82
dtype: int64
更改索引后的序列为：
1      85
2      74
3      98
4      64
5      82
dtype: int64
序列的大小为： 5, 维度为： 1, 最大值： 98, 最小值 64
由字典创建的序列为 ：
 id      1001
name      张三
dtype: object
data[1] = 张三
字符串连接 edu:
 id      1001edu
name      张三 edu
dtype: object
```

8.1.2　数据帧

数据帧是 Pandas 中的一个表格型的数据结构，包含一组有序的列，每一列的数据类型相同，列和列之间的数据类型不同，可以看作是由多个序列组成的字典，它们共用一个索引。数据帧对象结构如图 8.2 所示。

数据帧的特点是：

1）列可以是不同的数据类型。

2）大小可以改变，数据也可以改变。

3）有行标签轴和列标签轴。

4）可以对行和列执行算术运算。

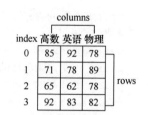

图 8.2　数据帧对象结构示意图

Pandas 的 DataFrame 类对象可以通过以下构造方法创建：

```
pandas.DataFrame(data=None, index=None, columns=None, dtype=None,
copy=False)
```

常用参数说明如下：

data：用于创建数据帧对象的原始数据，可以是列表、字典等数据结构或其他的数据帧。

index：表示行标签。

columns：表示列标签。

dtype：序列中的数据类型，如果在创建时没有指定数据类型，该方法将自动推断类型。

copy：是否复制数据，默认为 False。

数据帧的常用属性见表 8.3。

表 8.3　数据帧的常用属性

属性	说明
shape	获取行和列
size	数据的个数
ndim	数据集的维度
index	DataFrame 中的行索引
columns	DataFrame 中的列索引
dtypes	返回每一列元素的数据类型
values	DataFrame 中的数值

数据帧的常用方法见表 8.4。

表 8.4　数据帧的常用方法

方法	说明
mean()	取平均值
min()	取最小值
max()	取最大值
std()	取标准差
count()	统计非空数量
describe()	打印描述信息

【例 8.2】数据帧的创建和使用。

```
import pandas as pd

# 创建 DataFrame
data = pd.DataFrame([[71,91,77,88], [89,95,65,75], [87,68,82,93]])
print(" 创建默认索引的 DataFrame 为: \n", data)
# 创建带行索引的 DataFrame
data = pd.DataFrame([[71,91,77,88], [89,95,65,75], [87,68,82,93]],
                    index=["1", "2", "3"])
print("\n 带行索引的 DataFrame 为: \n", data)
# 创建带行列索引的 DataFrame
data = pd.DataFrame([[71,91,77,88], [89,95,65,75], [87,68,82,93]],
                    index=["1", "2", "3"],
                    columns=[" 高数 "," 英语 ", " 物理 ", "C 语言 "])

print("\n 带行、列索引的 DataFrame 为 :\n", data)
# 添加数据
data["Python"] = [84, 75, 92]
print("\n 添加列之后的 DataFrame 为 :\n", data)
# 删除列
del data[" 高数 "]
print("\n 删除列之后的 DataFrame 为 :\n", data)
```

程序输出结果:

```
创建默认索引的 DataFrame 为:
    0   1   2   3
0  71  91  77  88
1  89  95  65  75
2  87  68  82  93
带行索引的 DataFrame 为:
    0   1   2   3
1  71  91  77  88
2  89  95  65  75
3  87  68  82  93
带行、列索引的 DataFrame 为 :
    高数   英语   物理  C 语言
1   71   91   77   88
2   89   95   65   75
3   87   68   82   93
添加列之后的 DataFrame 为 :
    高数   英语   物理  C 语言  Python
1   71   91   77   88    84
2   89   95   65   75    75
3   87   68   82   93    92
删除列之后的 DataFrame 为 :
```

```
      英语    物理   C 语言   Python
1     91     77     88      84
2     95     65     75      75
3     68     82     93      92
```

8.2　索引

索引是数据表中每行数据的标识，在 Pandas 中，索引可以帮助用户对数据进行快速查找、过滤、分组和排序等，大大提高了数据处理和数据分析的效率。Pandas 中的索引都是 Index 对象，又称为索引对象。Index 对象是不可修改的，以保障数据的安全。

8.2.1　重建索引

在 Pandas 中不允许修改索引中的元素，但可以通过重建索引的方式为 Series 和 DataFrame 对象指定新的索引。

Pandas 提供了 reindex() 方法进行重建索引，其一般形式为：

```
DataFrame.reindex(labels=None,index=None,columns=None,axis=None,method=
None, copy=True,level=None,fill_values=nan,limit=None,tolerance=None)
```

常用参数说明如下：

index：重建后的行索引。

columns：重建后的列索引。

fill_values：重建索引时，缺失值的填充值。

limit：前向或后向填充时的最大填充量。

method：填充的方式。可选值包括 backfill（向前填充）、bfill（向后填充）、pad（用前面的非缺失数据填充）、ffill（用后面的非缺失数据填充）。

该方法的作用是对原索引和新索引进行匹配，也就是说，新索引含有原索引的数据，而原索引数据按照新索引排序。如果新索引中没有原索引数据，那么程序不仅不会报错，而且会添加新的索引，并将值填充为 NaN 或者使用 fill_values() 填充其他值。

在 DataFrame 中，reindex() 方法不仅可以修改行索引，还可以对列进行修改。行索引的修改与 Series 中的操作相同，可以对顺序进行重排，也可以对数据进行过滤和填充；对列进行修改时，需要通过 reindex() 方法的参数 columns 指定新的列。

【例 8.3】重建索引。

```
import pandas as pd

data = pd.DataFrame([[71,91,77,88], [89,95,65,75], [87,68,82,93]],
                    index=["1", "2", "3"],
                    columns=["高数","英语", "物理", "C 语言"])
print("原 DataFrame 为:\n", data)
data1 = data.reindex(index=["1", "2", "5"])        # 重建行索引
```

```
print(" 重建行之后的 DataFrame 为 :\n", data1)
data2 = data.reindex(columns=[" 高数 "," 英语 ", " 物理 ", "Python"])
                                                        # 重建列索引
print(" 重建列之后的 DataFrame 为 :\n", data2)
```

程序运行结果：

```
原 DataFrame 为 :
    高数   英语   物理   C 语言
1   71   91    77     88
2   89   95    65     75
3   87   68    82     93
重建行之后的 DataFrame 为 :
    高数     英语     物理     C 语言
1   71.0   91.0   77.0    88.0
2   89.0   95.0   65.0    75.0
5   NaN    NaN    NaN     NaN
重建列之后的 DataFrame 为 :
    高数   英语   物理   Python
1   71   91    77    NaN
2   89   95    65    NaN
3   87   68    82    NaN
```

8.2.2　重命名索引

有时候对数据处理时还需要修改索引名称，Pandas 提供了 rename() 函数重命名索引，其一般形式为：

```
rename(mapper=None, index=None, columns=None, axis=None, copy=True,
inplace=False, level=None)
```

常用参数说明如下：

index：重命名的行索引。

columns：重命名的列索引。

axis：表示轴的名称，可以使用 index 或 columns，也可以使用数字 0 或 1。

copy：表示是否复制底层的数据，默认为 False。

inplace：是否原地重命名，即是否创建副本修改数据，还是直接在原数据修改，对于多级索引，只重命名指定的标签。

【例 8.4】重命名索引。

```
import pandas as pd

data = pd.DataFrame([[71,91,77,88], [89,95,65,75], [87,68,82,93]],
                    index=["1", "2", "3"],
                    columns=[" 高数 "," 英语 ", " 物理 ", "C 语言 "])
print(" 原 DataFrame 为 :\n", data)
```

195

```
data1 = data.rename(index={"1":"a", "2":"b"})              # 重命名行索引
print("重命名行之后的 DataFrame 为 :\n", data1)
data2 = data.rename(columns={' 高数 ':'1',' 物理 ':'2'})    # 重命名列索引
print("重命名列之后的 DataFrame 为 :\n", data2)
```

程序运行结果：

```
原 DataFrame 为 :
    高数   英语   物理   C 语言
1    71   91    77     88
2    89   95    65     75
3    87   68    82     93
重命名行之后的 DataFrame 为 :
    高数   英语   物理   C 语言
a    71   91    77     88
b    89   95    65     75
3    87   68    82     93
重命名列之后的 DataFrame 为 :
    1    英语    2    C 语言
1    71   91    77     88
2    89   95    65     75
3    87   68    82     93
```

在 rename() 函数中，index 和 columns 可以接收一个字典，键为旧索引，值为新索引。

8.2.3 层次化索引

层次化索引是 Pandas 的一个重要功能，它可以在一个轴上有多个级别索引，这类似于表格的多层次表头。

对于 DataFrame 来说，行和列都可以进行层次化索引。层次化索引通过二维数组进行设置，二维数组中的每一行为一个索引，多行就是多个索引。

【例 8.5】创建层次化索引的 DataFrame。

```
import pandas as pd

data=[[71,91,77,88], [89,95,65,75], [87,68,82,93]]
index=[["a", "b", "c"], ["1", "2", "3"]]
column=[" 高数 ","英语 ", " 物理 ", "C 语言 "]
df = pd.DataFrame(data,index=index,columns=column)
print(df)
```

程序运行结果：

```
原 DataFrame 为 :
    高数   英语   物理   C 语言
1    71   91    77     88
2    89   95    65     75
3    87   68    82     93
```

重命名行之后的 DataFrame 为：

```
      高数   英语   物理   C语言
a     71     91     77     88
b     89     95     65     75
3     87     68     82     93
```

重命名列之后的 DataFrame 为：

```
      1      英语    2     C语言
1     71     91     77     88
2     89     95     65     75
3     87     68     82     93
```

8.3　数据运算

8.3.1　算术运算

Pandas 在进行算术运算时，如果有相同索引，则进行算术运算；如果没有，则会引入缺失值，称为数据对齐。

【例 8.6】两个 Series 数据相加。

```
import pandas as pd

s1=pd.Series([1,2,3,4],['a','b','c','d'])
s2=pd.Series([5,6,7,8],['c','d','e','a'])
print(s1+s2)
```

程序运行结果：

```
a        9.0
b        NaN
c        8.0
d        10.0
e        NaN
dtype: float64
```

从程序运行结果可以看出，结果为一个新的数据，之前两个 Series 数据有相同索引的元素，都进行了求和，没有相同索引的元素显示为"NaN"。

【例 8.7】两个 DataFrame 数据相加。

```
import pandas as pd

data1 = pd.DataFrame([[71,91,77,88], [89,95,65,75], [87,68,82,93]],
                  index=["1", "2", "3"],
                  columns=["高数"," 英语 ", " 物理 ", "C语言"])
data2 = pd.DataFrame([[71,91,77,88], [89,95,65,75], [87,68,82,93]],
                  index=["0", "1", "2"],
```

197

```
                           columns=["高数","英语", "物理", "数据结构"])
print(data1+data2)
```

程序运行结果：

	C 语言	数据结构	物理	英语	高数
0	NaN	NaN	NaN	NaN	NaN
1	NaN	NaN	142.0	186.0	160.0
2	NaN	NaN	147.0	163.0	176.0
3	NaN	NaN	NaN	NaN	NaN

从例 8.7 可以看出，DataFrame 数据运算时，对齐操作会同时发生在行和列上。

上面以加法运算为例，介绍了 Series 和 DataFrame 运算的算术运算方法，减法、乘法和除法等运算的原理与加法完全一致，这里不再赘述。

8.3.2　汇总和统计

Pandas 提供了丰富的汇总和统计函数，如求和、求最值、求方差、求标准差、求中位数等。

1. 最大值和最小值

在 DateFrame 数据中，通过 max() 和 min() 函数分别计算最大值和最小值，并且通过指定轴方向和列方向，可以实现对行或列进行计算。

【例 8.8】求最大值和最小值。

```
import pandas as pd

# 创建 DataFrame
data = pd.DataFrame([[71,91,77,88], [89,95,65,75], [87,68,87,93]],
                     index=["1", "2", "3"],
                     columns=["高数","英语", "物理", "C 语言"])
print("DataFrame 为 :\n", data)
print("列最大值为 :\n",data.max())
print("列最小值为 :\n",data.min())
print("行最大值为 :\n",data.max(axis=1))
print("行最小值为 :\n",data.min(axis=1))
```

程序输出结果：

```
DataFrame 为 :
    高数   英语   物理   C 语言
1   71   91   77   88
2   89   95   65   75
3   87   68   87   93
列最大值为 :
高数      89
英语      95
```

```
物理      87
C 语言    93
dtype: int64
列最小值为：
高数      71
英语      68
物理      65
C 语言    75
dtype: int64
行最大值为：
1    91
2    95
3    93
dtype: int64
行最小值为：
1    71
2    65
3    68
dtype: int64
```

默认情况下按列进行计算，当指定参数 axis=1 时，可以对每行的数值型数据进行计算。

2. 平均值、中位数和众数

在数据集中，代表数据中心的有平均值、中位数和众数。平均值应用最广泛，但中位数对数据分析的意义更大。众数则是一组数据中重复出现次数最多的数，可以有多个。

Pandas 提供了 mean()、median()、mode() 函数分别用来计算平均值、中位数和众数。

【例 8.9】计算例中每个科目的平均值、中位数和众数，以及每位学生的平均分和成绩的中位数。

```
import pandas as pd

# 创建 DataFrame
data = pd.DataFrame([[71,91,77,88], [89,95,65,75], [87,68,87,93]],
                    index=["1", "2", "3"],
                    columns=["高数","英语", "物理", "C 语言"])
print("每个科目的平均值：\n",data.mean())
print("每个科目的中位数：\n",data.median())
print("每个科目的众数：\n",data.mode())
print("每位同学的平均值：\n",data.mean(axis=1))
print("每位同学的中位数：\n",data.median(axis=1))
print("每位同学的众数：\n",data.mode(axis=1))
```

程序运行结果：

每个科目的平均值：
高数　　　82.333333
英语　　　84.666667
物理　　　76.333333
C 语言　　85.333333
dtype: float64
每个科目的中位数：
高数　　　87.0
英语　　　91.0
物理　　　77.0
C 语言　　88.0
dtype: float64
每个科目的众数：
　　高数　英语　物理　C 语言
0　71　　68　　65　　75
1　87　　91　　77　　88
2　89　　95　　87　　93
每位同学的平均值：
1　81.75
2　81.00
3　83.75
dtype: float64
每位同学的中位数：
1　82.5
2　82.0
3　87.0
dtype: float64
每位同学的众数：
　　0　　　1　　　2　　　3
1　71.0　77.0　88.0　91.0
2　65.0　75.0　89.0　95.0
3　87.0　NaN　　NaN　　NaN

3. 标准差

标准差是表示分散程度的统计概念以及表示精确度的重要指标，同时也是反映一组数据离散程度最常用的一种量化方式。在 Pandas 中，可以采用 std() 函数计算标准差。

【例 8.10】计算例中每个科目的标准差。

```
import pandas as pd

data = pd.DataFrame([[71,91,77,88], [89,95,65,75], [87,68,87,93]],
          index=["1", "2", "3"], columns=[" 高数 "," 英语 ", " 物理 ", "C 语言 "])
print(data.std())
```

程序运行结果：

```
高数       9.865766
英语      14.571662
物理      11.015141
C 语言     9.291573
dtype: float64
```

4.分位数

分位数就是一组数据中某个位置对应的数据。分位数是指将一组数据按照数值大小分为几个等份，每个等份都包含相同的数据个数。在统计学中，经常用四分位数（即 Q1、Q2、Q3）来表示整个数据集。Q1 表示所有数值中排在前 1/4 位置的值，Q2 即为中位数，表示所有数值的中间位置，而 Q3 则表示所有数值的前 3/4 位置。在 Pandas 中，可以采用 quantile() 函数计算分位数差。

【例 8.11】计算例中每个科目的第一、第二和第三分位数。

```python
import pandas as pd

data = pd.DataFrame([[71,91,77,88], [89,95,65,75], [87,68,87,93]],
        index=["1", "2", "3"], columns=[" 高数 "," 英语 ", " 物理 ", "C 语言 "])
print(data.quantile(q=[0.25,0.5,0.75]))
```

程序运行结果：

	高数	英语	物理	C 语言
0.25	79.0	79.5	71.0	81.5
0.50	87.0	91.0	77.0	88.0
0.75	88.0	93.0	82.0	90.5

以上使用单一函数进行计算比较繁琐，如果需要一次性了解一个数据集的情况，可以使用 describe() 函数，它对每个数据的列进行描述性统计分析，提取有效的数据信息，从而提高研究精度。

例如：例中第四行代码修改为：

```python
print(data.describe())
```

输出结果为：

	高数	英语	物理	C 语言
count	3.000000	3.000000	3.000000	3.000000
mean	82.333333	84.666667	76.333333	85.333333
std	9.865766	14.571662	11.015141	9.291573
min	71.000000	68.000000	65.000000	75.000000
25%	79.000000	79.500000	71.000000	81.500000
50%	87.000000	91.000000	77.000000	88.000000
75%	88.000000	93.000000	82.000000	90.500000
max	89.000000	95.000000	87.000000	93.000000

8.3.3 唯一值和值计数

在 Series 数据中，通过 unique() 函数进行去重，只留下不重复的数据。通过 values_counts() 函数统计每个值出现的次数。

【例 8.12】计算不重复元素及每个元素出现的次数。

```python
import pandas as pd

s=pd.Series([91,78,78,75,78,81,79,88,88,91])
print("s 的唯一值为: ",s.unique())
print("s 中每个值的次数为: \n",s.values_counts())
data=pd.DataFrame({"a":[91,64,78,75,78], "b":[81,79,88,88,91]})
print("data['a'] 的唯一值为: ",data["a"].unique())
print("data['b'] 每个值的次数为: \n",data["b"].values_counts())
```

程序输出结果：

```
s 的唯一值为: [91 78 75 81 79 88]
s 中每个值的次数为:
78      3
91      2
88      2
75      1
81      1
79      1
dtype: int64
data['a'] 的唯一值为: [91 64 78 75]
data['b'] 每个值的次数为:
88      2
81      1
79      1
91      1
Name: b, dtype: int64
```

unique() 和 values_counts() 是 Series 拥有的方法，一般在 DataFrame 中使用时，需要指定对哪一列或行使用。

8.4 数据排序

在数据处理中，数据排序是一种常见的操作。由于 Pandas 存放的是索引和数据的组合，因此既可以按索引进行排序，也可以按值进行排序。

8.4.1 按索引排序

Pandas 提供了 sort_index() 函数按索引进行排序，其一般形式为：

```
sort_index(axis=0,level=None, ascending=True,inplace ='False',kind='quicksort',
```

```
na_position='last',sort_remaining= True)
```

参数说明如下：

axis：排序的方向，值为 0 按行名进行排序，值为 1 按列名进行排序。

level：默认为 None，否则按照给定的 level 进行排序。

ascending：是否升序排列，默认为 True，表示升序，False 表示降序。

inplace：默认为 False，表示对数据进行排序，创建新的实例。

kind：选择排序的算法，默认是 quicksort。

na_position：缺失值存放的位置，默认为 last，表示缺失值排在最后，如果设为 first，则表示缺失值排在开头。

【例 8.13】按索引排序。

```
import pandas as pd

s=pd.Series([91,64,78,75,78],index=[5,3,1,6,5])
print("原序列: \n",s)
print("按索引升序排序: \n",s.sort_index())
print("按索引降序排序: \n",s.sort_index(ascending=False))
data=pd.DataFrame([[71,91,77,88], [89,95,65,75], [87,68,87,93]],
            index=["2", "1", "3"], columns=[5,2,2,7])
print("原数据帧: \n",data)
print("按行索引名升序排序: \n",data.sort_index())
print("按列索引名降序排序: \n",data.sort_index(ascending=False,axis=1))
```

程序运行结果：

```
原序列:
5       91
3       64
1       78
6       75
5       78
dtype: int64
按索引升序排序:
1       78
3       64
5       91
5       78
6       75
dtype: int64
按索引降序排序:
6       75
5       91
5       78
3       64
1       78
```

```
dtype: int64
原数据帧：
     5   2   2   7
2   71  91  77  88
1   89  95  65  75
3   87  68  87  93
按行索引名升序排序：
     5   2   2   7
1   89  95  65  75
2   71  91  77  88
3   87  68  87  93
按列索引名降序排序：
     7   5   2   2
2   88  71  91  77
1   75  89  95  65
3   93  87  68  87
```

8.4.2 按值排序

Pandas 提供了 sort_values() 函数按值进行排序，其一般形式为：

sort_values(by,axis=0, level=None, ascending=True, inplace ='False',kind='quicksort', na_position='last')

该函数的参数与 sort_index() 函数的参数大多相同，其中，by 是表示排序的列。

【例 8.14】按值排序。

```
import pandas as pd

s=pd.Series([91,64,78,75,78],index=[5,3,1,6,5])# 创建具有缺失值的序列
print(" 原序列：\n",s)
print(" 按值降序排序：\n",s.sort_values (ascending=False))
data=pd.DataFrame([[71,91,77,88], [71,95,65,75], [87,68,87,93]],
          index=["1", "2", "3"], columns=[" 高数 "," 英语 ", " 物理 ", "C
语言 "])
print(" 原数据帧：\n",data)
# 对行索引为 "1" 的数据进行升序排序
print(" 按值升序排序：\n",data.sort_values(by="1",axis=1))
# 对列索引 "高数" 为主索引，"英语" 为次索引进行降序排序
print(" 按值降序排序：\n",data.sort_values(by=[" 高数 "," 英语 "],ascending=False))
```

程序运行结果：

```
原序列：
5     91
3     64
1     78
```

204

```
6    75
5    78
dtype: int64
按值降序排序:
5    91
1    78
5    78
6    75
3    64
dtype: int64
原数据帧:
     高数    英语    物理    C 语言
1    71    91    77    88
2    71    95    65    75
3    87    68    87    93
按行值升序排序:
     高数    物理    C 语言   英语
1    71    77    88    91
2    71    65    75    95
3    87    87    93    68
按列值降序排序:
     高数    英语    物理    C 语言
3    87    68    87    93
2    71    95    65    75
1    71    91    77    88
```

8.5　缺失值处理

　　数据丢失或缺失是 Python 进行数据处理时经常遇到的问题,造成数据缺失的原因有很多,如数据采集设备故障、存储介质故障、传输媒体故障等。缺失值对数据分析没有任何意义,需要通过程序处理这些缺失值,以便下一步处理。

　　在 Pandas 中,缺失值的类型包括:

　　1)NaN:表示 Not a Number,通常用于浮点型数据类型。

　　2)None:表示 Python 中的空值,通常用于对象和字符串类型。

　　3)NaT:表示 Not a Time,通常用于时间序列数据类型。

8.5.1　判断缺失值

　　通过人工查看数据是否缺失的效率很低,尤其当面临大量数据时,人工查看非常消耗时间。Pandas 提供了 isnull() 和 notnull() 函数判断缺失值。isnull() 函数的作用是判断值是否为空,若是,结果为 True,否则为 False。notnull() 函数与 isnull() 函数作用相反。

　　如果关注数据中的缺失值,可以使用 isnull() 函数,缺失值将显示为 True;反之,使用 notnull() 函数,缺失值显示为 False。

【**例 8.15**】判断缺失值。

```
import pandas as pd
import numpy as np

s=pd.Series(["a","b",np.nan,"c",None])          # 创建含有缺失值的序列
print(" 创建的序列 s: \n",s)
print("s 的缺失值: \n",s.isnull())              # 判断 s 的缺失值
print("s 中存在的缺失值和索引: \n",s[s.isnull()])  # 判断 s 中存在缺失值的列
                                                # 创建含有缺失值的数据帧
data=pd.DataFrame([["a","b",np.nan,"c",5],[3,None,5,5,No
ne],[1,2,3,4,5]])
print(" 创建的数据帧 data: \n",data)
print("data 的缺失值: \n",data.isnull())         # 判断 data 的缺失值
# 判断 data 中存在缺失值的列
print("data 中存在缺失值的列: \n",data.isnull().any())
# 判断 data 中第 3 列的缺失值
print("data 中第 3 列的缺失值: \n",data[2].isnull())
```

程序运行结果:

```
创建的序列 s:
0        a
1        b
2       NaN
3        c
4       None
dtype: object
s 的缺失值:
0     False
1     False
2      True
3     False
4      True
dtype: bool
s 中存在的缺失值和索引:
2     NaN
4     None
dtype: object
创建的数据帧 data:
     0    1    2    3    4
0    a    b   NaN   c   5.0
1    3   None 5.0   5   NaN
2    1    2   3.0   4   5.0
data 的缺失值:
       0       1       2       3       4
0   False   False   True    False   False
```

```
1    False    True    False    False    True
2    False    False    False    False    False
```
data 中存在缺失值的列：
```
0       False
1        True
2        True
3       False
4        True
dtype: bool
```
data 中第 3 列的缺失值：
```
0        True
1       False
2       False
Name: 2, dtype: bool
```

程序第 14 行中 data.isnull().any() 函数用来判断哪些列存在缺失值。

8.5.2　删除缺失值

数据处理过程中发现缺失值后，有时候会认为缺失值在数据处理中没有作用就会采取不显示、跳过或删除的处理方式。Pandas 中的 dropna() 函数用于删除缺失值，其一般形式为：

```
dropna(self, axis = 0, how ='any', thresh = None, subset = None, inplace = False)
```

参数说明如下：

axis：确定删除缺失值的行或列。当 axis 的值为 0 或 "index" 时，表示删除包含缺失值的行；当 axis 的值为 1 或 "columns" 时，表示删除包含缺失值的列。

how：删除的方式。当 how 的值为 "any" 时，表示删除包含缺失值的行或列；how 的值为 "all" 时，表示只有行或列都为缺失值时才会被删除。

thresh：非空元素最低数量。如果该行 / 列中，非空元素数量小于这个值，就删除该行 / 列。

subset：子集。子集为列表类型，其元素为行或者列的索引。当 axis 的值为 0 或 "index" 时，subset 中元素为列的索引；当 axis 的值为 1 或 "columns" 时，subset 中元素为行的索引。

inplace：是否原地替换。如果为 True 表示直接修改原数据集，为 False 表示返回删除后的新数据集。

【例 8.16】删除缺失值。

```
import pandas as pd
import numpy as np

s=pd.Series(["a","b",np.nan,"c",None])        # 创建含有缺失值的序列
print(" 创建的序列 s: \n",s)
print(" 删除 s 中缺失值的数据: \n",s.dropna())     # 删除 s 的缺失值
```

```
                                                        # 创建含有缺失值的数据帧
data=pd.DataFrame([["a","b",np.nan,"c",5],[1,5,5,None,None],[1,2,3,4,5]])
print(" 创建的数据帧 data: \n",data)
print(" 删除 data 中存在缺失值的行: \n",data.dropna())
print(" 删除 data 中存在缺失值的列: \n",data.dropna(axis=1))
```

程序运行结果：

```
创建的序列 s:
0          a
1          b
2        NaN
3          c
4       None
dtype: object
删除 s 中缺失值的数据：
0    a
1    b
3    c
dtype: object
创建的数据帧 data:
    0  1    2       3      4
0   a  b  NaN      c     5.0
1   1  5  5.0   None    NaN
2   1  2  3.0      4     5.0
删除 data 中存在缺失值的行：
    0  1    2   3    4
2   1  2  3.0   4  5.0
删除 data 中存在缺失值的列：
    0  1
0   a  b
1   1  5
2   1  2
```

8.5.3 填充缺失值

当数据量不够或缺失的数据有作用时，就不能删除数据了，这时需要采用一些特殊值来填充缺失值。Pandas 提供了 fillna() 函数用来填充缺失值，其一般形式为：

```
DataFrame.fillna(values=None,method=None,axis=None,inplace=False,limit=None)
```

参数说明如下：

values：用于填充缺失的值，值可以是 scalar、dict、Series 或 DataFrame。

method：指定填充的方式。可选值包括 backfill（向前填充）、bfill（向后填充）、pad（用前面的非缺失数据填充）、ffill（用后面的非缺失数据填充）。

axis：确定删除缺失值的行或列。当 axis 的值为 0 或 "index" 时，表示填充包含缺失值的行；当 axis 的值为 1 或 "columns" 时，表示填充包含缺失值的列。

inplace：是否原地填充。

limit：对于前向填充和后向填充，限制填充缺失值的最大数量。

【例 8.17】填充缺失值。

```
import pandas as pd
import numpy as np

s=pd.Series(["a","b",np.nan,"c",None])                # 创建含有缺失值的序列
print(" 创建的序列 s：\n",s)
print(" 填充 s 中缺失值的数据：\n",s.fillna(0))          # 用数字 0 填充 s 的缺失值
                                                      # 创建含有缺失值的数据帧
data=pd.DataFrame([["a","b",np.nan,"c",5],[3,None,5,5,None],[1,2,3,4,5]])
print(" 创建的数据帧 data：\n",data)
print(" 前向填充 data 中的缺失值：\n",data.fillna(method='ffill'))
print(" 后向填充 data 中的缺失值：\n",data.fillna(method='bfill',axis=1))
```

程序运行结果：

```
创建的序列 s：
0        a
1        b
2      NaN
3        c
4     None
dtype: object
填充 s 中缺失值的数据：
0    a
1    b
2    0
3    c
4    0
dtype: object
创建的数据帧 data：
   0     1    2    3    4
0  a     b  NaN    c  5.0
1  3  None  5.0    5  NaN
2  1     2  3.0    4  5.0
前向填充 data 中的缺失值：
   0  1    2  3    4
0  a  b  NaN  c  5.0
1  3  b  5.0  5  5.0
2  1  2  3.0  4  5.0
后向填充 data 中的缺失值：
     0    1    2    3    4
0    a    b    c    c  5.0
1  3.0  5.0  5.0  5.0  NaN
2  1.0  2.0  3.0  4.0  5.0
```

8.6　数据的读写

在进行数据分析时，大量的数据不是在 Python 中直接输入，常用的方法是将需要分析的数据存储到本地，之后再对数据进行分析。Pandas 可以从多种存储介质（如文件、数据库等）读取数据，也可以将不同的数据写入不同格式的文件中。针对不同的存储文件，Pandas 读写数据的方式不同。

8.6.1　读写 CSV 文件

CSV 文件以纯文本形式存储表格数据（数字和文本），可以使用任何编辑器进行编辑，支持追加模式写入，节省内存开销。

1. 读取 CSV 文件

Pandas 提供了 read_csv() 函数来读取 CSV 文件，该函数从文件中加载带分隔符的数据，其一般形式为：

```
pandas.read_csv(filepath_or_buffer, sep=',', header='infer', names=None,
index_col=None,usecols=None, engine=None, skiprows=None, skipfooter=0,…)
```

常用参数说明如下：

filepath_or_buffer：表示文件路径或缓冲区，也可以是一个 URL，如 http、ftp 文件。

sep：指定分隔符，如果不指定，默认用 ',' 分隔。

header：指定行数用来作为列名，如果读取的文件中没有列名，则默认为 0，否则设置为 None。

names：用于结果的列名列表，如果数据文件中没有列标题行，则需要执行 header=None。

index_col：用作行索引的列编号或列名，如果给定一个序列，则表示有多个行索引。

2. 写入 CSV 文件

Pandas 提供了 to_csv() 函数用来把 DataFrame 数据写入 CSV 文件中，其一般形式为：

```
DataFrame.to_csv(path_or_buf=None, sep=',', na_rep=' ', float_format=None,
columns=None, header=True, index=True, index_label=None,mode='w',
encoding=None,…)
```

常用参数说明如下：

path_or_buf：文件路径或对象。

sep：分隔符，默认为 ","。

na_rep：缺失值表示字符串，默认为空。

header：写出列名。如果给定字符串列表，则假定为列名的别名。

index：写入行名称（索引）。

【例 8.18】将 DataFrame 数据写入 e:\stu.csv 文件，然后读出该文件中的数据并输出。

```python
import pandas as pd

data = pd.DataFrame([[71,91,77,88], [89,95,65,75], [87,68,82,93]],
                    index=["1", "2", "3"],
                    columns=["高数"," 英语 ", " 物理 ", "C 语言 "])
# 写入 csv 文件，以 "*" 作为分隔符，不保存行索引
data.to_csv("e:/stu.csv",sep="*",columns=[" 高数 "," 英语 ", " 物理 ", "C 语言 "],
index=0)
# 以 "*" 为分隔符读出 csv 文件的数据，第一行为列名
data=pd.read_csv("e:/stu.csv",sep="*",header=0)
print(" 从文件中读取的数据为：\n",data)
# 读取两列数据
data=pd.read_csv("e:/stu.csv",sep="*",header=0,usecols=[" 英语 ", " 物理 "])
print(" 从文件中读取英语和物理两列数据为：\n",data)
# 不读取第一行数据
data=pd.read_csv("e:/stu.csv",sep="*",header=0,skiprows=[0])
print(" 不读取文件第一行的数据为：\n",data)
```

程序输出结果：

从文件中读取的数据为：

```
   高数   英语   物理    C 语言
0   71   91    77     88
1   89   95    65     75
2   87   68    82     93
```

从文件中读取英语和物理两列数据为：

```
   英语   物理
0   91    77
1   95    65
2   68    82
```

不读取文件第一行的数据为：

```
   71   91   77   88
0  89   95   65   75
1  87   68   82   93
```

程序执行后，在 e: 盘根目录下创建了 stu.csv 文件，以记事本打开该文件，内容如图 8.3 所示。

图 8.3　stu.csv 文件内容

211

8.6.2　读写 Excel 文件

Excel 文件是 Microsoft Office 的组件之一，使用 Excel 文件可以进行各种数据处理和统计分析，因而被广泛应用于金融、统计、管理等领域。Excel 文件的扩展名有 .xls 和 .xlsx 两种。

在执行 pandas 读取 Excel 文件的操作时，需要提前安装 xlrd 库或 openpyxl 库。在命令提示符窗口，安装命令如下：

pip install xlrd

pip install openpyxl

1. 读取 Excel 文件

pandas 提供了 read_excel() 函数来读取 Excel 文件，其一般形式为：

```
pandas.read_excel(io, sheetname=0, header=0, index_col=None,names=None,
usecols=None,squeeze=None,dtype=None,skiprows=None,skipfooter=0)
```

常用参数说明如下：

io：文件的路径。

sheetname：指定要读取的工作表，可接收整型或字符串，整型指工作表的索引，字符串指工作表的名称。

header：指定作为列名的行，默认为 0，即第一行的值为列名。

index_col：用作行索引的列编号或列名，如果给定一个序列，则表示有多少个行索引。

names：默认为 None，要使用的列名列表，如果不包含标题行，则设定 header=None。

2. 写入 Excel 文件

pandas 提供了 to_excel() 函数将 DataFrame 数据写入 Excel 文件，其一般形式为：

```
DataFrame.to_excel(excel_writer,sheet_name='Sheet1',na_rep='',float_format=None,
columns=None,header=True,index=True,index_label=None,startrow=0,startcol=0,
engine=None,merge_cells=True,encoding=None, inf_rep='inf', verbose=True,
freeze_panes=None, storage_options=None)
```

常用参数说明如下：

excel_writer：文件路径。

sheet_name：写入 Excel 文件的工作表名，默认为"Sheet1"。

na_rep：表示缺失数据。

columns：选择输出的列。

header：写出列名称。

index：写入行名称（索引）。

【例 8.19】在 e: 盘根目录下保存了"Python 语言程序设计 .xls"的 Excel 文件，文件内容如图 8.4 所示。使用 pandas 提供的函数读取 Sheet1 工作表中的数据，读取数据时忽略前 3 行和后 15 行数据，并且只读取第 1、2、5 列的数据，然后写入 "Python 语言程序设计 new.xlsx" 文件的 Sheet1 工作表中。

图 8.4　Python 语言程序设计 .xls 文件

程序代码如下：

```
import pandas as pd

# 读取 Python 语言程序设计 .xls 文件工作表 Sheet1 的数据
table=pd.read_excel("e:/Python 语言程序设计 .xls",
"Sheet1",usecols=(0,1,4),skiprows=3,skipfooter=5)
table.columns=["学号","姓名","总评"]
# 将数据写入 "e:/Python 语言程序设计 new.xlsx" 文件中
table.to_excel("e:/Python 语言程序设计 new.xlsx","Sheet1")
```

程序执行后，在 e: 盘根目录下，会创建新的文件 "Python 语言程序设计 new.xlsx"，文件内容如图 8.5 所示。

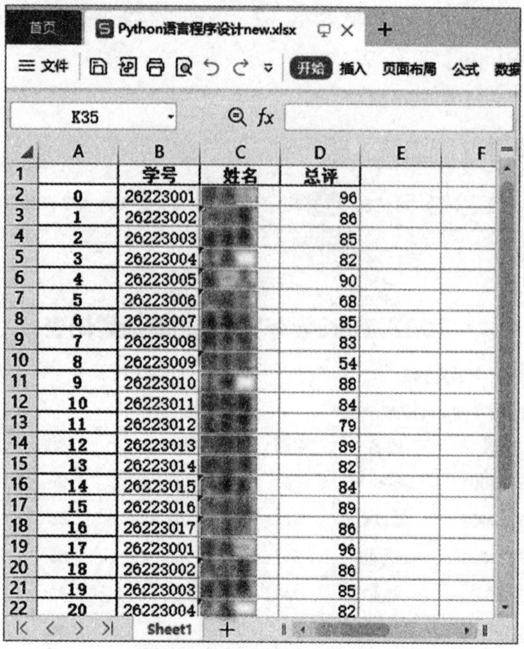

图 8.5 "Python 语言程序设计 new.xlsx" 文件

8.6.3 读写数据库文件

在实际应用中，所使用的数据通常使用数据库文件进行存储，Pandas 支持 SQLServer、MySQL、Oracle、SQLite、MangoDB 等主流数据库的读写操作。

pandas.io.sql 模块提供了独立于数据库的名为 sqlalchemy 的统一接口，不管是什么类型的数据库，pandas 都以 sqlalchemy 方式建立连接，它简化了连接模式，统一使用 create_engine() 函数连接各种数据库。一般形式为：

```
from sqlalchemy import create_engine
```

create_engine（" 数据库类型 + 数据库驱动 :// 数据库用户名 : 数据库密码 @IP 地址 : 端口 / 数据库 "，其他参数）

Pandas 的 io.sql 模块中提供了常用的读写数据库函数，具体见表 8.5。

表 8.5 读写数据库函数

函数	说明
read_sql_table()	读取的整张数据表中的数据转换成 DataFrame 对象
read_sql_query()	将 SQL 语句读取的结果转换成 DataFrame 对象
read_sql()	上述两个函数的结合，既可以读数据表，也可以读 SQL 语句
to_sql()	将数据写入到 SQL 数据库中

1. 读取数据库文件

Pandas 提供了 read_sql() 函数从数据库中读取数据，其一般形式为：

```
pandas.read_sql(sql,con,index_col=None,coerce_float=True,columns=None,…)
```

常用参数说明如下：

sql：SQL 语句。

con：表示数据库连接信息，包括数据库的用户名、密码等。

index_col：索引列。

coerce_float：将数据库中的 decimal 类型的数据转换为 pandas 中的 float64 类型的数据。

columns：list 类型，表示读取数据的列名。

2. 写入数据库文件

Pandas 提供了 to_sql() 函数将 DataFrame 数据写入数据库文件，其一般形式为：

```
DataFrame.to_sql(name, con, schema=None, if_exists='fail', index=True,
index_label=None, chunksize=None, dtype=None, method=None)
```

常用参数说明如下：

name：数据库表的名称。

con：数据库的连接信息。

if_exists：如果表已经存在，如何进行操作，值可以为 fail、replace 或 append，默认为 fail。每个取值代表含义如下：

- fail：如果表存在，则不执行写入操作。
- replace：如果表存在，则将原数据库表删除再重新创建。
- append：如果表存在，则在原数据库表的基础上追加数据。

index：表示是否将 DataFrame 行索引作为数据传入数据库，默认为 True。

index_label：表示是否引用索引名称。如果 index 设为 True，此参数为 None，则使用默认名称；如果 index 为层次化索引，则必须使用序列类型。

【例 8.20】将 DataFrame 对象写入 MySQL 数据库，再读取写入的数据并将读取结果转换成 DataFrame 对象输出。

```
import pandas as pd
from sqlalchemy import create_engine

data = pd.DataFrame([[71,91,77,88], [89,95,65,75], [87,68,82,93]],
                    index=["1", "2", "3"],
                    columns=["高数","英语", "物理", "C语言"])
# 使用 create_engine() 方法连接 MySQL 数据库
# 账号：root，密码：666666，数据库名称：stu_info
engine = create_engine('mysql+mysqlconnector://root:666666@127.0.0.1/stu_info')
# 向数据库写入数据，数据表名称：student
data.to_sql('student',engine)
# 读取数据库中的数据
data.read_sql('select * from student',engine)
print(data)
```

215

程序输出结果：

	高数	英语	物理	C 语言
0	71	91	77	88
1	89	95	65	75
2	87	68	82	93

8.7 本章小结

Pandas 功能强大，提供了大量的标准数据模型以及操作大型数据集所需的工具。本章介绍了 Pandas 常用的数据结构：序列（Series）和数据帧（DataFrame）、索引的相关操作、数据运算、数据排序、缺失值处理和数据的读写。

习　题

1. 填空题

（1）Pandas 是一个基于_____的开源 Python 库。

（2）Series 结构由_____和_____组成。

（3）可以使用_____和_____创建一个 Series 对象。

（4）Pandas 中，数据排序可以分为_____和_____。

（5）Pandas 执行算术运算时，会先按照索引_____后再进行运算。

2. 选择题

（1）下列选项中，描述不正确的是（　　　）。

A. Pandas 中只有 Series 和 DataFrame 这两种数据结构

B. Series 是一维数据结构

C. DataFrame 是二维数据结构

D. Series 和 DataFrame 都可以重置索引

（2）下列选项中，描述正确的是（　　　）。

A. Series 是一维数据结构，其索引在右，数据在左

B. DataFrame 是二维数据结构，并且该结构具有行索引和列索引

C. Series 结构中的数据不可以进行算术运算

D. sort_values() 方法可以将 Series 或 DataFrame 中的数据按照索引排序

（3）下列选项中，（　　　）方法可以一次性输出多个统计指标？

A. mena()　　　　　B. describe()　　　　　C. quantile()　　　　　D. std()

（4）重建索引的函数是（　　　）。

A. rename()　　　　B. redex()　　　　　C. set_index()　　　　D. reset_index()

（5）Pandas 可以从以下（　　　）中读取数据。

A. CSV 文件　　　　B. Excel 文件　　　　C. HTML 文档　　　　D. 以上都是

3. 简答题

（1）简述 Series 和 DataFrame 的特点。

（2）Pandas 中汇总和统计函数有哪些？

（3）简述层次化索引，并举例说明。

4. 生成 30 名学生的信息，主要包括学号和成绩（随机生成），构建学生的 DataFrame 对象，并统计成绩的平均值和标准差。

5. 给定中国 GDP 的部分相关数据（数据整理自国家统计局官方网站），对其进行分析，展示中国 GDP 的发展变化情况及各个产业的占比变化。数据集相关信息见表 8.6。

表 8.6　数据集相关信息

序号	年份	国民总收入／亿元	国内生产总值／亿元	第一产业增加值／亿元	第二产业增加值／亿元	第三产业增加值／亿元	人均国内生产总值／元
0	2018	896915.6	900309.5	64734.0	366000.9	469574.6	64644
1	2017	820099.5	820754.3	62099.5	332742.7	425912.1	59201
2	2016	737074.0	740060.8	60139.2	296547.7	383373.9	53680
3	2015	683390.5	685992.9	57774.6	282040.3	346178.0	50028
4	2014	642097.6	641280.6	55626.3	277571.8	308082.5	47005

（1）根据以上数据，创建 DataFrame 对象。

（2）按"国民总收入"升序排列，并将排序后的结果存入 Excel 文件中。

（3）计算"国内生产总值"之和及"人均国内生产总值"的平均值。

第 9 章

Matplotlib 数据可视化

数据可视化是展示数据分析结果的重要手段，借助于图形化手段，能清晰有效地传达与沟通信息。Python 提供了一些数据可视化库，如 Matplotlib、Seaborn、Bokeh、Pygal、Plotly、Gleam、Pyecharts 等。本章重点介绍使用 Matplotlib 进行数据可视化。

9.1 Pyplot 模块

在 Matplotlib 模块中，pyplot 是一个核心的子模块，该模块提供了与 MATLAB 类似的绘图 API，方便用户快速绘制 2D 图表，并设置图表的各种数据。通过该模块，可以完成一些基本的可视化操作。导入该模块常用格式为：

```
import matplotlib.pyplot as plt
```

该命令的作用是导入 pyplot 模块并起别名，为了方便，在本书中，采用 plt 作为 pyplot 的缩写。

9.1.1 绘制线形图

使用 Pyplot 进行绘图时的一般步骤为：
1）获取数据，得到需要绘制图像的 x 轴、y 轴数据。
2）创建画图对象 figure，即创建窗口。
3）使用 plot() 函数绘制图形。
4）设置图形的属性，可以设置标题、图例、文本、坐标轴等。
5）加载鼠标、键盘等事件，使图形实现交互功能。
6）显示图形或保存图形。
Pyplot 模块中的 figure() 函数用来创建窗口，figure() 函数的一般形式为：

```
plt.figure(num,figsize,dpi,facecolor,edgecolor,FigureClass,clear)
```

参数说明如下：
num：整数或字符串，表示图形的编号或名称，整数代表编号，字符串表示名称。
figsize：整数元组，用于设置画布的高度和宽度，单位为英寸。
dpi：整数，用于设置图形的分辨率。
facecolor：用于设置画板的背景颜色。
edgecolor：用于设置画板的边缘颜色。

FigureClass：派生自 matplotlib.figure.Figure 的类，可以选择使用自定义的图形对象。

clear：默认值为 False，若设置为 True 且该图形已存在，则它会被清除。

Pyplot 中的 plot() 用于绘制线形图，plot() 函数的一般形式为：

```
plt.plot(x, y, linestyle, linewidth, color, marker, markersize, label )
```

参数说明如下：

x：x 轴数据。

y：y 轴数据。

linestyle：线条风格，常用的线条风格见表 9.1。

表 9.1　常用的线条风格

风格字符	说明
'-'	实线
'--'	虚线
'-.'	点画线
':'	点虚线
' ' 或 'None'	无线条

linewidth：线条宽度。

color：线条颜色，常用的颜色值见表 9.2。

表 9.2　常用的颜色值

颜色字符	说明	颜色字符	说明
'b'	蓝色	'c'	青色
'g'	绿色	'm'	品红
'r'	红色	'k'	黑色
'y'	黄色	'w'	白色
'#008000'	RGB 某颜色	'0.8'	灰度值字符串

marker：点的样式，常用的点样式值见表 9.3。

表 9.3　常用的点样式值

样式字符	说明	样式字符	说明	样式字符	说明
'.'	点	'1'	下花三角	'p'	五角形（五角星）
', '	像素	'2'	上花三角	'h'	六角形（六角星）
'^'	上三角	'3'	左花三角	'*'	星形
'v'	下三角	'4'	右花三角	'+'	十字
'<'	左三角	's'	方形	'x'	十字交叉
'>'	右三角	'D'	菱形	'|'	垂直线
'o'	圆圈	'd'	瘦菱形	'none'	无标记

markersize：点的大小。

label：图例标签。

【例 9.1】使用 plot() 函数绘制图形。

```
import numpy as np
import matplotlib.pyplot as plt
import matplotlib as mpl

x=np.arange(1,6)
y1=2*x+1
y2=x**2-1
plt.figure(num=1,figsize=(9,6))                  # 创建画布
plt.plot(x,y1,linewidth=1,linestyle='-',marker='o')
plt.plot(x,y2,linewidth=2,linestyle='--')
plt.show()                                       # 显示绘制的图形
```

输出图形如图 9.1 所示。

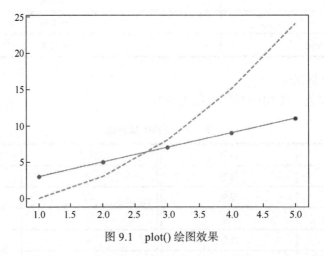

图 9.1 plot() 绘图效果

如果在 plt.plot() 函数只有一个输入列表或数组时，参数被当作 y 轴，x 轴以索引自动生成。

例如有如下代码：

```
>>>import matplotlib.pyplot as plt
>>>plt.plot([1,2,3,4],'b*--')
>>>plt.show()
```

此处设置 y 轴的坐标为 [1，2，3，4]，则 x 轴的坐标默认为 [0，1，2，3]，两个坐标轴长度相同，x 轴默认从 0 开始。'b*--' 为控制曲线的格式字符串，b 表示线的颜色为蓝色，* 表示数据点用星号标记，-- 表示线的形状用虚线表示。代码运行结果如图 9.2 所示。

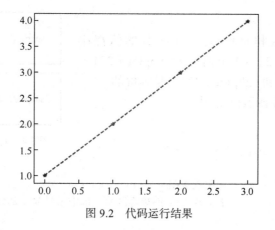

图 9.2　代码运行结果

9.1.2　绘制单个子图

在 Matplotlib 图表中，整个图表为一个 Figure 对象，每个 Figure 对象可以包含一个或多个 axes 对象，即坐标系，每个 axes 对象可以包含多个 axis，即坐标轴。Matplotlib 图表的布局如图 9.3 所示。

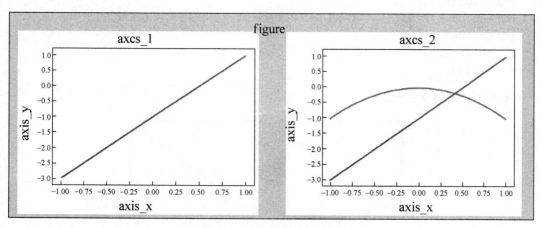

图 9.3　Matplotlib 图表的布局

如果需要在一个画布绘制多个图形，则可以通过 subplot() 函数创建子图，再在各个子图上进行图形绘制。subplot() 函数的一般形式为：

```
plt.subplot(nrows,ncols,index,**kwargs)
```

参数说明如下：

nrows：子图的行数。

ncols：子图的列数。

index：矩阵区域的索引。

subplot() 函数将整个绘图区域等分成 nrows 行 ncols 列，按照从左至右、从上到下的顺序对区域进行编号，位于左上角的区域编号为 1，依次递增。

例如，整个绘图区域划分为 2×2（2 行 2 列）的矩阵区域，每个区域编号如图 9.4

所示。

如果 nrows、ncols 和 index 这三个参数的值都小于 10，则 subplot（2，2，1）可简写为 subplot（221），即 subplot（2，2，1）和 subplot（221）是等价的。

【例 9.2】subplot() 函数的应用。

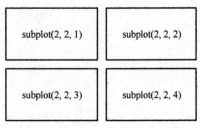

图 9.4　划分的 2×2 矩阵区域编号

```python
import numpy as np
import matplotlib.pyplot as plt

x=np.arange(1,6)          # 生成数组
plt.subplot(221)          # 分成 2×2 的矩阵区域，选中编号为 1 的区域
y1=x**2
plt.plot(x,y1)            # 在选中的子图上绘图
plt.subplot(222)          # 分成 2×2 的矩阵区域，选中编号为 2 的区域
y2=x/2
plt.plot(x,y2)
plt.subplot(223)          # 分成 2×2 的矩阵区域，选中编号为 3 的区域
y3=1/x
plt.plot(x,y3)
plt.subplot(224)          # 分成 2×2 的矩阵区域，选中编号为 4 的区域
y4=np.log(x)
plt.plot(x,y4)
plt.show()
```

输出图形如图 9.5 所示。

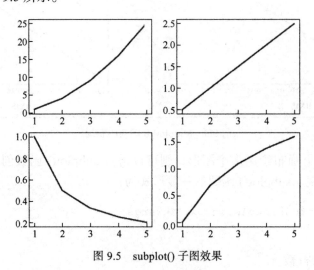

图 9.5　subplot() 子图效果

注意： 通过 subplot() 函数可以将 Figure 对象划分为多个子图，但每调用一次会创建一个子图。

9.1.3　绘制多个子图

在 Matplotlib 中提供了函数 plt.subplots()，将一张图切分为多个子图，其一般形式为：

```
plt.subplots(nrows, ncols, sharex=False, sharey=False, squeeze=True,
subplot_kw=None, gridspec_kw=None, **fig_kw),
```

函数功能是创建一个画像（figure）和一组子图（subplots）。

常用的参数说明如下：

nrows：整型，默认为 1，子图网格的行数。

ncols：整型，默认为 1，子图网格的列数。

sharex,sharey：布尔值或 {'none', 'all', 'row', 'col'}，默认值为 False，表示 x 轴或 y 轴属性在所有的子图中是否共享。如果值为 True 或者 'all'，则表示 x 轴或 y 轴属性将在所有子图中共享；值为 False 或者 'none' 时，表示每个子图的 x 轴或 y 轴都是独立的；值为 'row' 时，表示每个子图沿行方向共享 x 轴或 y 轴；值为 'col' 时，表示每个子图沿列方向共享 x 轴或 y 轴。

【例 9.3】在一个窗口中绘制多个子图。

```
import numpy as np
import matplotlib.pyplot as plt

x=np.linspace(-np.pi,np.pi,50)          # 生成数组
# 生成 2×2 的矩阵区域，返回子图数组 axes
fig,axes=plt.subplots(2,2)
# 在选中的子图上作图
axes[0,0].plot(x,np.sin(x))
axes[0,1].plot(x,np.cos(x))
axes[1,0].plot(x,np.tan(x))
axes[1,1].plot(x,x)
plt.show()
```

输出图形如图 9.6 所示。

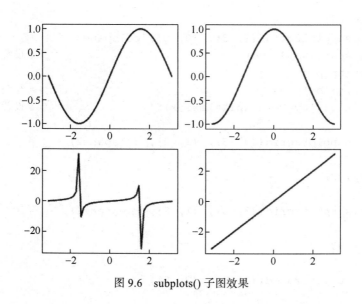

图 9.6　subplots() 子图效果

从例 9.3 可以看出，subplots() 函数一次性创建并返回所有的子图及其 axes 对象。

同时，Matplotlib 还提供了 subplot2grid() 函数，可以将整个画布规划成非等分布局的区域，并可在选中的某个区域中绘制子图。该函数可以生成 m×n 的矩阵布局，也可以生成跨行或者跨列的矩阵布局。

其一般形式为：

```
plt.subplot2grid(shape,loc,rowspan=1,colspan=1,**kwargs)
```

shape：指定组合图的框架布局，元组形式。

loc：指定子图所在位置。

rowspan：指定某个子图所跨行数。

colspan：指定某个子图所跨列数。

例如，在图 9.7 中，这两个图都是 3×2 的布局，左图中的布局可放 6 张子图，而右图的布局可放 4 张子图，在使用 plt.subplot2grid() 函数生成子图时，shape 都应该指定为（3×2）。

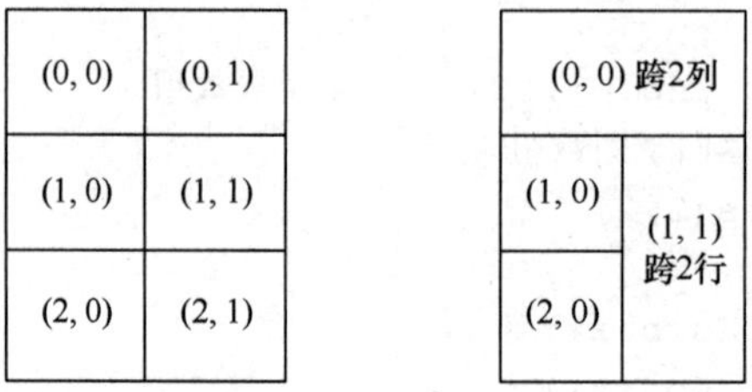

(0, 0)	(0, 1)
(1, 0)	(1, 1)
(2, 0)	(2, 1)

(0, 0) 跨2列	
(1, 0)	(1, 1) 跨2行
(2, 0)	

图 9.7　3×2 布局图

【例 9.4】使用 subplot2grid() 函数绘制子图。

```python
import matplotlib.pyplot as plt
import numpy as np

fig=plt.figure()
ax1 = plt.subplot2grid((3, 3), (0, 0), colspan=3)
x = np.linspace(-3,3,100)                            # 设置 x 轴的范围
y = np.sin(np.pi*x)
ax1.plot(x,y,'b-')                                   # 绘制子图 sin(x)
ax1.set_title(r'$y=\sin(\pi\times x)$')              # 设置标题

ax2 = plt.subplot2grid((3, 3), (1, 0), colspan=2)
y2 = 2*x;
ax2.plot(x,y2)

ax3 = plt.subplot2grid((3, 3), (1, 2), rowspan=2)
y3=-6*x;
ax3.plot(x,y3)

ax4 = plt.subplot2grid((3, 3), (2, 0))
```

```
ax5 = plt.subplot2grid((3, 3), (2, 1))
ax4.scatter([1, 2], [2, 2])
ax4.set_xlabel('ax4_x')
ax4.set_ylabel('ax4_y')
fig.subplots_adjust(wspace=0.4, hspace=0.4)          # 调整子图之间的间距
plt.show()
```

输出图形如图 9.8 所示。

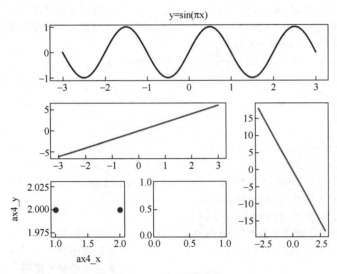

图 9.8　3×3 矩阵布局

　　其中程序第 5 行使用 plt.subplot2grid() 函数创建第 1 个子图，参数（3，3）表示将整个图像窗口分成 3 行 3 列，（0，0）表示从第 0 行第 0 列开始作图，colspan=3 表示列的跨度为 3，rowspan=1 表示行的跨度为 1，colspan 和 rowspan 缺省，默认跨度为 1。

9.1.4　添加图形标签

　　Pyplot 模块提供了为图形添加各种标签的函数，如标题、坐标名称、坐标轴刻度等，常用的添加标签函数见表 9.4。

表 9.4　添加标签函数

函数名称	说明
title()	设置标题
xlabel()	设置 x 轴的标签名称
ylabel ()	设置 y 轴的标签名称
xticks()	设置 x 轴的刻度数目与取值
yticks()	设置 y 轴的刻度数目与取值
xlim()	指定 x 轴的范围，是一个区间
ylim()	指定 y 轴的范围，是一个区间
legend()	设置图例

表 9.4 中的函数之间是并列关系，在使用时没有先后顺序，可以先绘制图形，也可以先添加标签。要注意的是，图例的添加只能在绘图完成之后。

【例 9.5】给例 9.1 绘制的图形添加标签。

```
import numpy as np
import matplotlib.pyplot as plt
import matplotlib as mpl

plt.xticks(fontsize=16)                           # 设置 x 轴刻度字体大小
plt.yticks(fontsize=16)                           # 设置 y 轴刻度字体大小
# 设置字体样式以正常显示中文标签
mpl.rcParams["font.sans-serif"]=["SimHei"]

x=np.arange(1,6)
y1=2*x+1
y2=x**2-1
plt.figure(num=1,figsize=(9,6))                   # 创建画布
plt.plot(x,y1,label="2*x+1",linewidth=1,linestyle="-")
plt.plot(x,y2,label="x**2-1",linewidth=2,linestyle="--")
plt.xlabel("x 值 ",fontsize=16)
plt.ylabel("y 值 ",fontsize=16)
plt.title(" 绘制数学函数 ",fontsize=20)            # 设置标题
plt.legend(fontsize=16)                           # 设置图例
plt.show()                                        # 显示绘制的图形
```

输出图形如图 9.9 所示。

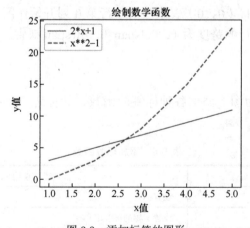

图 9.9　添加标签的图形

程序第 8 行代码 mpl.rcParams["font.sans-serif"]=["SimHei"] 解决 Matplotlib 绘图中中文显示乱码的问题。

9.1.5　添加注释

Pyplot 模块提供了 text() 和 annotate() 函数为图像添加注释。

text() 函数作用是给图像添加文本，其一般形式为：

```
plt.text(x, y, s, fontdict,**kwargs)
```

参数说明如下：

x，y：注释文本所在位置的横、纵坐标，默认是根据坐标轴的数据来度量的，其类型为元组。

s：注释的文本。

fontdict：用于设置文本字体样式，如字体、字号、字形等，其类型为字典。

**kwargs：text 对象的相关属性。

annotate() 函数用于注释图形中某个点或某些信息的函数，它可以在图形的指定位置添加文本、箭头、矩形、圆形、多边形等注释，其一般形式为：

```
plt.annotate(s, xy, xytext=None, arrowprops=None, **kwargs)
```

参数说明如下：

s：注释的文本。

xy：注释指向的位置，其类型为元组。

xytext：文本的位置，其类型为元组。

arrowprops：注释箭头的属性，其类型为字典。

**kwargs：其他注释文本的属性，其类型为字典。

【例 9.6】给图形添加注释。

```
import numpy as np
import matplotlib.pyplot as plt

x=np.linspace(-np.pi,np.pi,50)
plt.plot(x,np.sin(x),label="sin(x)")
plt.ylim([-1.2,1.2])
plt.text(np.pi/2-0.3,1.1,"最大值",fontproperties="SimHei")
plt.annotate("最小值",(-np.pi/2,-1),(-np.pi/2-0.3,-0.5),fontproperties=
"SimHei",
arrowprops=dict(color="r",shrink=0.05))
plt.legend(fontsize=16,edgecolor="r")
plt.show()
```

输出图形如图 9.10 所示。

说明：text() 函数可在指定坐标点添加文本注释，annotate() 函数如果仅使用 text 和 xy 参数，其功能与 text() 函数类似。annotate() 函数还可以添加需要注解的数据坐标与注解文本之间的箭头，能够突显细节。

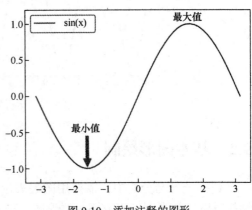

图 9.10　添加注释的图形

227

9.1.6　保存图表

Matplotlib 提供了 savefig() 函数将绘制的图形进行保存，通过调用该函数，可以将当前绘制的图形保存为图像文件，如 PNG、JPG、SVG 等格式。其一般形式为：

```
plt.savefig(fname, dpi=None, facecolor='w', edgecolor='w',
orientation='portrait',
papertype=None, format=None, transparent=False, bbox_inches=None,
pad_inches=0.1, frameon=None, metadata=None)
```

常用参数说明如下：

fname：要保存的文件名或文件路径。

dpi：保存图像的分辨率（每英寸点数），默认为 300 dpi。

format：保存的文件格式，常见的格式包括 'png'、'jpg'、'svg' 等，默认为 'png'。

【例 9.7】绘制图表并将其保存。

```
import matplotlib.pyplot as plt
import numpy as np

x = np.linspace(-3,3,100)
plt.savefig('750x750.png', dpi=75)
y = np.sin(np.pi*x)
plt.plot(x,y)
plt.title('example')
plt.show()
```

输出图形及保存结果如图 9.11 所示。

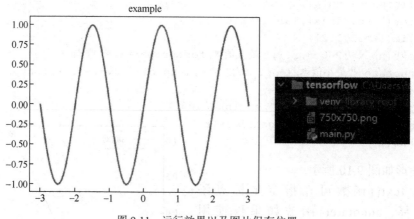

图 9.11　运行效果以及图片保存位置

9.2　基本图形绘制

数据统计与分析中，需要用图表表示数据分布、统计报告等情况。Matplotlib 可以绘制折线图、柱形图、直方图、饼形图、散点图、箱线图等基本图表。

9.2.1　折线图

折线图是用直线段将各数据点连接起来而组成的图形，常用于显示数据序列随时间变化、数据变化的趋势。使用 Pyplot 模块中的 plot() 函数绘制折线图。

【例 9.8】绘制折线图。

```
import matplotlib.pyplot as plt

x = [5,7,11,17,19,25]                              # 点的横坐标
k1 = [0.8222,0.918,0.9344,0.9262,0.9371,0.9353]    # 线 1 的纵坐标
k2 = [0.8988,0.9334,0.9435,0.9407,0.9453,0.9453]   # 线 2 的纵坐标
plt.plot(x,k1,'s-',color = 'b',label="x1")         # 绘制第 1 条折线
plt.plot(x,k2,'o-',color = 'g',label="x2")         # 绘制第 2 条折线
plt.xlabel("x")                                     # 横坐标名字
plt.ylabel("y")                                     # 纵坐标名字
plt.legend(loc = "best")                            # 图例
plt.show()
```

输出图形如图 9.12 所示。

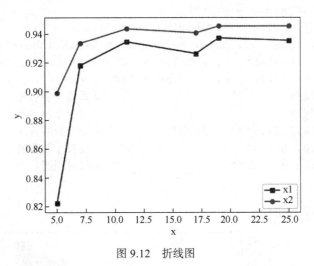

图 9.12　折线图

9.2.2　柱形图

柱形图又称柱状图或条形图，是一种以长方形的长度为变量表达图形的统计报告图，由一系列高度不等的纵向条纹表示数据分布的情况。

Matplotlib 绘制柱形图的函数为 bar()，其一般形式为：

```
plt.bar(x,height,witdth,bottom,*,align,**kwargs)
```

参数说明如下：

x：x 轴标签。

height：柱的高度（即 y 轴数据）。

witdth：柱的宽度。

bottom：柱形基座的 y 坐标。

align：对齐方式，align='center' 表示居中对齐，align='edge' 表示与左边沿对齐。默认是居中对齐。

【例 9.9】绘制柱状图。

示例代码如下：

```
import numpy as np
import matplotlib.pyplot as plt

y1 = [0.8892,0.861,0.9243]
y2 = [0.8966,0.8556,0.9316]
y3 = [0.8867,0.8543,0.9344]
y4 = [0.9016,0.8636,0.9435]
x = np.arange(3)               # 设置总组数
total_width, n = 0.8, 4        # total_width 表示柱状图中一个组的宽度，n 表示一组
                               # 中的柱数
width = total_width / n        # 单个柱的宽度
x = x - (total_width - width) / 2
plt.bar(x, y1, color = "r",width=width,label='a ')
plt.bar(x + width, y2, color = "y",width=width,label='b')
plt.bar(x + 2 * width, y3 , color = "c",width=width,label='c')
plt.bar(x + 3 * width, y4 , color = "g",width=width,label='d')
plt.xlabel("x")                              # 设置 x 轴名称
plt.ylabel("y")                              # 设置 y 轴名称
plt.xticks([0,1,2],['1','2','3'])            # 各个组的名称
plt.ylim((0.8, 0.95))                        # 设置 y 轴范围
plt.legend(loc = "best")                     # 设置图例
plt.show()
```

输出图形如图 9.13 所示。

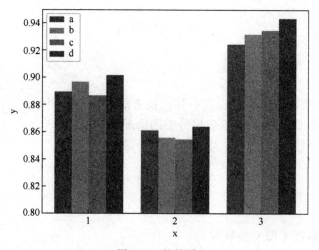

图 9.13　柱状图

9.2.3　直方图

直方图用一系列等宽不等高的长方形表示数据的分布情况，宽度表示数据范围的间隔，高度表示在给定间隔内数据出现的频次。一般用横轴表示数据的取值范围，纵轴表示相应区间内数据点的数量或频率。

Matplotlib 中使用 hist() 函数绘制直方图，其一般形式为：

```
plt.hist(x,bins=10,range=None,normed=False,weights=None,cumulative=False,
bottom=None,histtype='bar',align='mid',orientation='vertical',rwidth=None,
log=False, color=None, edgecolor=None, label=None, stacked=False)
```

常用参数说明如下：

x：要绘制直方图的数据。

bins：直方图条柱的个数。

range：直方图数据的上下范围，默认包含绘图数据的最大值和最小值。

color：直方图的填充色。

edgecolor：直方图边缘颜色。

label：直方图的标签，可通过 legend 展示其图例。

【例 9.10】绘制直方图。

```
import numpy as np
import matplotlib.pyplot as plt

x_value = np.random.randint(140,180,200)          # 创建随机数组
plt.hist(x_value,bins=10,edgecolor="w")           # 绘制直方图
plt.xlabel("height")
plt.ylabel("rate")
plt.show()
```

输出图形如图 9.14 所示。

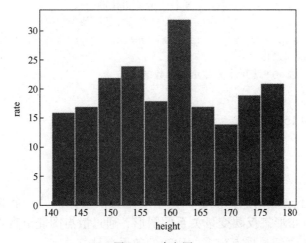

图 9.14　直方图

231

9.2.4 饼形图

饼形图用于显示一个数据系列中各项的大小与各项总和的比例，常用于表示同一等级中不同类别的占比情况。

Matplotlib 中使用 pie() 函数绘制饼形图，其一般形式为：

```
plt.pie(x, explode=None, labels=None, colors=None, autopct=None,
pctdistance=0.6,shadow=False, labeldistance=1.1, startangle=0,
radius=1,counterclock=True,wedgeprops=None,textprops=None,
center=0,0,frame=False,hold=None,data=None)
```

常用参数说明如下：

x：需要绘制饼形图的数据，一维数组或列表。

explode：每个扇形离中心的偏移量，以突出某个部分，默认为 None，表示不偏移。

labels：每个扇形的说明文字。

colors：每个扇形的颜色列表。

autopct：扇形内部显示数据的格式。

pctdistance：百分比标签与圆心的距离。默认为 0.6，表示距离为半径的 0.6 倍。

shadow：是否有阴影。

startangle：第一个扇形图的起始角度。默认为 None，表示从圆形的正上方开始绘制。

radius：饼形图的半径。

【例 9.11】绘制饼形图。

```
import matplotlib.pyplot as plt

labels='A','B','C','D'           # 各个部分的名称
size=[10,20,30,40]               # 各部分所占比例
explode=(0,0.1,0,0)              # 0.1 表示 B 那一块突出来
plt.pie(size,explode=explode,labels=labels,autopct='%1.1f%%',shadow=Fa
lse,startangle=90)
#autopct='%1.1f%%' 表示中间显示百分数的方式
plt.show()
```

输出图形如图 9.15 所示。

9.2.5 散点图

散点图由一些不连续的点构成，以一个变量为横坐标，另一个变量为纵坐标，利用散点（坐标点）的分布形态反映变量关系的图形，通过散点图能更直观地观察数据的分布规律。通常散点图包含的数据点越多，比较的效果会越好。

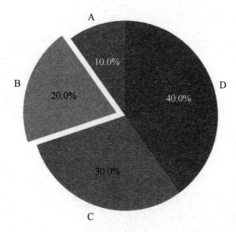

图 9.15　饼形图

在 Matplotlib 中通过 scatter() 函数绘制散点图，其一般形式为：

```
plt.scatter(x, y, s, c, marker, alpha, cmap, norm, vmin, vmax,
linewidths, verts, edgecolors, hold, data, **kwargs)
```

常用参数说明如下：

x，y：x 轴和 y 轴对应的数据。

s：点的大小，如果传入的是一维数组，则表示每个点的大小。

c：点的颜色，如果传入的是一维数组，则表示每个点的颜色。

marker：点的样式。

alpha：点的透明度，值为 0 ～ 1 之间的小数，0 表示透明，1 表示不透明。

linewidths：边缘线的宽度。

edgecolors：边缘颜色。

【例 9.12】某班一组同学身高、体重统计见表 9.5，通过绘制散点图观察身高和体重之间的关系。

表 9.5　身高、体重统计表

身高 /cm	162	178	159	163	168	185	172	188	182	155
体重 /kg	56	82	46	65	63	78	58	90	75	53

```
import numpy as np
import matplotlib.pyplot as plt
import matplotlib as mpl

mpl.rcParams["font.sans-serif"]=["SimHei"]
x=[162,178,159,163,168,185,172,188,182,155]
y=[56,82,46,65,63,78,58,90,75,53]
plt.scatter(x, y, s=100, c='b', marker='*')
plt.xlabel("身高 (cm)",fontsize=14)
plt.ylabel("体重 (kg)",fontsize=14)
plt.show()
```

输出图形如图 9.16 所示。

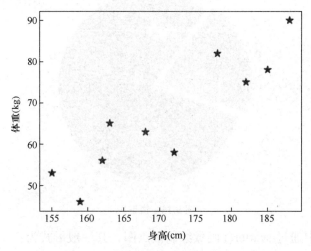

图 9.16　身高和体重对应关系散点图

【例 9.13】生成 500 个符合标准正态分布的随机数，作为数据源，绘制散点图。

```python
import numpy as np
import matplotlib.pyplot as plt

x=np.random.randn(500)          # 生成符合正态分布的 500 个随机数。
y=np.random.randn(500)
plt.scatter(x,y)
plt.show()
```

输出图形如图 9.17 所示。

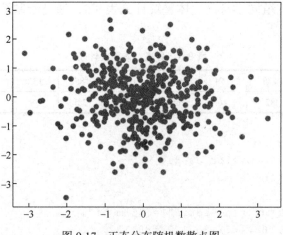

图 9.17　正态分布随机数散点图

在散点图中，如果数据点太多，点和点会有重叠，对数据的解释和分析就会变得困难。可以采取调整透明度的方法，使数据点之间的差异更明显一些。例如，可将例 9.13 中第 6 行代码 plt.scatter（x，y）修改为 plt.scatter（x，y，alpha=0.5，edgecolor='r'），作用是调整点的透明度，并设置点的边缘颜色。修改之后图形输出结果如图 9.18 所示。

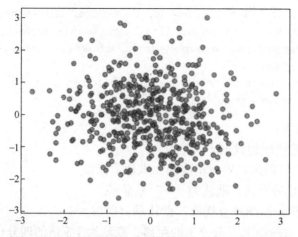

图 9.18　添加透明度和边缘颜色的正态分布随机数散点图

9.2.6　箱线图

箱线图又称为盒式图或箱形图，是一种用作显示一组数据分散情况资料的统计图，因形状如箱子而得名。箱形图能显示出一组数据的最大值、最小值、中位数及上、下四分位数，如图 9.19 所示，由五个数值点组成。

1）下边缘：表示最小值。

2）下四分位数：又称"第一四分位数"，等于该样本中所有数值由小到大排列后第25% 的数字。

3）中位数：又称"第二四分位数"，等于该样本中所有数值由小到大排列后第 50% 的数字。

4）上四分位数：又称"第三四分位数"，等于该样本中所有数值由小到大排列后第75% 的数字。

5）上边缘，表示最大值。

其中第三四分位数与第一四分位数的差距又称四分位间距。

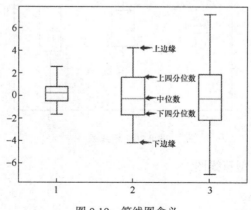

图 9.19　箱线图含义

在 Matplotlib 中通过 boxplot() 函数绘制箱线图，其一般形式为：

```
plt.boxplot(x, notch=None, sym=None, vert=None, whis=None, positions=None,
        widths=None, patch_artist=None, meanline=None, showmeans=None,
        showcaps=None, showbox=None, showfliers=None, boxprops=None,
        labels=None,
        flierprops=None, medianprops=None, meanprops=None, capprops=None,
        whiskerprops=None)
```

常用参数说明如下：

x：指定要绘制箱线图的数据。

notch：是否是凹口的形式展现箱线图，默认非凹口。

sym：指定异常点的形状，默认为"+"号显示。

vert：是否需要将箱线图垂直摆放，默认垂直摆放。

whis：指定上下边缘与上下四分位的距离，默认为 1.5 倍的四分位差。

positions：指定箱线图的位置，默认为 [0，1，2…]。

widths：指定箱线图的宽度，默认值为 0.5。

patch_artist：是否填充箱体的颜色。

labels：为箱线图添加标签。

【例 9.14】绘制简单箱线图。

```
import matplotlib.pyplot as plt
import numpy as np

data=[np.random.normal(0,std,100) for std in range(1,4)]
plt.boxplot(data)
plt.show()
```

输出图形如图 9.20 所示。

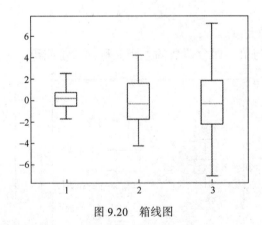

图 9.20　箱线图

【例 9.15】绘制凹凸型箱线图。

```
import numpy as np
import matplotlib.pyplot as plt
```

```
data = [np.random.normal(0, std, 100) for std in range(1, 4)]
fig = plt.figure()
ax1 = fig.add_subplot(121)
plt.boxplot(data, notch=True)                          # 凹口的形式
ax2 = fig.add_subplot(122)
plt.boxplot(data, notch=False, patch_artist=True)      # 非凹口的形式
plt.show()
```

输出图形如图 9.21 所示。

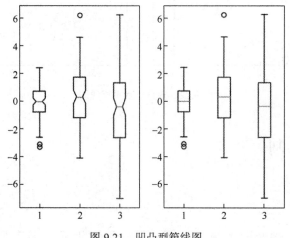

图 9.21　凹凸型箱线图

boxplot() 函数中 notch 参数为 bool 值，表示是否以凹口的形式展现箱线图，程序第 7 行 notch 的值为 True，表示箱线图为凹口形式，绘制结果为图 9.21 左边部分，程序第 9 行 notch 的值为 False，表示箱线图为非凹口形式，绘制结果为图 9.21 右边部分。

【例 9.16】绘制垂直、水平箱线图。

```
import numpy as np
import matplotlib.pyplot as plt

fig = plt.figure()
data = [np.random.normal(0, std, 100) for std in range(1, 4)]
ax1 = fig.add_subplot(121)
plt.boxplot(data, vert=True)          # 箱线图垂直摆放
ax2 = fig.add_subplot(122)
plt.boxplot(data, vert=False)         # 箱线图水平摆放
plt.show()
```

输出图形如图 9.22 所示。

boxplot() 函数中 vert 参数为 bool 值，表示是否需要将箱线图垂直摆放，程序第 7 行 vert 的值为 True，表示垂直放置箱线图，绘制结果为图 9.22 左边部分，程序第 9 行 vert 的值为 False，表示水平放置箱线图，绘制结果为图 9.22 右边部分。

237

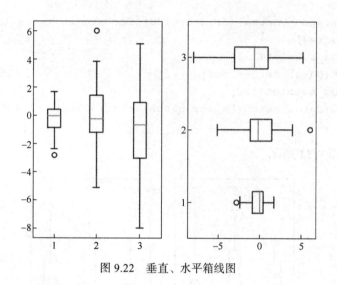

图 9.22　垂直、水平箱线图

9.3　高级图形绘制

9.3.1　雷达图

雷达图，也称为蜘蛛图或极坐标图，是一种用于显示多个变量之间相互关系的图表形式。它以一个中心点为起点，从中心向外辐射出多个均匀分布的轴线，每条轴线代表一个变量。通过在每条轴线上标注不同的数值，并将这些数值连接起来，可以形成一个多边形，多边形的形状和大小反映不同变量之间的关系。雷达图常用于比较多个项目或多个实体在不同维度上的表现。使用 Pyplot 模块中的 plot() 函数绘制雷达图。

【例 9.17】绘制表示成绩分布的雷达图。

```python
import numpy as np
import matplotlib.pyplot as plt
import matplotlib as mpl


mpl.rcParams['font.sans-serif'] = ['SimHei']
results = [{"大学英语": 87, "高等数学": 79, "离散数学": 95, "计算机基础":
92, "C语言程序设计": 85}, {"大学英语": 71, "高等数学": 90, "离散数学": 75,
"计算机基础": 85, "C语言程序设计": 90}]
data_length = len(results[0])
# 将极坐标根据数据长度进行等分
angles = np.linspace(0, 2*np.pi, data_length, endpoint=False)
labels = [key for key in results[0].keys()]
score = [[v for v in result.values()] for result in results]
# 使雷达图数据封闭
score_a = np.concatenate((score[0], [score[0][0]]))
```

```
score_b = np.concatenate((score[1], [score[1][0]]))
angles = np.concatenate((angles, [angles[0]]))
labels = np.concatenate((labels, [labels[0]]))
# 设置图形的大小
fig = plt.figure(figsize=(8, 6), dpi=100)
# 新建一个子图
ax = plt.subplot(111, polar=True)
# 绘制雷达图
ax.plot(angles, score_a, color='r',linestyle='--', linewidth=3)
ax.plot(angles, score_b, color='b')
# 设置雷达图中每一项的标签显示
ax.set_thetagrids(angles*180/np.pi, labels)
# 设置雷达图的 0 度起始位置
ax.set_theta_zero_location('N')
# 设置雷达图的坐标刻度范围
ax.set_rlim(0, 100)
# 设置雷达图的坐标值显示角度，相对于起始角度的偏移量
ax.set_rlabel_position(270)
ax.set_title(" 第一学期成绩 ")
plt.legend([" 徐同学 ", " 张同学 "], loc='best')
plt.show()
```

输出图形如图 9.23 所示。

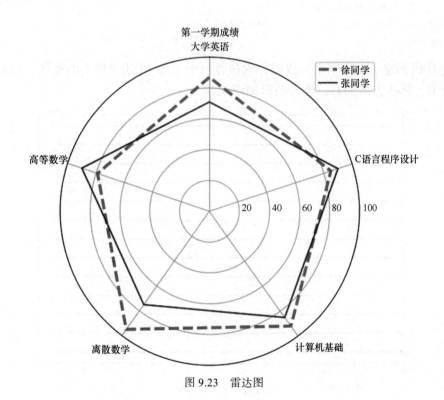

图 9.23　雷达图

239

9.3.2 流线图

流线图是流向图的变体，用来展示流体在平面上的流动方向和速度分布，以及场梯度的变化情况。流线图中通常使用箭头线表示流体的流动方向和速度大小，箭头的方向表示流体的流动方向，箭头的长度和粗细表示流体的速度大小。

Matplotlib 中使用 streamplot() 函数绘制流线图，其一般形式为：

```
streamplot(x_grid, y_grid, x_vec, y_vec, density=spacing)
```

参数说明如下：

x_grid，y_grid：绘图网格的 x 坐标和 y 坐标。

x_vec，y_vec：在每个网格点处的流场速度矢量的 x 分量和 y 分量。

density：表示流线的密度。

【例 9.18】绘制水平流线图。

```
import numpy as np
import matplotlib.pyplot as plt

x = np.arange(0, 10)            #生成数组
y = np.arange(0, 10)            #生成数组
u = np.ones((10, 10))          #设置 x 分量方向
v = np.zeros((10, 10))         #设置 y 分量方向
fig = plt.figure(figsize=(9, 6))
plt.streamplot(x, y, u, v, density=0.5)
plt.show()
```

以上代码创建了一个水平流线图，它包含一个 10×10 的网格上的流线，所有的流线都是平行的，箭头方向朝右。输出图形如图 9.24 所示。

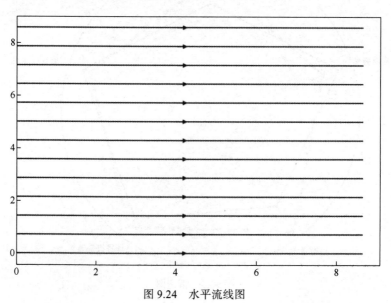

图 9.24　水平流线图

240

在例 9.18 中 x 和 y 是均匀间隔网格上的一维数组，u 和 v 是 x 和 y 的二维速度数组，其中行数应该与 y 的长度相匹配，列数应该与 x 相匹配，密度 density 是一个 float 值，它控制着流线的紧密程度。

【例 9.19】绘制不同密度的流线图。

```python
import numpy as np
import matplotlib.pyplot as plt

w = 3
y, x = np.mgrid[-w:w:100j, -w:w:100j]
u = x ** 2 + y
v = x - y ** 2
fig = plt.figure(figsize=(9, 6))
plt.streamplot(x, y, u, v, density=1)
plt.show()
```

输出图形如图 9.25 所示。

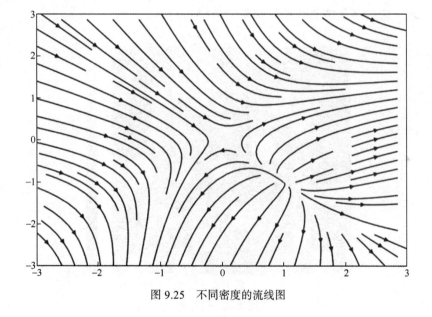

图 9.25　不同密度的流线图

9.3.3　热力图

热力图是一种关系型数据的可视化图形，有时也称为交叉填充表，该图形最典型的用法就是实现列联表的可视化，即通过图形的方式展现两个离散变量之间的组合关系。Matplotlib 中使用 seaborn 模块中的 heatmap() 函数绘制热力图，其一般形式为：

```python
seaborn.heatmap(data, vmin=None, vmax=None, cmap=None, center=None,
robust=False, annot=None, fmt='.2g', annot_kws=None, linewidths=0, linecolor=
'white', cbar=True, cbar_kws=None, cbar_ax=None, square=False, xticklabels=
'auto', yticklabels='auto', mask=None, ax=None, **kwargs)
```

常用参数说明如下：

data：要显示的数据。

vmin，vmax：显示的数据值的最大值和最小值的范围。

cmap：设置颜色映射方案的名称或颜色映射对象。

center：指定色彩的中心值。

xticklabels，yticklabels：设置 x 轴和 y 轴刻度标签的显示方式。

【例 9.20】绘制热力图。

```python
import matplotlib.pyplot as plt
import numpy as np
import seaborn as sns

uniform_data = np.random.rand(10, 12)      # 生成随机数据
ax = sns.heatmap(uniform_data, vmin=0, vmax=1)
plt.show()
```

将随机生成的数据用热力图进行表示，如图 9.26 所示。每个单元格颜色的深浅代表数值的高低，通过颜色能直观地看到某个数据的大小。

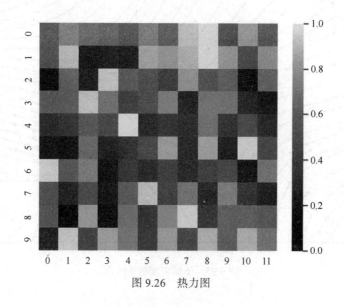

图 9.26　热力图

9.3.4　极坐标图

在平面内取一个定点 O，称为极点，引一条射线 Ox，称为极轴，再选定一个长度单位和角度的正方向（通常取逆时针方向）。对于平面内任何一点 M，用 r 表示线段 OM 的长度，θ 表示从 Ox 到 OM 的角度，r 称为点 M 的极径，θ 为点 M 的极角，有序数对 (r, θ) 就称为点 M 的极坐标，这样建立的坐标系就是极坐标系。极坐标是用角度和长度描述位置的坐标系。

Matplotlib 中绘制极坐标图可以使用 plot() 函数，也可以使用 polar () 函数。polar()

函数的一般形式为：

```
polar(theta, r, **kwargs)
```

参数说明如下：

theta：极坐标中的角度值，可以是一个数组或列表。

r：极坐标中的径向值，可以是一个数组或列表。

**kwargs：用于自定义线标签、线宽、颜色等特性。

【例 9.21】绘制一个简单的极坐标图。

```
import numpy as np
import matplotlib.pyplot as plt

x=np.arange(1,20)              # 生成数组
fig = plt.figure()            # 创建画布
# 在画布上添加 1 个子块，标定绘图位置
ax = fig.add_subplot(1, 1, 1, projection='polar')
plt.polar(x, 'ro')            # 绘制极坐标图
plt.show()
```

输出图形如图 9.27 所示。

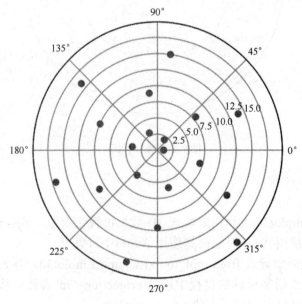

图 9.27　极坐标图

【例 9.22】绘制一个极坐标图并标注点的坐标。

```
import numpy as np
import matplotlib.pyplot as plt

x=np.arange(1,11)                    # 生成数组
y=x**2
```

```
fig = plt.figure()                      # 创建画布
# 在画布上添加 1 个子块，标定绘图位置
ax = fig.add_subplot(1, 1, 1, projection='polar')
for x, y in zip(x, y):
    plt.plot(x, y, 'ro')                # 绘制极坐标图
    # 添加每个点的极坐标
    plt.text(x, y, '%d, %d' % (int(x), int(y)), horizontalalignment='center',
            verticalalignment='bottom')
plt.show()
```

输出图形如图 9.28 所示。

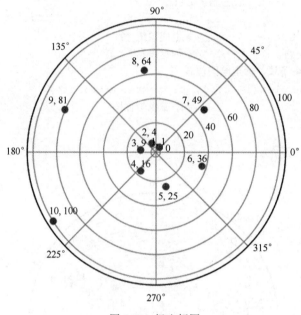

图 9.28　极坐标图

9.3.5　3D 曲线图

Matplotlib 中的 mplot3d 工具用来实现 3D 数据可视化功能，mplot3d 仍然使用 Figure 对象，但轴对象不是使用 Axes 对象而是使用 Axes3D 对象。

绘制三维图首先需要导入 from mpl_toolkits import mplot3d。导入这个子模块后，就可以在创建任意一个普通坐标轴的过程中添加 projection='3d' 参数，从而创建一个三维坐标轴。建立三维坐标轴可采用以下方法：

```
from mpl_toolkits import mplot3d
import matplotlib.pyplot as plt
fig = plt.figure()
ax = plt.axes(projection='3d')
plt.show()
```

创建坐标轴代码输出图形如图 9.29 所示。

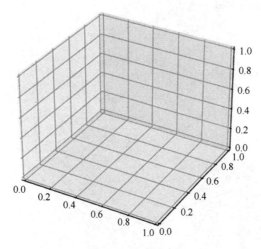

图 9.29　三维坐标

最基本的三维图是由 (x, y, z) 三维坐标点构成的线图与散点图。与普通二维图类似，可以使用 ax.plot3D 与 ax.scatter3D 函数来创建。不仅创建方式类似，三维图形函数的参数也和二维图函数的参数基本相同。

【例 9.23】绘制一个三角螺旋线并在线上随机分布一些散点。

```python
from mpl_toolkits import mplot3d
import matplotlib.pyplot as plt
import numpy as np

ax = plt.axes(projection='3d')
# 三维线的数据
zline = np.linspace(0, 15, 1000)
xline = np.sin(zline)
yline = np.cos(zline)
ax.plot3D(xline, yline, zline, 'gray')
# 三维散点的数据
zdata = 15 * np.random.random(100)
xdata = np.sin(zdata) + 0.1 * np.random.randn(100)
ydata = np.cos(zdata) + 0.1 * np.random.randn(100)
ax.scatter3D(xdata, ydata, zdata, c=zdata, cmap='Greens');
plt.show()
```

输出图形如图 9.30 所示。

ax.contour3D 要求所有数据都是二维网格数据的形式，并且由函数计算 z 轴数值。

【例 9.24】使用三维正弦函数绘制三维等高线图。

```python
import numpy as np
from mpl_toolkits import mplot3d
import matplotlib.pyplot as plt

x = np.linspace(-6, 6, 30)
```

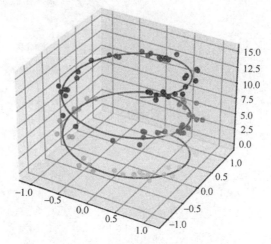

图 9.30　三角螺旋线 3D 图

```
y = np.linspace(-6, 6, 30)
X, Y = np.meshgrid(x, y)
Z = np.sin(np.sqrt(X ** 2 + Y ** 2))
fig = plt.figure()
ax = plt.axes(projection='3d')
ax.contour3D(X, Y, Z, 50, cmap='binary')
ax.set_xlabel('x')
ax.set_ylabel('y')
ax.set_zlabel('z')
plt.show()
```

输出图形如图 9.31 所示。

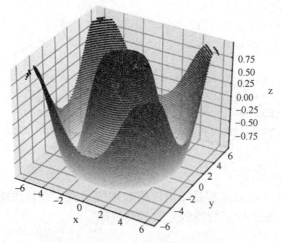

图 9.31　三维等高线图

有时候在绘图时需要改变默认的初始显示角度，Matplotlib 提供了 view_init() 函数可以调整观察角度与方位角。例如，可以将俯仰角调整为 60°（x-y 平面的旋转角度），方位角调整为 35°（绕 z 轴顺时针旋转 35°）。例如，在例 9.24 中添加以下语句进行转角：

```
ax.view_init(60,35)
```

转换角度之后输出图形如图 9.32 所示。

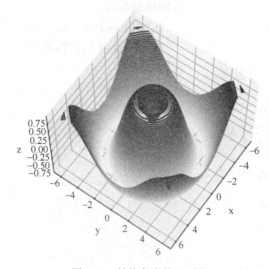

图 9.32　转换角度的 3D 图

9.4　本章小结

Matplotlib 是 Python 中最常用的可视化库之一，其内置的函数能方便地绘制各种常见图形。本章围绕数据可视化展开，介绍了 Pyplot 模块中线形图、子图的绘制函数，以及给图形添加标签、注释和保存图表的具体方法。通过具体实例讲解了折线图、柱形图、直方图、饼形图、散点图、箱线图、雷达图、流线图、热力图、极坐标图和 3D 曲线图的绘制。

Matplotlib 模块中还有其他的可视化工具，本章介绍了常用的可视化图形函数，读者若想深入了解数据可视化，可进一步查阅相关资料。

习　　题

1. 选择题

（1）Matplotlib 中的哪个包提供了一批操作和绘图函数（　　　）。

A. pyplot　　　　　　B. Bar　　　　　　C. rcparams　　　　　　D. pprint

（2）以下关于绘图标准流程说法错误的是（　　　）。

A. 绘制简单的图形可以使用缺省的画布

B. 添加图例可以在绘制图形之前

C. 添加 x 轴、y 轴的标签可以在绘制图形之前

D. 修改 x 轴标签、y 轴标签和绘制的图形没有先后

（3）下面代码中的 plt 的含义是（　　）。

```
import matplotlib.pyplot as plt
```

A. 变量名　　　　　B. 类名　　　　　C. 别名　　　　　D. 函数名

（4）使用（　　）可以给坐标系增加横轴标签。

A. plt.xlabel（" 标签 "）　　　　　B. plt.label（x," 标签 "）

C. plt.ylabel（" 标签 "）　　　　　D. plt.label（y," 标签 "）

（5）plt.text() 函数的作用是（　　）。

A. 在任意位置增加文本

B. 给坐标轴增加题注

C. 给坐标轴增加文本标签

D. 给坐标系增加标题

（6）以下代码绘制的图形为（　　）。

```
import matplotlib.pyplot as plt
x = [4, 9, 2, 1, 8, 5]
plt.plot(x)
plt.show()
```

A. 一条以 0 ～ 5 为横坐标，x 对应值为纵坐标的线

B. 一条以 x 对应值为纵坐标的散点

C. 一条以 x 对应值为横轴坐标，以 0 ～ 5 为纵坐标的线

D. 一条以 x 对应值为横轴坐标的散点

2. Python 中的 Matplotlib 模块的作用是什么？

3. Pyplot 库中常用的数据可视化函数有哪些？

4. 在区间 $[0, 2]$ 上绘制函数 $f(x) = \sin^2(x - 2)\mathrm{e}^{-x^3}$，并添加适当的标签和标题。

5. 随机生成一组数据并绘制直方图。

6. 绘制一个三维球面图，并在图中添加标题。

7. 将 $y = 2x^3 - 1$、$y = \sin(3x + 9)$、$y = 6x + 1$、$y = 2^x$ 绘制在一张 2×3 布局的图中，运行结果图以 800×800 的尺寸保存在 D 盘的目录下。

第 10 章

SciPy 科学计算

SciPy 是 Python 中科学计算的核心包，SciPy 以 NumPy 模块为基础添加了科学计算的模块，包括最优化、线性代数、积分、拟合、特殊函数、快速傅里叶变换、信号处理、图像处理、常微分方程求解器等，因此 SciPy 可以被广泛用于数学、科学、工程学等领域。

SciPy 由特定任务的子模块组成，常用的子模块见表 10.1。

表 10.1　常用 SciPy 子模块

模块	说明
cluster	向量量化
constants	数学常量
integrate	积分
interpolate	插值
optimize	优化
linalg	线性代数
stats	统计
io	数据输入输出

这些模块都依赖于 NumPy，但大多是相互独立的。导入 NumPy 和这些 SciPy 模块的标准方法是：

```
import numpy as np
import scipy as
```

本节主要介绍通过 SciPy 库的子模块解决数学问题。

10.1　SciPy 中的科学计算工具

10.1.1　线性方程组求解

线性代数是科学计算中经常涉及的计算方法，SciPy 提供了线性代数计算函数，这些函数基本都放在 scipy.linalg 模块中，可分为基本求解方法、特征值问题、矩阵分解、矩阵函数、矩阵方程求解、特殊矩阵构造等几类。

求解线性方程使用 scipy.linalg 模块中的 solve() 函数，该函数接收两个参数：数组 a

和数组 b。其中数组 a 表示系数，数组 b 表示等号右侧值。

【例 10.1】求解下列线性方程组。

$$\begin{cases} 3x + 5y = 5 \\ x - y = 3 \\ 3y + z = -1 \end{cases}$$

该线性方程组用矩阵可表示为：

$$\begin{bmatrix} 3 & 5 & 0 \\ 1 & -1 & 0 \\ 0 & 3 & 1 \end{bmatrix} \begin{bmatrix} x \\ y \\ z \end{bmatrix} = \begin{bmatrix} 5 \\ 3 \\ -1 \end{bmatrix}$$

程序代码如下：

```python
import numpy as np
from scipy import linalg

a = np.array([[3, 5, 0], [1, -1, 0], [0, 3, 1]])      # 系数矩阵
b = np.array([5, 3, -1])
x = linalg.solve(a, b)                                 # 求解线性方程组
print(x)
```

程序运行结果：

```
[ 2.5 -0.5 0.5]                                        # 依次为 x,y,z 的值
```

10.1.2　范数

范数（norm）是数学中的一种基本概念。在泛函分析中，它定义在赋范线性空间中，并满足一定的条件，即①非负性；②齐次性；③三角不等式。它常常被用来度量某个向量空间（或矩阵）中的每个向量的长度或大小。.

SciPy 提供了函数 linalg.norm() 来计算向量或矩阵的范数，常用范数见表 10.2。

表 10.2　常用范数

向量范数	含义	矩阵范数	含义
0 范数	向量中非零元素的个数	1 范数	矩阵中每列元素和的最大值
1 范数	向量元素绝对值之和	−1 范数	矩阵中每列元素和的最小值
2 范数	欧几里得范数	'fro' 范数	矩阵中所有元素平方和的平方根
∞ 范数	所有向量元素绝对值中的最大值	∞ 范数	矩阵中每行元素和的最大值
− ∞ 范数	所有向量元素绝对值中的最小值	− ∞ 范数	矩阵中每行元素和的最小值
p 范数	向量元素绝对值的 p 次方和的 1/p 次幂	2 范数	矩阵的最大奇异值

【例 10.2】输出矩阵中的常用范数。

```
from scipy import linalg
import numpy as np

M=np.array([[5, 6],[3,4]])              # 创建矩阵
print('M 矩阵的 1 范数为: \n',linalg.norm(M,1))
print('M 矩阵的 2 范数为: \n',linalg.norm(M,2))
print('M 矩阵的正无穷范数为: \n',linalg.norm(M,np.inf))
print('M 矩阵的 fro 范数为: \n',linalg.norm(M,'fro'))
```

程序运行结果:

```
M 矩阵的 1 范数为: 10.0
M 矩阵的 2 范数为: 9.271109059321276
M 矩阵的正无穷范数为: 11.0
M 矩阵的 fro 范数为: 9.273618495495704
```

10.1.3 统计分布

SciPy 中的 stats 模块包含了各种连续分布和离散分布模型。在统计分布中，用概率质量函数（Probability Mass Function，PMF）和累积分布函数（Cumulative Distribution Function，CDF）表示离散变量的分布，用概率密度函数（Probability Distribution Function，PDF）和累积分布函数（CDF）表示连续变量的分布。PMF 定义了随机变量的所有可能值 x 的概率，PDF 和 PMF 相同，但用于连续值，CDF 表示随机变量 X 的结果小于或等于值 X 的概率，CDF 既可用于离散分布，也用于连续分布。

1. 伯努利分布

伯努利分布是一种离散分布，又称为两点分布或 0-1 分布，它的随机变量只取 0 或者 1。进行一次事件试验，该事件发生的概率为 p，不发生的概率为 $1-p$。这是一个最简单的分布，任何一个只有两种结果的随机现象都服从 0-1 分布，如抛硬币观察正反面、打枪上靶统计等。

【例 10.3】伯努利分布应用：打枪上靶实验。

```
import numpy as np
from scipy import stats
import matplotlib.pyplot as plt
import matplotlib as mpl

mpl.rcParams['font.sans-serif'] = ['SimHei']
plt.grid()
x=np.arange(0,2,1)
p=0.75                                  # 打枪上靶率
pList=stats.bernoulli.pmf(x,p)
print(pList)
plt.plot(x,pList,marker='o',linestyle='None')
#vline 用于绘制竖直线 (x 坐标值，y 坐标最小值，y 坐标最大值)
```

251

```
plt.vlines(x,(0,0),pList)
plt.xlabel(' 随机变量：打枪上靶 1 次 ')
plt.ylabel(' 概率 ')
plt.title(' 伯努利分布：p=%.2f'% p)
plt.show()
```

程序运行结果：

```
[0.25 0.75]
```

输出图形如图 10.1 所示。

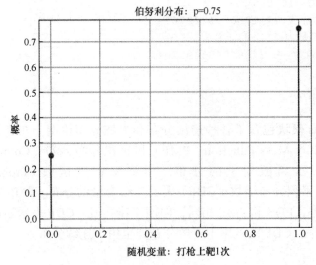

图 10.1　伯努利分布

2. 二项分布

二项分布又称为 n 重伯努利分布。如果随机变量序列 X_n（$n=1$，2，…）中的随机变量均服从参数为 p 的伯努利分布，那么随机变量序列 X_n 就形成了参数为 p 的 n 重伯努利分布。例如，假定重复抛掷一枚均匀硬币 n 次，如果在第 i 次抛掷中出现正面，令 $X_i=1$；如果出现反面，则令 $X_i=0$。那么，随机变量 X_n（$n=1$，2，…）就形成了参数为 1/2 的 n 重伯努利试验。

【例 10.4】二项分布应用：打枪上靶实验，打靶 10 次，命中 8 环的概率分布。

```
import numpy as np
from scipy import stats
import matplotlib.pyplot as plt
import matplotlib as mpl

mpl.rcParams['font.sans-serif'] = ['SimHei']
plt.grid()
n=10                    # 打枪次数
p=0.75                  #8 环命中率
```

```
x=np.arange(0,n+1,1)
# 求对应分布的概率：概率质量函数 (PMF)
pList=stats.binom.pmf(x,n,p)
print(pList)
plt.plot(x,pList,marker='o',linestyle='None')
plt.vlines(x,0,pList)
plt.xlabel(' 随机变量：打中 8 环次数 ')
plt.ylabel(' 二项分布概率 ')
plt.title(' 二项分布：n=%i,p=%.3f'%(n,p))
plt.show()
```

程序运行结果：

```
[9.53674316e-07 2.86102295e-05 3.86238098e-04 3.08990479e-03
 1.62220001e-02 5.83992004e-02 1.45998001e-01 2.50282288e-01
 2.81567574e-01 1.87711716e-01 5.63135147e-02]
```

输出二项分布概率如图 10.2 所示。

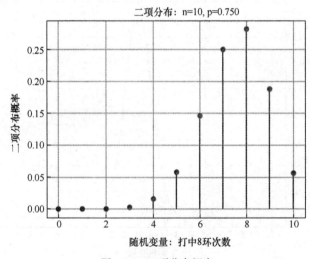

图 10.2　二项分布概率

3. 正态分布

正态分布也称为高斯分布，是统计学中最重要的连续概率分布。

若随机变量 X 服从一个数学期望为 μ、方差为 δ^2 的正态分布，记为 $N(\mu,\delta^2)$。其概率密度函数为正态分布的期望值 μ 决定了其位置，其标准差 σ 决定了分布的幅度。当 $\mu=0$、$\delta=1$ 时的正态分布是标准正态分布。

【例 10.5】正态分布应用。

```
import numpy as np
from scipy import stats
import matplotlib.pyplot as plt
```

253

```
import matplotlib as mpl

mpl.rcParams['font.sans-serif'] = ['SimHei']          # 中文雅黑字体
mu=0                                                  # 平均值
sigma=1                                               # 标准差
x=np.arange(-10,10,0.1)
y=stats.norm.pdf(x,mu,sigma)
plt.plot(x,y)
plt.xticks(np.arange(-10, 10, 1))
plt.xlabel(' 随机变量: x')
plt.ylabel(' 概率 ')
plt.title(' 正态分布: $\mu$=%.1f,$\sigma^2$=%.1f'%(mu,sigma))
plt.grid()
plt.show()
```

输出图形如图 10.3 所示。

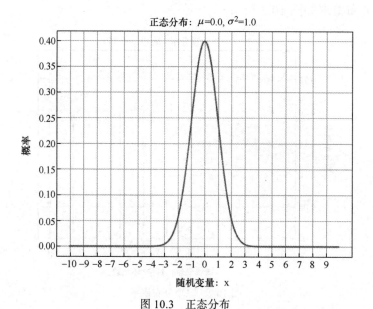

图 10.3　正态分布

10.1.4　积分

scipy.integrate 模块是 SciPy 中负责处理积分操作的模块，该模块中常用函数见表 10.3。

表 10.3　scipy.integrate 模块中的常用函数

函数	说明
quad()	一重积分
dblquad()	二重积分
tplquad()	三重积分
nquad()	n 倍多重积分
fixed_quad()	高斯积分

【例 10.6】使用 scipy.integrate 实现 [0，1] 区间上高斯函数的积分 $\int_0^1 e^{-x^2}$。

```
import scipy.integrate
from numpy import exp

f= lambda x:exp(-x**2)
i = scipy.integrate.quad(f, 0, 1)
print (i)
```

程序运行结果：

```
(0.7468241328124271, 8.291413475940725e-15)
```

程序第 5 行使用 quad() 函数计算积分，该函数返回两个值，其中第一个是积分值，第二个是积分值绝对误差的估计值。

【例 10.7】使用 scipy.integrate 计算二重积分 $\int_0^{1/2} dy \int_0^{\sqrt{1-2y^2}} 8xy dx$。

```
import scipy.integrate
from math import sqrt

f = lambda x, y : 8*x*y
g = lambda x : 0
h = lambda y : sqrt(1-2*y**2)
i = scipy.integrate.dblquad(f, 0, 0.5, g, h)
print(i)
```

程序运行结果：

```
(0.375, 1.2071790918144718e-14)
```

10.1.5　插值

插值是通过已知的离散点求未知数据的过程或方法。SciPy 提供了 scipy.interpolate 模块进行插值操作，使用该模块时应先导入，可采用以下方法导入：

```
from scipy import interpolate
```

1. 一维插值

一维插值是一种在给定有限数据点集合的情况下，通过构建一个函数来近似估计这些数据点之间的值。

一维数据的插值运算可以通过 interp1d() 函数完成，该函数接收两个参数 x 点和 y 点，返回值是可调用函数，该函数可以用新的 x 调用并返回相应的 y，y = f (x)。

【例 10.8】一维插值应用。

```
from scipy.interpolate import interp1d
```

```
import numpy as np
import matplotlib.pyplot as plt
import random

np.random.seed(200)
x = np.random.randn(10)
y = np.random.randn(10)
f = interp1d(x, y, kind='cubic')              # 调用插值函数
x_new = np.linspace(start=x.min(), stop=x.max(), num=40)
y_new = f(x_new)                              # 调用经由 interp1d 返回的函数
plt.plot(x, y, 'ro',x_new, y_new, '*b-')
plt.show()
```

输出图形如图 10.4 所示。

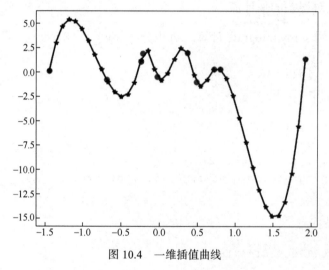

图 10.4　一维插值曲线

在图 10.4 中，红色的点为原序列的取值点，蓝色的 ' * ' 代表插值函数选取的插值点，将插值后的点连起来就为蓝色的线，连接起来之后能看到曲线的模样，表示是在拟合的曲线上进行重新采样，达到插值的效果。

注意： x_new 应该与 x 处于相同的范围内。

2. 样条插值

在一维插值中，将点拟合为一条曲线，而在样条插值中，将点与由多项式定义的分段函数（称为样条）拟合。样条插值使用 InterpolatedUnivariateSpline() 函数，InterpolatedUnivariateSpline() 函数接收 x 和 y 作为参数并生成可调用的函数，该函数可通过新的 x 进行调用。

【例 10.9】 样条插值应用。

```
from scipy.interpolate import InterpolatedUnivariateSpline
import numpy as np
import matplotlib.pyplot as plt
```

```
import random

np.random.seed(10000)
x = np.linspace(-5, 5, 20)
y = np.exp(-x**2) + 0.01*np.random.randn(20) + 1
f = InterpolatedUnivariateSpline(x, y)
x_new = np.linspace(-5, 5, 100)
y_new = f(x_new)
plt.plot(x, y, 'r*',x_new,y_new, 'b-', lw=2)
plt.show()
```

输出图形如图 10.5 所示。

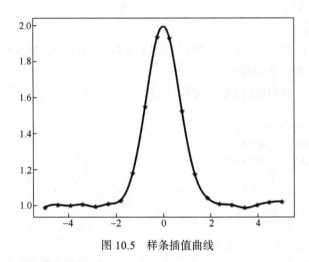

图 10.5　样条插值曲线

10.2　SciPy 中的优化

SciPy 的 optimize 模块提供了常用的最优化算法函数实现，可以直接调用这些函数解决优化问题，如查找函数的最小值或方程的根等。

10.2.1　方程求解及求极值

SciPy 中的 optimize.root() 函数可以求解非线性方程的根，该函数接收两个参数，分别是：

fun：表示方程的函数。

x0：根的初始猜测。

该函数返回一个解决方案表示为 OptimizeResult 对象，其重要属性是：x 为解决方案的数组，success 为指示算法是否成功退出的布尔标志和说明终止原因的信息。

【例 10.10】使用 root() 函数求解方程 $x + \cos x = 0$ 的根。

```
from scipy.optimize import root
from math import cos
```

257

```
def func(x):
    return x+cos(x)
myroot = root(func, 0)
print(myroot.x)
```

程序运行结果：

```
[-0.73908513]
```

SciPy 中的 optimize.minimize() 函数用来求函数最小值，该函数接收三个参数，分别是：

fun：要优化的函数。

x0：初始猜测值。

method：要使用的方法名称，值可以是：'CG'，'BFGS'，'Newton-CG'，'L-BFGS-B'，'TNC'，'COBYLA'，'SLSQP'。

【例 10.11】使用 BFGS() 函数求抛物线 $f(x) = x^2 + 3x + 4$ 的极小值。

```
import numpy as np
from scipy import optimize
import matplotlib.pyplot as plt

def f(x):
    return x**2 + 3*x + 4

x = np.arange(-10, 10, 0.1)
plt.plot(x, f(x))                          # 绘制函数曲线
# 第一个参数是函数名，第二个参数是梯度下降的起点，返回值是函数最小值的 x 值
xout = optimize.fmin_bfgs(f, 0)
xmin = xout[0]                             # x 值
ymin = f(xmin)                             # y 值，即函数最小值
print('xmin: ', xmin)
print('ymin: ', ymin)
plt.scatter(xmin, ymin, s=15, c='r')       # 绘制最小值的点
plt.show()
```

程序运行结果：

```
Optimization terminated successfully.
Current function value: 1.750000
Iterations: 2
Function evaluations: 6
Gradient evaluations: 3
xmin:  -1.5000000141634802
ymin:  1.75
```

输出图形如图 10.6 所示。

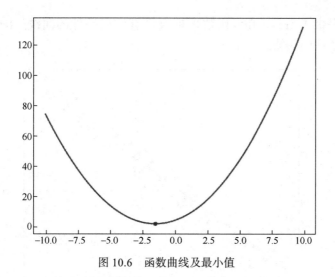

图 10.6　函数曲线及最小值

10.2.2　数据拟合

数据拟合是用一个连续函数（曲线）靠近给定的离散数据，使其与给定的数据相吻合。

1. 多项式拟合

多项式拟合是用一个 n 阶多项式描述点 (x, y) 的关系：

$$y = a_n x^n + a_{n-1} x^{n-1} + \cdots + a_1 x^1 + a_0 x^0 = \sum_{i=0}^{n} a_i x^i$$

多项式拟合的目的是找到一组系数 a，使得拟合得到的曲线和真实数据点之间的距离最小。

多项式拟合的系数可以使用 NumPy 模块的 np.ployfit() 函数得到。

【例 10.12】多项式拟合。

```
import numpy as np
import matplotlib.pyplot as plt

x=np.linspace(-5,5,100)
y=4*x+15                          # 待拟合函数
y_noise=y+np.random.randn(100)*2
coeff=np.polyfit(x,y_noise,1)
plt.plot(x,y_noise,'*r',x,coeff[0]*x+coeff[1])
```

多项式拟合结果如图 10.7 所示。

2. 曲线拟合

曲线拟合可分为没有约束条件的曲线拟合和带有约束条件的曲线拟合。SciPy 的

259

optimize 模块中提供了 curve_fit() 函数来拟合没有约束条件的曲线，least_squares() 函数来拟合带有约束条件的曲线。

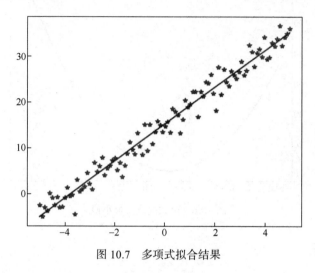

图 10.7　多项式拟合结果

【例 10.13】曲线拟合。

```python
import numpy as np
from scipy.optimize import curve_fit
import matplotlib.pyplot as plt

np.random.seed(10)
def fun(x):
    # 用来模拟测量误差
    measurement_error = np.random.randn(len(x))
    # 模拟数据
    y = 5 * x ** 2 + measurement_error
    return y

def objective_fun(x,a):
    # 定义二次函数作为目标函数
    return a * x**2

x = np.arange(0,10,1) * 0.2
y = fun(x)
pout,m = curve_fit(objective_fun,x,y)
# 获取参数
a = pout
# 绘制数据点和预测的函数
plt.scatter(x,y,label='data')
plt.plot(x,objective_fun(x,a),"--",color="r",label="objective quadratic
function")
plt.legend()
plt.show()
```

曲线拟合输出图形如图 10.8 所示。

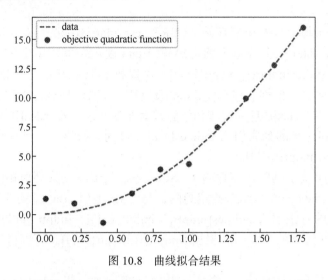

图 10.8　曲线拟合结果

10.3　SciPy 中的稀疏矩阵处理

在矩阵中，若数据为零的元素数目远远多于非零元素的数目，并且非零元素分布没有规律时，则称该矩阵为稀疏矩阵；与之相反的称为稠密矩阵。在科学与工程领域中求解线性模型时经常出现大型的稀疏矩阵。

10.3.1　稀疏矩阵的存储

对于稀疏矩阵，如果按照正常方式存储所有元素，则这些矩阵所占空间将十分巨大，尤其是当矩阵的维度特别多的时候，稀疏矩阵会造成巨大的空间浪费。为了降低存储空间，稀疏矩阵通常只保存非零值及其对应的位置。

在 Python 中，根据存储方式不同，可以将稀疏矩阵分成以下几类：

bsr_matrix（Block Sparse Row matrix）：基于行的分块存储。

coo_matrix（A sparse matrix in COOrdinate format）：坐标形式存储（COO）。

csr_matrix（Compressed Sparse Row matrix）：基于行的压缩存储（CSR）。

csc_matrix（Compressed Sparse Column matrix）：基于列的压缩存储（CSC）。

dia_matrix（Sparse matrix with DIAgonal storage）：对角线存储。

dok_matrix（Ditictionary Of Keys based sparse matrix）：基于键值对的存储。

lil_matrix（Row-based linked list sparse matrix）：基于行的链表存储。

在存储方式中，COO 方式在构建矩阵时比较高效，CSC 和 CSR 方式在乘法计算时比较高效。

（1）Coordinate Matrix 对角存储矩阵（COO）　coo_matrix 是最简单的存储方式，采用三个数组 row、col 和 data 保存非零元素的行下标、列下标与值，这三个数组的长度相同。一般来说，coo_matrix 主要用来创建矩阵，因为 coo_matrix 无法对矩阵的元素进行增删改等操作，一旦创建之后，除了将其转换成其他格式的矩阵，几乎无法对其做任何操作和矩阵运算。

（2）csr_matrix 基于行的压缩存储（CSR） csr_matrix 是按行对矩阵进行压缩的，通过 indices，indptr，data 三个数组来确定矩阵。data 表示矩阵中的非零数据，第 i 行非零元素的列索引为 indices[indptr[i]:indptr[i+1]]，可以将 indptr 理解成利用其自身索引 i 来指向第 i 行元素的列索引，根据 [indptr[i]:indptr[i+1]]，可以得到该行中的非零元素个数。

若 index[i] = 5 且 index[i+1] = 5，则第 i 行没有非零元素，若 index[j] = 6 且 index[j+1] = 8，则第 j 行的非零元素的列索引为 indices[6:8]，得到了行索引、列索引，相应的数据存放在：data[indptr[i]:indptr[i+1]]。

（3）csc_matrix 基于列的压缩存储（CSC） csc_matrix 是按列对矩阵进行压缩的，通过 indices、indptr、data 三个数组来确定矩阵，与 CSR 类似，data 表示矩阵中的非零数据，第 i 列中非零元素的行索引为 indices[indptr[i]:indptr[i+1]]，indptr 可以理解为利用其自身索引 i 来指向第 i 列元素的列索引，根据 [indptr[i]:indptr[i+1]]，可以得到该列中的非零元素个数。

若 index[i] = 5 且 index[i+1] = 5，则第 i 列没有非零元素，若 index[j] = 6 且 index[j+1] = 8，则第 j 列的非零元素的行索引为 indices[6:8]，得到了列索引和行索引，相应的数据存放在：data[indptr[i]:indptr[i+1]]。

【例 10.14】使用 coo_matrix 创建稀疏矩阵。

```
import scipy.sparse as sp

values = [3, 2, 1, 0]
rows = [0, 1, 2, 3]
cols = [1, 3, 2, 0]
A = sp.coo_matrix((values, (rows, cols)), shape=[4, 4])   # 创建稀疏矩阵
A.toarray()                                  # 将稀疏矩阵对象转为 NumPy 的 array
print(A)
```

程序运行结果：

```
  (0, 1)        3
  (1, 3)        2
  (2, 2)        1
  (3, 0)        0
```

【例 10.15】存储稀疏矩阵。

```
import numpy as np
from scipy.sparse import csr_matrix

indptr = np.array([0, 0, 3, 4, 4, 5])
indices = np.array([0, 2, 3, 2, 3,])
data = np.array([8, 1, 7, 1, 2])
csr = csr_matrix((data, indices, indptr))
csr.toarray()
```

程序运行结果：

```
array([[0, 0, 0, 0],
       [8, 0, 1, 7],
       [0, 0, 1, 0],
       [0, 0, 0, 0],
       [0, 0, 0, 2]])
```

【例 10.16】使用 data 属性查看存储的数据（非零项）。

```
import numpy as np
from scipy.sparse import csr_matrix

arr = np.array([[0, 0, 0,0], [1, 0, 0,0], [2, 0, 2,0],[0,0,0,0]])
print(csr_matrix(arr).data)
```

程序运行结果：

```
[1 2 2]
```

【例 10.17】使用 count_nonzero() 方法统计非零元素的总数。

```
import numpy as np
from scipy.sparse import csr_matrix

arr = np.array([[0, 0, 0,0], [1, 0, 0,0], [2, 0, 2,0],[0,0,0,0]])
print(csr_matrix(arr).count_nonzero())
```

程序运行结果：

```
3
```

【例 10.18】使用 eliminate_zeros() 方法从矩阵中删除零项。

```
import numpy as np
from scipy.sparse import csr_matrix

arr = np.array([[0, 0, 0,0], [1, 0, 0,0], [2, 0, 2,0],[0,0,0,0]])
m = csr_matrix(arr)
m.eliminate_zeros()
print(m)
```

程序运行结果：

```
  (1, 0)  1
  (2, 0)  2
  (2, 2)  2
```

【例 10.19】使用 sum_duplicates() 方法消除重复项。

```
import numpy as np
```

```
from scipy.sparse import csr_matrix

arr = np.array([[0, 0, 0,0], [1, 0, 0,0], [2, 0, 2,0],[0,0,0,0]])
mat = csr_matrix(arr)
mat.sum_duplicates()
print(mat)
```

程序运行结果：

```
  (1, 0)      1
  (2, 0)      2
  (2, 2)      2
```

除了上述提到的稀疏特定操作外，稀疏矩阵还支持普通矩阵支持的所有操作，如 reshaping，summing，arithemetic 等。

10.3.2　稀疏矩阵的运算

Scipy 中的 sparce 提供了许多稀疏矩阵的运算，包括矩阵加法、减法、乘法以及矩阵求逆等。

【例 10.20】稀疏矩阵加法、减法和乘法运算。

```
import numpy as np
from scipy import sparse

indptr = np.array([0, 0, 3, 4, 4, 5])
indices = np.array([0, 2, 3, 2, 3])
data = np.array([8, 1, 7, 1, 2])
csrA = sparse.csr_matrix((data, indices, indptr))
print(" 矩阵 A: \n",csrA.toarray())
indptr1 = np.array([0, 1, 3, 3, 4, 5])
indices1 = np.array([0, 2, 3, 2, 3])
data1 = np.array([6, 1, 2, 1, 9])
csrB = sparse.csr_matrix((data1, indices1, indptr1))
print(" 矩阵 B: \n",csrB.toarray())
print(" 相加结果: \n",(csrB+csrA).toarray())          # 加法运算
print(" 相减结果: \n",(csrB-csrA).toarray())          # 减法运算
print(" 相乘结果: \n",sparse.csc_matrix.multiply(csrA,csrB).toarray())
                                                     # 乘法运算
```

程序运行结果：

```
矩阵 A：
 [[0 0 0 0]
 [8 0 1 7]
 [0 0 1 0]
 [0 0 0 0]
 [0 0 0 2]]
```

矩阵 B：
```
[[6 0 0 0]
 [0 0 1 2]
 [0 0 0 0]
 [0 0 1 0]
 [0 0 0 9]]
```
相加结果：
```
[[  6   0   0   0]
 [  8   0   2   9]
 [  0   0   1   0]
 [  0   0   1   0]
 [  0   0   0  11]]
```
相减结果：
```
[[  6   0   0   0]
 [ -8   0   0  -5]
 [  0   0  -1   0]
 [  0   0   1   0]
 [  0   0   0   7]]
```
相乘结果：
```
[[  0   0   0   0]
 [  0   0   1  14]
 [  0   0   0   0]
 [  0   0   0   0]
 [  0   0   0  18]]
```

10.4　典型应用

10.4.1　求解非线性方程组

【例 10.21】求解方程组 $\begin{cases} 5x_1 + 4 = 0 \\ 2x_0^2 - 2\sin(x_1 x_2) = 0 \\ x_1 x_2 - 1 = 0 \end{cases}$ 。

```
from math import sin
from scipy import optimize

# 定义非线性方程组
def f(x):
    x0, x1, x2 = x.tolist()        # 将 list 转化为浮点型的 list
    return [
        5*x1+4,
        2*x0*x0 - 2*sin(x1*x2),
        x1*x2 - 1
        ]
```

265

```
# 调用 f 函数计算方程组的误差，参数 [ 1 ,1 ,1 ] 是未知数的初始值
result = optimize.fsolve(f, [1,1,1])
print (result)                          # 输出 x0  x1  x2
print (f(result))                       # 检验求解结果的正确性
```

程序运行结果：

```
[-0.91731728 -0.8        -1.25       ]
[0.0, 0.0, 0.0]
```

10.4.2　求解微分方程

【例 10.22】求解 $\dfrac{dy}{dx} = (x-1)y^2 + (1-2x)y + x$。

```
import numpy as np
import matplotlib.pyplot as plt
from scipy.integrate import odeint

# 定义函数
def diff(y,x):
    return (x-1)*y**2 + (1-2*x)*y + x
# 定义自变量 x 的取值范围
x = np.arange(0,10,0.01)
# 根据 x 求因变量的值
y = odeint(diff,0,x)
plt.plot(x,y)
plt.grid()
plt.show()
```

微分方程 x 和 y 对应关系如图 10.9 所示。

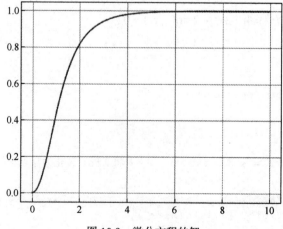

图 10.9　微分方程的解

10.4.3　求解积分问题

SciPy 中的 integrate 提供了数值积分方法，如一重积分、二重积分、三重积分、多重积分、高斯积分等。quad() 函数用于求一重积分，dblquad() 函数用于求二重积分，tplquad() 函数用于求三重积分，nquad() 函数用于求多重积分。

【例 10.23】求解二重积分：

$$\int_0^{\frac{1}{2}} dy \int_0^{\sqrt{1-4y^2}} 19xy dx$$

```
import scipy.integrate
from numpy import exp
from math import sqrt
func = lambda x, y : 19*x*y
gfun = lambda x : 0
hfun = lambda y : sqrt(1-4*y**2)
i = scipy.integrate.dblquad(func, 0, 0.5, gfun, hfun)
print (i)
```

程序运行结果：

```
(0.59375, 2.029716563995638e-14)
```

10.5　本章小结

Python 中的 SciPy 提供了许多数学计算、科学计算以及工程计算中常用的模块。本章介绍了 SciPy 中常用的科学计算工具，包括线性方程组求解、范数、统计分布、积分和插值，介绍了 SciPy 中常用的最优化算法函数实现、稀疏矩阵的存储和运算，最后通过实例讲解了使用 SciPy 求解非线性方程、微分方程和积分问题的方法。

习　　题

1. 使用 SciPy 库中的函数求积分 $\int_1^2 \dfrac{dx}{x\sqrt{x-1}}$ 的值。

2. 使用 SciPy 库中的函数求解矩阵 $A = \begin{bmatrix} 7 & 8 \\ 20 & 3 \end{bmatrix}$ 的逆矩阵。

3. 使用 SciPy 库中的函数求解下列线性方程：

$$\begin{cases} 3x + 2y = 2 \\ x - y = 4 \\ 5y + z = -1 \end{cases}$$

4. 求解 $y = x^2 + 10\sin(x)$ 的全局最优解。

第 11 章

机 器 学 习

机器学习是人工智能研究发展到一定阶段的必然产物，在过去二十年中，人类收集、存储、传输、处理数据的能力取得了飞速提升，每天都会产生海量数据，亟须能有效地对数据进行分析利用的计算机算法，而机器学习恰恰顺应了时代的这个迫切需求。当前机器学习已经与人类的生活密切相关，如在天气预报、能源勘探、环境监测等方面，有效地利用机器学习技术对卫星和传感器发回的数据进行分析，是提高预报和检测准确性的重要途径；在商业营销中有效地利用机器学习技术对销售数据、客户信息进行分析，不仅可帮助商家优化库存、降低成本，还有助于针对用户群设计特殊营销策略等。

11.1 Scikit-Learn 库

11.1.1 Scikit-Learn 库概述

Scikit-Learn（简称 sklearn）是建立在 NumPy、SciPy 和 Matplotlib 之上，专门针对机器学习应用而发展起来的 Python 库。它包含了常用的机器学习算法、预处理技术、模型选择和评估工具等，能实现数据预处理、分类、回归、模型选择等常用的机器学习算法，可以方便地进行数据挖掘和数据分析。

Scikit-Learn 主要应用于分类、回归分析、聚类、数据降维、模型选择和数据预处理6 个方面。

（1）分类

分类是对给定对象指定所属类别，属于监督学习的范畴，常用于图像识别、垃圾邮件检测等场景中。常用的分类算法有支持向量机（Support Vector Machine，SVM）、K- 邻近（K-Nearest Neighbor，KNN）、逻辑回归（Logistic Regression，LR）、随机森林（Random Forest，RF）、决策树（Decision Tree，DT）等。

（2）回归分析

回归分析是一项预测性的建模技术，其目的是通过建立模型研究因变量和自变量之间的显著关系，即多个自变量对因变量的影响强度，预测数值型的目标值，常用于预测股票价格、预测药物反应等场景。常用的回归方法主要有支持向量回归（Support Vector Regression，SVR）、岭回归（Ridge Regression）、Lasso 回归（Lasso Regression）、弹性网络（Elastic Net）、最小角回归（Least-Angle Regression，LAR）、贝叶斯回归（Bayesian Regression）等。

（3）聚类

聚类是指自动识别具有相似属性的对象，并将其分组为多个集合，属于无监督学习的范畴，常用于实验结果分组、顾客细分等场景。主要的聚类方法有 K- 均值（K-means）聚类、谱聚类（Spectral Clustering）、均值偏移（Mean Shift）、分层聚类（Hierarchical Clustering）和基于密度的聚类（Density-Based Spatial Clustering of Applications with Noise，DBSCAN）等。

（4）数据降维

数据降维是指使用主成分分析（Principal Component Analysis，PCA）、非负矩阵分解（Nonnegative Matrix Factorization，NMF）或特征选择等降维技术来减少要考虑的随机变量的个数，常用于可视化处理、效率提升等场景。

（5）模型选择

模型选择是指对于给定参数和模型的比较、验证和选择，其主要目的是通过参数调整来提升精度。目前 Scikit-Learn 实现的模块包括格点搜索、交叉验证等。

（6）数据预处理

现实世界的数据极易受噪声、缺失值和不一致数据的侵扰，因为数据库太大且多半来自于多个异种数据源。低质量的数据会导致低质量的数据分析与挖掘结果。数据预处理是提高数据质量的有效方法，主要包括数据清理（清除数据噪声并纠正不一致）、数据集成（将多个数据源合并成一致数据存储）、数据规约（通过聚集、删除冗余特征或聚类等方法降低数据规模）和数据变换（数据规范化）等方法。

11.1.2 Scikit-Learn 库中的数据集

在 sklearn 库中提供了很多经典的数据集，通过这些数据集可快速搭建机器学习任务、对比模型性能，并使用模型对分类进行预测等。如果要使用这些数据集，则需要导入 "datasets" 模块，常用的导入方式为：

```
from sklearn import datasets
```

1. 数据集分类

sklearn 数据集主要有以下 5 种：

① 自带的小数据集（Packaged Dataset）：sklearn.datasets.load_<name>。

② 可在线下载的数据集（Downloaded Dataset）：sklearn.datasets.fetch_<name>。

③ 计算机生成的数据集（Generated Dataset）：sklearn.datasets.make_<name>。

④ svmlight/libsvm 格式的数据集：sklearn.datasets.load_svmlight_file（...）。

⑤ 从 data.org 在线下载获取的数据集：sklearn.datasets.fetch_mldata（...）。

其中，<name> 表示数据集的名称。

sklearn 库内置的常用数据集名称和加载方式见表 11.1。

（1）鸢尾花数据集

鸢尾花数据集（IRIS）是机器学习中用于训练分类模型的经典数据集。鸢尾花有山鸢尾（Setosa）、变色鸢尾（Versicolor）和弗吉尼亚鸢尾（Virginica）3 种类型。每个数据样本对应一种类型的鸢尾花，其包括 4 个特征，分别是萼片长度、萼片宽度、花瓣长度、花瓣宽度。

表 11.1　sklearn 库内置的常用数据集

数据集名称	加载方式
鸢尾花数据集	load_iris()
葡萄酒数据集	load_wine()
波士顿房屋数据集	load_boston()
手写数字数据集	load_digits()
糖尿病数据集	Load_diabetes()
乳腺癌数据集	Load_breast_cancer()
体能训练数据集	Load_linnerud()
人脸数据集	fetch_lfw_people()
Olivetti 脸部数据集	fetch_olivetti_people()
新闻分类数据集	fetch_20newsgroups()
路透社新闻数据集	fetch_revl()

鸢尾花数据集总共包含 150 行数据，每一行由 4 个特征值及一个目标值（类别变量）组成。调用"load_iris()"方法加载数据集，可以通过"data"属性获取特征数据集，通过"target"属性获取对应特征数据的标签数据集。

【例 11.1】鸢尾花数据集。

```
# 利用 sklearn 中自带的 iris 数据作为数据载入
from sklearn.datasets import load_iris

# 得到数据特征
iris = load_iris()
n_samples,n_features=iris.data.shape
print("样本形状: ",iris.data.shape)
print("样本数量: ",n_samples)
print("特征数量: ",n_features)
# 得到数据对应的标签
iris_target = iris.target
print("样本数据的标签: \n",iris_target)
print("特征描述名称为: ")
print(iris.feature_names)
print("目标描述名为: ")
print(iris.target_names)
```

程序运行结果：

```
样本形状：(150, 4)
样本数量：150
特征数量：4
样本数据的标签：
[0 0 0 0 0 0 0 0 0 0 0 0 0 0 0 0 0 0 0 0 0 0 0 0 0 0 0 0 0 0 0 0 0 0 0 0 0 0 0
 0 0 0 0 0 0 0 0 0 0 0 1 1 1 1 1 1 1 1 1 1 1 1 1 1 1 1 1 1 1 1 1 1 1 1 1 1 1 1 1 1
```

```
1 1 1 1 1 1 1 1 1 1 1 1 1 1 1 1 1 1 1 1 1 1 1 1 1 2 2 2 2 2 2 2 2 2 2 2
2 2 2 2 2 2 2 2 2 2 2 2 2 2 2 2 2 2 2 2 2 2 2 2 2 2 2 2 2 2 2 2 2 2 2 2
2 2]
```

特征描述名称为：

```
['sepal length (cm)', 'sepal width (cm)', 'petal length (cm)', 'petal width (cm)']
```

目标描述名为：

```
['setosa' 'versicolor' 'virginica']
```

【例 11.2】 绘制鸢尾花数据集花瓣长度和花瓣宽度特征之间的散点图。

```python
from sklearn.datasets import load_iris
import matplotlib.pyplot as plt

plt.rcParams['font.sans-serif']=['SimHei']
data = load_iris()

x = data.data
y = data.target                    # y=[0 0 0 ...1 1 1..2 2 2]
features = data.feature_names      # 4 个特征的名称
targets = data.target_names        # 3 类鸢尾花的名称
plt.figure(figsize=(10, 4))
plt.plot(x[:, 2][y==0], x[:, 3][y==0], 'bs', label=targets[0]+'(山鸢尾)')
plt.plot(x[:, 2][y==1], x[:, 3][y==1], 'g*', label=targets[1]+'(弗吉尼亚鸢尾)')
plt.plot(x[:, 2][y==2], x[:, 3][y==2], 'ro', label=targets[2]+'(变色鸢尾)')
plt.xlabel(features[2])
plt.ylabel(features[3])
plt.title(' 鸢尾花数据集 ')
plt.legend()
plt.show()
```

输出图形如图 11.1 所示。

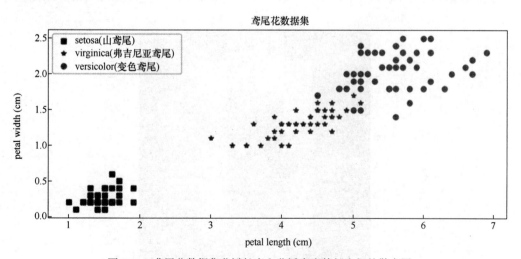

图 11.1　鸢尾花数据集花瓣长度和花瓣宽度特征之间的散点图

271

（2）手写数字数据集

手写数字数据集（digits）包括 1797 个 0 ～ 9 的手写数字数据，每个数字由 8×8 大小的矩阵构成，即每个元素都是一个 64 维的特征向量，矩阵中值的范围是 0 ～ 16，代表颜色的深度。

【例 11.3】手写数字数据集。

```python
import matplotlib.pyplot as plt
from sklearn.datasets import load_digits

x=load_digits()
print("样本形状：",x.data.shape)
print("样本图像形状：",x.images.shape)

print("第 0 个元素中的数据：\n",digit.images[0])
plt.matshow(digit.images[0])          # 绘制数据集中下标为 0 的矩阵图像
```

程序运行结果：

```
样本形状：(1797, 64)
样本图像形状：(1797, 8, 8)
第 0 个元素中的数据：
[[ 0.  0.  5. 13.  9.  1.  0.  0.]
 [ 0.  0. 13. 15. 10. 15.  5.  0.]
 [ 0.  3. 15.  2.  0. 11.  8.  0.]
 [ 0.  4. 12.  0.  0.  8.  8.  0.]
 [ 0.  5.  8.  0.  0.  9.  8.  0.]
 [ 0.  4. 11.  0.  1. 12.  7.  0.]
 [ 0.  2. 14.  5. 10. 12.  0.  0.]
 [ 0.  0.  6. 13. 10.  0.  0.  0.]]
```

绘制数据集中下标为 0 的矩阵图像如图 11.2 所示，图中颜色越深表示的数据越小。

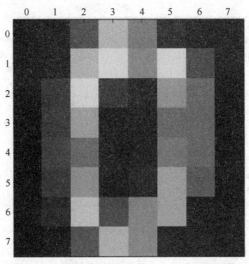

图 11.2　手写数字数据集第 0 个元素矩阵图像

2. 生成数据集

有时候自带的数据集无法满足任务要求，并且没有其他数据来源，此时可以调用"datasets"模块中的方法创建数据集。

（1）生成分类数据集

sklearn.datasets 提供了 make_classification() 函数用于生成分类数据集，该函数可生成多类单标签数据集，为每个类分配一个或多个正态分布的点集，提供了数据添加噪声的方式，包括维度相关性、无效特征及冗余特征等。其一般形式为：

```
make_classification(n_samples, n_features, n_informative, n_redundant, n_classes, random_state)
```

参数说明如下：

n_samples：生成样本的数量，默认为 100。

n_features：生成的每个实例的特征数量，默认为 20。

n_informative：生成样本中有用的特征数量。这个参数只有当数据集的分类数为 2 时才有效，默认 2。

n_redundant：生成样本中冗余特征的数量，这些特征是从有用特征中随机组合而成的，默认为 2。

n_classes：生成数据集分类的数量，默认为 2。如果设置为 2，则生成二分类数据集。如果设置为大于 2，则生成多类数据集。

random_state：随机数的种子。当处理大型数据集时，使用相同的种子可以确保每次运行代码时获得相同的结果。

【例 11.4】使用 make_classification() 函数生成数据集。

```
from sklearn.datasets import make_classification
import matplotlib.pyplot as plt

x,y=make_classification(n_samples=200, n_features=4, n_classes=2,random_state=30)
plt.scatter(x[:,0],x[:,1], edgecolors='m',s=100,c=y)
plt.show()
```

生成的分类数据绘制散点图如图 11.3 所示。

（2）生成聚类数据集

sklearn.datasets 提供了 make_blobs() 函数用于生成聚类数据集，该函数根据指定的样本数量、中心点数量、样本偏移中心点的范围等参数，随机生成数据。其一般形式为：

```
make_blobs(n_samples , n_features , centers , cluster_std, center_box, shuffle , random_state )
```

参数说明如下：

n_samples：期望产生的样本点的数据，默认为 100。

n_features：每个数据点的维度或特征个数，默认为 2。

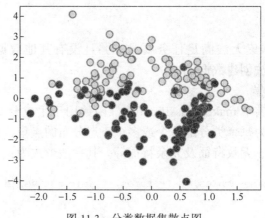

图 11.3　分类数据集散点图

　　centers：数据点的中心数，默认为 3。如果是整型数，则表示中心点的个数；如果是坐标值，则表示中心点的位置。

　　cluster_std：每个类别的标准差，即偏离中心点的距离，默认为 1.0。

　　center_box：中心确定之后的数据边界，默认为（–10.0，10.0）。

　　shuffle：是否需要打乱数据，boolean 类型，默认为 True。

　　random_state：随机数种子，设置不同的种子会产生不同的样本集合。

【例 11.5】使用 make_blobs() 函数生成数据集。

```
from sklearn.datasets import make_blobs
import matplotlib.pyplot as plt

x, y = make_blobs(n_samples=400, n_features=2, centers=5, random_state=1)
plt.scatter(x[:,0],x[:,1], edgecolors='m',s=100,c=y)
plt.show()
```

生成的聚类数据绘制散点图如图 11.4 所示。

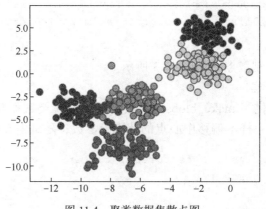

图 11.4　聚类数据集散点图

（3）生成特殊形状的数据集

为了测试模型的性能，特别是测试聚类模型的性能，需要特殊形状的数据，sklearn.

datasets 提供了 make_circles() 函数和 make_moons() 函数生成环形数据，还可以为二元分类器产生一些球形判决界面的数据。

1）make_circles() 函数。sklearn.datasets 提供了 make_circles() 函数用于圆环形的数据，其一般形式为：

```
make_circles(n_samples, shuffle, noise, random_state, factor)
```

参数说明如下：

n_samples：生成样本的数量。

shuffle：是否需要打乱数据，boolean 类型，默认为 True。

noise：是否在生成的数据集上添加高斯噪声，默认为 False。

random_state：生成随机种子，给定一个 int 型数据，能够保证每次生成数据相同。

factor：圆环形数据的里面一层与最外一层圆之间的缩放比例，小于 1 的数，默认为 0.8。

【例 11.6】生成圆环形数据。

```
import matplotlib.pyplot as plt
from sklearn.datasets import make_circles

plt.subplot(221)
# 使用 sklearn 中 make_circles 方法生成训练样本
X_circle, Y_circle = make_circles(n_samples=100,noise=0.01, factor=0.8)
plt.scatter(X_circle[:, 0], X_circle[:, 1], s=100, marker="o",
edgecolors='m', c=Y_circle)
plt.title("noise=0.01, factor=0.8")
plt.subplot(222)
X_circle, Y_circle = make_circles(n_samples=100, noise=0.05, factor=0.4)
plt.scatter(X_circle[:, 0], X_circle[:, 1], s=100, marker="o",
edgecolors='m', c=Y_circle)
plt.title("noise=0.05, factor=0.4")
plt.show()
```

生成的圆环形数据绘制散点图如图 11.5 所示。

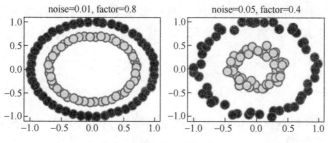

图 11.5　圆环形数据散点图

2）make_moons() 函数。sklearn.datasets 提供了 make_moons() 函数用于半圆环形的数据，其一般形式为：

```
make_moons(n_samples, shuffle, noise, random_state)
```

该函数的参数与 make_circles() 函数前 4 个参数含义相同。

【例 11.7】生成半圆环形数据。

```
import matplotlib.pyplot as plt
from sklearn.datasets import make_moons

plt.subplot(221)
# 使用 sklearn 中 make_moons 方法生成训练样本
X_circle, Y_circle = make_moons(n_samples=100,noise=0.01)
plt.scatter(X_circle[:, 0], X_circle[:, 1], s=100, marker="o",
edgecolors='m', c=Y_circle)
plt.title("noise=0.01")
plt.subplot(222)
X_circle, Y_circle = make_moons(n_samples=100, noise=0.1)
plt.scatter(X_circle[:, 0], X_circle[:, 1], s=100, marker="o",
edgecolors='m', c=Y_circle)
plt.title("noise=0.1")
plt.show()
```

生成的半圆环形数据绘制散点图如图 11.6 所示。

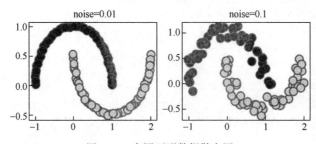

图 11.6　半圆环形数据散点图

11.2　分类算法

分类是数据挖掘中的主要分析手段，其任务是对数据集进行学习并构造一个具有预测功能的分类模型，用于预测未知的类标号，把类标号未知的样本映射到某个预先指定的类标号中。

11.2.1　逻辑回归

逻辑回归（Logistic Regression）由美国生物统计学家约瑟夫·伯克森于 1944 年提出，主要用来解决二分类问题。

逻辑回归是一种广义的线性回归分析模型，利用数理统计中的回归分析，来确定两种或两种以上变量间相互依赖的定量关系的一种统计分析方法。其表达形式为

$$y = w'x+b$$

式中，w' 和 b 是待求参数。

逻辑回归通过 L 将 w'x+b 对应一个隐状态 p，p=L(w'x+b)，然后根据 p 和 1−p 的大小决定因变量的值。

逻辑回归算法使用方法如下：

```
# 导入相关模块
from sklearn.linear_model import LogisticRegression
# 函数一般形式
LogisticRegression(penalty='l2', dual=False, tol=0.0001, C=1.0, fit_
intercept=True, intercept_scaling=1, class_weight=None, random_
state=None, solver='lbfgs', max_iter=100, multi_class='auto', verbose=0,
warm_start=False, n_jobs=1, l1_ratio=None)
```

常用参数说明如下：

penalty：正则化选项，取值范围为 {'l1'，'l2'，'elasticnet'，'none'}，默认为 'l2'。

C：正则强度的值，必须为正浮点数，值越小，正则化强度越大。

class_weight：样本权重，可以是一个字典或者 'balanced' 字符串，默认为 None。

solver：优化算法选择参数，取值范围为 newton−cg，lbfgs，liblinear，sag，saga，默认为 liblinear。

random_state：随机数生成器。

max_iter：算法收敛的最大迭代次数，即求取损失函数最小值的迭代次数，默认是 100。

n_jobs：指定线程数。

11.2.2　支持向量机

支持向量机（SVM）是一种二分类模型，是基于统计学习理论的一种机器学习方法，通过寻求结构化风险最小来提高学习机泛化能力，实现经验风险和置信范围的最小化。

其基本模型定义为特征空间上的间隔最大的线性分类器，即支持向量机的学习策略便是间隔最大化，最终可转化为一个凸二次规划问题的最优化算法求解。

支持向量机使用方法如下：

```
# 导入相关模块
from sklearn.svm import SVC
# 函数一般形式
SVC(C=1.0, cache_size=200, class_weight=None, coef0=0.0, decision_
function_shape='ovr', degree=3, gamma='auto', kernel='rbf', max_iter=
-1, probability=False, random_state=None, shrinking=True,tol=0.001,
verbose=False)
```

常用参数说明如下：

C：目标函数的惩罚系数 C。

kernel：核函数选择，可选值为 rbf（高斯核）、Linear（线性核函数）、Poly（多项式核函数）、Sigmoid（sigmoid 核函数），默认为 rbf。

degree：如果 kernel 使用多项式核函数，degree 决定了多项式的最高次幂。

gamma：核函数的系数，决定了数据映射到新的特征空间后的分布，默认为 gamma=1 / n_features。gamma 值越大，支持向量越少；反之则越多。

max_iter：最大迭代次数。

11.2.3　决策树

决策树是一种基本的分类与回归方法。决策树是一种树形结构，在分类问题中，表示基于特征对实例进行分类的过程。一棵决策树包含一个根节点、若干个内部节点和若干个叶节点，如图 11.7 所示。叶节点对应于决策结果，其他每个节点则对应于一个属性测试；每个节点包含的样本集合根据属性测试的结果被划分到子节点中；根节点包含样本全集，从根节点到每个叶节点的路径对应一个判定测试序列。

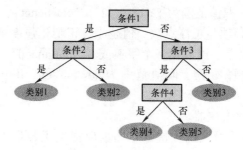

图 11.7　决策树示意图

决策树进行分类过程：从根节点开始，对实例的某一特征进行测试，根据测试结果将实例分配到其子节点，此时每个子节点对应着该特征的一个取值，如此递归地对实例进行测试并分配，直到到达叶节点，最后将实例分配到叶节点的类中。

决策树可以分为两类，主要取决于目标变量的类型：

1）离散性决策树：其目标变量是离散的，如性别为男或女等。

2）连续性决策树：其目标变量是连续的，如工资、价格、年龄等。

决策树分类使用方法如下：

```
# 导入相关模块
from sklearn.tree import DecisionTreeClassifier
# 函数一般形式
DecisionTreeClassifier(criterion='gini', splitter='best', max_depth=
None,min_samples_split,min_samples_leaf=1, min_weight_fraction_leaf=0.0,
max_features=None,random_state=None, max_leaf_nodes=None, class_weight=
None,presort=False)
```

常用参数说明如下：

criterion：特征选择准则。

splitter：切分原则。可以取值为：'best' 表示选择最优的切分，'random' 表示随机切分。

max_features：指定寻找最优拆分时考虑的特征数量。

　　max_depth：树的最大深度。如果为 None，表示树的深度不限。

　　min_samples_split：每个内部节点包含的最少的样本数。

　　min_samples_leaf：每个叶节点包含的最少的样本数。

　　min_weight_fraction_leaf：叶节点中样本的最小权重系数。

　　max_leaf_nodes：指定最大的叶节点数量。

　　random_state：指定随机数种子。

11.2.4　K 邻近

　　K 邻近（KNN）算法通过测量不同特征值之间的距离进行分类。其基本思路是：如果一个样本在特征空间中的 k 个最相邻的样本中的大多数属于某一个类别，则该样本也属于这个类别，并具有这个类别上样本的特性。

　　在训练集中的数据和标签已知的情况下，当输入一个没有类别标识的数据时，将待测数据的特征与训练集中对应的特征进行比较，找到训练集中与之最相似的 k 个样本，则该测试数据对应的类别就是 k 个样本中出现次数最多的那个分类。

　　实现 KNN 算法主要步骤为：

　　1）算距离：给定待分类样本，计算其与已分类样本中的每个样本的距离。

　　2）按照距离的递增关系进行排序，选出距离最小的 k 个样本。

　　3）确定前 k 个样本所在分类出现的频率。

　　4）返回前 k 个样本中出现频率最高的类别作为测试数据的预测分类。

　　KNN 算法使用方法如下：

```
# 导入相关模块
from sklearn.neighbors import KNeighborsClassifier,KNeighborsRegressor
#KNN 分类
KNeighborsClassifier(n_neighbors=5, weights='uniform', algorithm='auto',
leaf_size=30, p=2, metric='minkowski', metric_params=None, n_jobs=None,
**kwargs)
#KNN 回归
KNeighborsRegressor(n_neighbors=5, weights='uniform', algorithm='auto',
leaf_size=30, p=2, metric='minkowski', metric_params=None, n_jobs=None,
**kwargs)
```

　　常用参数说明如下：

　　n_neighbors：使用邻居的数目。

　　n_jobs：近邻搜索的并行度，默认为 None，表示 1；–1 表示使用所有 CPU。

11.2.5　朴素贝叶斯

　　朴素贝叶斯法（Naive Bayes Model）是基于贝叶斯定理与特征条件独立假设的分类方法。该算法是以贝叶斯原理为基础，使用概率统计的知识对样本数据集进行分类，结合先验概率和后验概率，既避免了只使用先验概率的主观偏见，也避免了单独使用样本信息的过拟合现象。贝叶斯分类算法在数据集较大的情况下表现出较高的准确率。

朴素贝叶斯基本公式为

$$P(B|A)=\frac{P(A|B)P(B)}{P(A)}$$

式中，P（A|B）表示在 B 发生的情况下，A 发生的概率；P（B|A）表示在 A 发生的情况下，B 发生的概率；P（A）表示 A 发生的先验概率；P（B）表示 B 发生的概率。

换一种表达方式更便于理解：

$$P(类别|特征)=\frac{P(特征|类别)P(类别)}{P(特征)}$$

朴素贝叶斯求解的就是 P(类别|特征)。

朴素贝叶斯算法使用方法如下：

```
# 导入相关模块
from sklearn.naive_bayes import BernoulliNB, GaussianNB, MultinomialNB
# 伯努利分布的朴素贝叶斯算法
BernoulliNB(alpha=1.0, binarize=0.0, fit_prior=True, class_prior=None)
# 高斯分布的朴素贝叶斯算法
GaussianNB()
# 多项式分布的朴素贝叶斯算法
MultinomialNB(alpha=1.0, fit_prior=True, class_prior=None)
```

参数说明如下：

alpha：平滑参数，默认为 1。如果为 0，表示不添加平滑。

binarize：二值化的阈值。

fit_prior：是否要学习类的先验概率，默认为 True。如果是 False，则所有的样本类别输出具有相同的类别先验概率。

class_prior：是否指定类的先验概率，默认为 None。如果指定，则不能感觉参数调整。

11.3　回归算法

回归算法是一种有监督学习算法，是研究自变量与因变量之间相互关系的一种建模技术，主要用来预测时间序列，找到变量之间的关系。

11.3.1　线性回归

对于线性模型来说，复杂度与模型的变量数有直接关系，变量数越多，模型复杂度就越高。线性回归是利用线性的方法，模拟因变量与一个或多个自变量之间的关系，需要预测的目标值 y 是输入变量 x 的线性组合。其表达形式为

$$y=w'x+b$$

式中，w′ 和 b 是待求参数。

在回归分析中，只包含一个自变量和一个因变量，且两者之间的关系可用一条直线近似表示，这种回归就称为一元线性回归分析；如果包含两个或两个以上的自变量，且因变量和自变量之间是线性关系，则称为多元线性回归分析。

线性回归使用方法如下：

```
# 导入相关模块
from sklearn.linear_model import LinearRegression
# 函数一般形式
LinearRegression(fit_intercept=True, normalize=False,copy_X=True, n_jobs=1)
```

参数说明如下：

fit_intercept：是否需要计算截距项。如果为 False，则表示模型没有截距。

normalize：是否将数据归一化。

copy_X：是否对 X 数组进行复制，默认为 True，表示复制 X。

n_jobs：指定计算并行的线程数。

11.3.2 岭回归

岭回归（Ridge Regression）是回归方法的一种，属于统计方法，在机器学习中也称作权重衰减。岭回归用于共线性数据分析的有偏估计回归方法，实质上是一种改良的最小二乘估计法，通过放弃最小二乘法的无偏性，以损失部分信息、降低精度为代价获得回归系数更为符合实际、更可靠的回归方法。岭回归主要解决的问题有两种：一是当预测变量的数量超过观测变量的数量时（预测变量相当于特征，观测变量相当于标签），二是数据集之间具有多重共线性，即预测变量之间具有相关性。

岭回归使用方法如下：

```
# 导入相关模块
from sklearn.linear_model import Ridge
# 函数一般形式
Ridge(alpha=1.0, fit_intercept=True, normalize=False, copy_X=True, max_iter=None,
        tol=0.001, solver='auto', random_state=None)
```

常用参数说明如下：

alpha：模型正则化程度，其值越大说明正则化项的占比越大。

max_iter：指定最大的迭代次数，值为整数。如果为 None，则表示使用默认值（不同的 solver 其默认值不同）。

copy_X：是否对 X 数组进行复制，默认为 True，表示复制 X。

solver：指定求解最优化问题的算法，可以为 auto（根据数据集自动选择算法）和 avd（使用奇异值分解来计算回归系数）。

11.3.3　Lasso 回归

Lasso 回归是一种压缩估计，它通过构造一个惩罚函数得到一个较为精炼的模型，使得它压缩一些回归系数，即强制系数绝对值之和小于某个固定值；同时设定一些回归系数为零。因此保留了子集收缩的优点，是一种处理具有复共线性数据的有偏估计。

Lasso 回归是一种通过加入 L1 正则化（L1 Regularization）来限制模型复杂度的回归方法。Lasso 回归通常用于解决高维数据（高度相关的自变量）下的特征选取问题。在 L1 正则化下，某些自变量的权重将会缩小甚至完全降为 0，该方法能够消除不相关的特征，达到特征选取的目的。其特点是在拟合广义线性模型的同时进行变量筛选和复杂度调整，因此对于连续的目标因变量、二元或者多元离散目标因变量，都可以使用 Lasso 回归进行建模预测。

Lasso 回归使用方法如下：

```
# 导入相关模块
from sklearn.linear_model import Lasso
# 函数一般形式
Lasso(alpha=1.0, fit_intercept=True, normalize=False, precompute=False,
copy_X=True,max_iter=1000, tol=0.0001, warm_start=False, positive=False,
random_state=None,selection='cyclic')
```

常用参数说明如下：

alpha：模型正则化程度。

precompute：是否提前计算 Gram 矩阵来加速计算。

warm_start：是否从头开始训练。

selection：指定了当每轮迭代的时候，选择权重向量的哪个分量来更新，可以取值为 'cyclic' 或者 'random'。

11.3.4　决策树回归

决策树回归可称之为回归树。与决策树分类相比，其每个叶节点上的数值不再是离散型，而是连续型。

决策树回归使用方法如下：

```
# 导入相关模块
from sklearn.tree import DecisionTreeRegressor
# 函数一般形式
DecisionTreeRegressor(criterion='mse',splitter='best',max_
depth=None, in_samples_split=2,min_samples_leaf=1,min_weight_fraction_
leaf=0.0, max_features=None,random_state=None, max_leaf_nodes=None,
presort=False)
```

参数与 DecisionTreeClassifier() 含义相同，部分参数取值不同。

11.4 聚类算法

聚类分析（Cluster Analysis）是把数据对象按照数据的相似性划分成子集的过程。簇（Cluster）是数据对象的集合，每个子集是一个簇。同一簇中对象相似，不同簇中对象相异。由聚类分析产生的簇的集合称作一个聚类。在相同的数据集上，不同的聚类方法可能产生不同的聚类。

聚类的目标是得到较高的簇内相似度和较低的簇间相似度，使得簇间的距离尽可能大，簇内样本与簇中心的距离尽可能小。聚类得到的簇可以用聚类中心、簇大小等来表示：

1）聚类中心是一个簇中所有样本点的代表，可以是均值、质心或代表样本点等。

2）簇大小表示簇中所含样本数据的数量。

聚类过程可以分为 5 个阶段：

1）数据准备：特征标准化和降维。

2）特征选择：从最初的特征中选择最有效的特征。

3）特征提取：通过对所选择的特征进行转换形成新的突出特征。

4）聚类：选择适合特征类型的距离函数进行相似程度的度量，执行聚类算法。

5）聚类结果评估：评估方式主要有外部有效性评估和内部有效性评估。

11.4.1 K-means 算法

K-means 算法也称为 K 质心算法，它以 k 为参数，把样本点的集合 $S = \{x_1, x_2, \cdots, x_n\}$ 分成 k 个簇，以使簇内具有较高的相似度，而簇与簇之间相似度较低。相似度的计算根据簇中对象的平均值来进行，这里的平均值也称为该簇的质心（重心）。算法的思想是在 2 范数的意义下，确定使误差函数值取最小的 k 个簇，其数学模型为

$$\min \frac{1}{2} \sum_{j=1}^{n} \sum_{p=1}^{k} t_{jp} (\| x_j - z_p \|_2^2)$$

$$s.t. \sum_{p=1}^{k} t_{jp} = 1, \quad t_{jp} \geq 0, \quad j = 1, 2, \cdots, n; p = 1, 2, \cdots, k$$

式中，目标函数 $\frac{1}{2} \sum_{j=1}^{n} \sum_{p=1}^{k} t_{jp} (\| x_j - z_p \|_2^2)$ 是聚类平方误差函数，它表示的是聚类中每个点到相应类的中心的距离之和。

K-means 算法接收输入量 k，然后将 n 个数据对象划分为 k 个簇 C_1，C_2，$\cdots$，C_k 中，使得对于 $1 \leq i, j \leq k, C_i \subset D$ 且 $C_i \bigcap C_j = \varnothing$。利用聚类平方误差函数作为目标函数来评估聚类的质量，使得簇内对象尽可能相似，与其他簇中的对象尽可能相异。

K-means 算法属于一种基于形心（中心）的技术。K-means 算法把簇的中心定义为簇内点的平均值。首先，在数据集 D 中随机地选择 k 个对象，每个对象代表一个簇的初始均值或中心。对于剩下的每个对象，根据其与各个簇中心的欧氏距离，将它分配到最近的簇。然后进行迭代，对于每个簇，使用上次迭代分配到该簇的对象，计算新的均值。然

后，使用更新后的均值作为新的簇的中心，重新分配所选对象。直到形成的簇与前一次形成的簇相同，算法结束。

K-means 算法对初始聚类中心较敏感，相似度的计算方式会影响聚类的划分。常见的相似度计算方法有：欧式距离、曼哈顿距离和闵可夫斯基距离等。

（1）欧氏距离

最常见的两点之间距离表示法，又称之为欧几里得度量，它定义于欧几里得空间中，如点 $x = (x_1, x_2, ..., x_n)$ 和 $y = (y_1, y_2, ..., y_n)$ 之间的距离为

$$d(x, y) = \sqrt{(x_1 - y_1)^2 + (x_2 - y_2)^2 + ... + (x_n - y_n)^2} = \sqrt{\sum_{i=1}^{n} (x_i - y_i)^2}$$

（2）曼哈顿距离

在曼哈顿街区要从一个十字路口开车到另一个十字路口，驾驶距离不是两点之间的直线距离，两个点在标准坐标系上的绝对轴距总和称为"曼哈顿距离"。曼哈顿距离也称"城市街区距离"。

二维平面两点 $a(x_1, y_1)$ 与 $b(x_2, y_2)$ 之间的曼哈顿距离为

$$d_{12} = |x_1 - x_2| + |y_1 - y_2|$$

两个 n 维向量 $a(x_{11}, x_{12}, ..., x_{1n})$ 与 $b(x_{21}, x_{22}, ..., x_{2n})$ 之间的曼哈顿距离为

$$d_{12} = \sum_{k=1}^{n} |x_{1k} - x_{2k}|$$

（3）闵可夫斯基距离　两个 n 维变量 $a(x_{11}, x_{12}, ..., x_{1n})$ 与 $b(x_{21}, x_{22}, ..., x_{2n})$ 之间的闵可夫斯基距离定义为

$$d_{12} = \sqrt[p]{\sum_{k=1}^{n} |x_{1k} - x_{2k}|^p}$$

式中，p 是一个变参数。当 $p=1$ 时，就是曼哈顿距离；当 $p=2$ 时，就是欧氏距离。根据变参数的不同，闵氏距离可以表示一类的距离。

K-means 算法使用方法如下：

```
# 导入相关模块
from sklearn.cluster import KMeans
# 函数一般形式
kmeans(self,n_clusters=8,init='k-means++',n_init=10,max_iter=300,tol=1e-4,precompute_distances='auto',verbose=0,random_state=None,copy_X=True,n_jobs=1,algorithm='auto')
```

常用参数说明如下：

n_clusters：分类簇的中心数量。

init：初始化方法，取值可以是 "k-means++" 或 "random"。

n_init：使用不同的初始化中心运行 K-Means 算法的次数。

max_iter：每个 K-Means 运行的最大迭代次数。

random_state：随机数生成器的种子。

copy_X：是否对输入数据进行复制。如果为 True，则在修改数据时会进行复制，否则直接修改原始数据。

algorithm：用于计算 K-Means 的算法，可以是 'auto' 'full' 或 'elkan'。

11.4.2　层次聚类

层次聚类（Hierarchical Clustering）算法通过不断地合并或分割内置聚类来构建最终聚类。聚类数据对象组成层次结构的"树"，树根是拥有所有样本的唯一聚类，叶子是仅有一个样本的聚类。层次聚类算法首先将复杂问题分解为若干层次和要素，然后在同一层次的各要素之间进行比较、判断和计算，将对象集在不同层次上进行划分，为选择最优方案提供决策依据。

根据层次分解是自底向上（合并）还是自顶向下（分裂），层次聚类算法可以分为凝聚式层次聚类算法和分裂式层次聚类算法。凝聚式层次聚类算法采用自底向上的合并策略，首先将每个对象作为一个簇，然后合并这些簇为越来越大的簇，直到达到凝聚终结条件。分裂式层次聚类算法是采用自顶向下的分裂策略，首先将所有对象置于一个簇中，然后逐渐细分为越来越小的簇，直到达到分裂终结条件。无论是凝聚式算法还是分裂式算法，核心问题都是度量两个簇之间的距离来表示簇之间的相似性，距离越小表示越相似，距离越大表示差异越大，每个簇都是一个对象集。

层次聚类使用方法如下：

```
# 导入相关模块
from sklearn.cluster import AgglomerativeClustering
# 函数一般形式
AgglomerativeClustering(affinity='euclidean', compute_full_tree='auto',
connectivity=None,linkage='ward', memory=None, n_clusters=2, pooling_
func)
```

常用参数说明如下：

affinity：计算距离。取值可以为 'euclidean', 'l1', 'l2', 'mantattan', 'cosine', 'precomputed'，如果 linkage='ward'，则 affinity 必须为 'euclidean'。

connectivity：指定链接矩阵。

linkage：指定链接算法。取值可以为 'ward'（单链接 single-linkage）、'complete'（全链接 complete-linkage 算法）、'average'（均连接 average-linkage 算法）。

memory：用于缓存输出的结果，默认为不缓存。

n_clusters：指定分类簇的数量。

11.4.3　DBSCAN 算法

DBSCAN（Density–Based Spatial Clustering of Applications with Noise）算法是典型的基于密度的聚类算法。与划分聚类和层次聚类方法不同，它将簇定义为密度相连的点的最大集合，将簇看作数据空间中被低密度区域分割开的稠密对象区域，把具有足够高密度的区域划分为簇，并可在噪声的数据空间中发现任意形状的簇。

在 DBSCAN 算法中将簇中数据对象的点分为 3 种：核心点、边界点和噪声点。

1）核心点：在半径 Eps 内含有超过密度阈值 MinPts 数目的点，该点称为核心点（Core Point）。

2）边界点：在半径 Eps 内点的数量小于 MinPts，但是在核心点的邻域内则称为边界点（Border Point）

3）噪声点：任何不是核心点或边界点的点称为噪声点（Noise Point）。

DBSCAN 算法核心思想是从某个核心点出发，不断向密度可达的区域扩张，从而得到一个包含核心点和边界点的最大化区域，区域中任意两点密度相连。

DBSCAN 算法使用方法如下：

```
# 导入相关模块
from sklearn.cluster import DBSCAN
# 函数一般形式
DBSCAN(algorithm='auto',eps=0.3,leaf_size=30,metric='euclidean',
metric_params=None,
min_samples=10, n_jobs=None, p=None)
```

常用参数说明如下：

algorithm：近邻算法求解方式，取值有 4 种：'auto'，'ball_tree'，'kd_tree'，'brute'。

eps：两个样本之间的最大距离，即扫描半径。

leaf_size：叶的大小。

metric：度量方式，默认为欧式距离，还有 metric='precomputed'（稀疏半径邻域图）。

n_jobs：近邻并行度，默认为 None，表示 1；–1 表示使用所有 CPU。

11.5　本章小结

机器学习在数据分析中起着至关重要的作用，可以加快数据处理速度、提高数据准确度，并实现数据分析过程的自动化。本章介绍了机器学习库 Scikit–Learn 库，讲解了常见的分类算法、回归算法和聚类算法，包括逻辑回归、支持向量机、决策树、线性回归、K–means、层次聚类等。

习　　题

1.机器学习的主要任务是什么？在众多的机器学习算法中，如何选择最合适的算法？

2. 分别使用 K 邻近算法和支持向量机算法实现手写数字识别。

3. 尝试动手写出朴素贝叶斯的核心代码。

4. 区别线性回归、岭回归和 Lasso 回归。

5. 如何针对有缺失特征的数据进行聚类？

6. 采用聚类算法对某个新闻网站实现文本聚类，将相同话题的新闻聚集在一起，并自动生成一个个不同话题的新闻专栏。

参 考 文 献

[1] 王小银，王曙燕 . Python 语言程序设计 [M]. 2 版 . 北京：清华大学出版社，2022.

[2] 黑马程序员 . Python 数据分析与应用：从数据获取到可视化 [M]. 北京：中国铁道出版社，2019.

[3] 唐艺，李光杰，侯胜杰 . Python 数据分析与可视化应用 [M]. 北京：电子工业出版社，2022.

[4] 曹洁，崔霄 . Python 数据分析：微课版 [M]. 北京：清华大学出版社，2020.

[5] 吴振宇，李春忠，李建锋 . Python 数据处理与挖掘 [M]. 北京：人民邮电出版社，2020.